职业教育校企双元育人教材系列

全国现代学徒制工作专家指导委员会指导

工业机器人现场操作与编程案例教程（ABB）

主　编　蔡基锋　陈淑玲　朱秀丽　李成伟

副主编　田　冰　孙守勇　孙连栋　欧惠玲

编　委　（按姓氏拼音排序）

蔡基锋（广州市轻工职业学校）	彭炯华（汕头市潮阳区职业技术学校）
陈淑玲（武汉软件工程职业学院）	孙连栋（浙江同济科技职业学院）
陈星宇（武汉软件工程职业学院）	孙守勇（咸阳职业技术学院）
董炫良（广东生态工程职业学院）	田　冰（广州市轻工职业学校）
方　宁（佛山职业技术学院）	涂　浩（武汉软件工程职业学院）
冯小童（佛山华数机器人有限公司）	吴盛春（广州超控自动化设备科技有限公司）
黄俊杰（中山市建斌中等职业技术学校）	熊哲立（广东泰格威机器人科技有限公司）
黄立新（上海中侨职业技术学院）	徐登峰（佛山市顺德区胡宝星职业技术学校）
李成伟（珠海市博仁智能科技有限公司）	许志才（广州数控设备有限公司）
李湘伟（广东轻工职业技术学院）	杨　冲（佛山华数机器人有限公司）
李勇文（佛山市南海信息技术学校）	叶光显（广东三向教学仪器有限公司）
林　松（广州市广数职业培训学院）	曾宝莹（广州市轻工职业学校）
林　谊（上海FANUC机器人有限公司）	张立炎（清远工贸职业技术学校）
刘荣富（佛山市佛大华康科技有限公司）	朱加焰（广东泰格威机器人科技有限公司）
陆可人（上海信息技术学校）	朱秀丽（北京华航唯实机器人科技股份有限公司）
欧惠玲（佛山市高明区高级技工学校）	左　湘（佛山市华材职业技术学校）

復旦大学出版社

内容提要

本教材共分为 6 个项目 21 个任务，以工作过程为导向，典型工作任务为内容，选取企业真实案例，结合了机器人"1+X"证书考证大纲知识点。内容由浅入深，遵循职业教育人才培养的规律；紧密联系工作实际，突出实用性和实践性，注重职业能力和可持续发展能力的培养；结合中高本衔接培养需要，符合从业人员职业能力养成规律、岗位习得规律。主要内容包括 ABB 机器人编程指令的应用、示教器的使用、通信模块和信号的配置、程序变量的使用、IO 接线、外围元器件的适配等，围绕激光切割、搬运、装配、码垛、喷涂等典型的行业应用展开，针对操作性强的技术点提供了操作视频，放在书中相应二维码供学生随时观看复习。

本教材可作为机电、电气、机器人、智能制造、自动化类专业人员学习机器人编程的教材。

本套系列教材配有相关的课件、习题等，欢迎教师完整填写学校信息来函免费获取。

邮件地址：xdxtzfudan@163.com

序 言 FOREWORD

党的十九大要求完善职业教育和培训体系,深化产教融合、校企合作。自2019年1月以来,党中央、国务院先后出台了《国家职业教育改革实施方案》(简称"职教20条")、《中国教育现代化2035》《关于加快推进教育现代化实施方案(2018—2022年)》等引领职业教育发展的纲领性文件,为职业教育的发展指明道路和方向,标志着职业教育进入新的发展阶段。职业教育作为一种教育类型,与普通教育具有同等重要地位,基于产教深度融合、校企合作人才培养模式下的教师、教材、教法"三教"改革,是进一步推动职业教育发展,全面提升人才培养质量的基础。

随着智能制造技术的快速发展,大数据、云计算、物联网的应用越来越广泛,原来的知识体系需要变革。如何实现职业教育教材内容和形式的创新,以适应职业教育转型升级的需要,是一个值得研究的重要问题。国家职业教育教材"十三五"规划提出遵循"创新、协调、绿色、共享、开放"的发展理念,全面提升教材质量,实现教学资源的供给侧改革。"职教20条"提出校企双元开发国家规划教材,倡导使用新型活页式、工作手册式教材并配套开发信息化资源。

为了适应职业教育改革发展的需要,全国现代学徒制工作专家指导委员会积极推动现代学徒制模式下之教材改革。2019年,复旦大学出版社率先出版了"全国现代学徒制医学美容专业'十三五'规划教材系列",并经过几个学期的教学实践,获得教师和学生们的一致好评。在积累了一定的经验后,结合国家对职业教育教材的最新要求,又不断创新完善,继续开发出不同专业(如工业机器人、电子商务等专业)的校企合作双元育人活页式教材,充分利用网络技术手段,将纸质教材与信息化教学资源紧密结合,并配套开发信息化资源、案例和教学

项目,建立动态化、立体化的教材和教学资源体系,使专业教材能够跟随信息技术发展和产业升级情况,及时调整更新。

校企合作编写教材,坚持立德树人为根本任务,以校企双元育人,基于工作的学习为基本思路,培养德技双馨、知行合一,具有工匠精神的技术技能人才为目标。将课程思政的教育理念与岗位职业道德规范要求相结合,专业工作岗位(群)的岗位标准与国家职业标准相结合,发挥校企"双元"合作优势,将真实工作任务的关键技能点及工匠精神,以"工程经验""易错点"等形式在教材中再现。

校企合作开发的教材与传统教材相比,具有以下3个特征。

1. 对接标准。基于课程标准合作编写和开发符合生产实际和行业最新趋势的教材,而这些课程标准有机对接了岗位标准。岗位标准是基于专业岗位群的职业能力分析,从专业能力和职业素养两个维度,分析岗位能力应具备的知识、素质、技能、态度及方法,形成的职业能力点,从而构成专业的岗位标准。再将工作领域的岗位标准与教育标准融合,转化为教材编写使用的课程标准,教材内容结构突破了传统教材的篇章结构,突出了学生能力培养。

2. 任务驱动。教材以专业(群)主要岗位的工作过程为主线,以典型工作任务驱动知识和技能的学习,让学生在"做中学",在"会做"的同时,用心领悟"为什么做",应具备"哪些职业素养",教材结构和内容符合技术技能人才培养的基本要求,也体现了基于工作的学习。

3. 多元受众。不断改革创新,促进岗位成才。教材由企业有丰富实践经验的技术专家和职业院校具备双师素质、教学经验丰富的一线专业教师共同编写。教材内容体现理论知识与实际应用相结合,衔接各专业"1+X"证书内容,引入职业资格技能等级考核标准、岗位评价标准及综合职业能力评价标准,形成立体多元的教学评价标准。既能满足学历教育需求,也能满足职业培训需求。教材可供职业院校教师教学、行业企业员工培训、岗位技能认证培训等多元使用。

校企双元育人系列教材的开发对于当前职业教育"三教"改革具有重要意义。它不仅是校企双元育人人才培养模式改革成果的重要形式之一,更是对职业教育现实需求的重要回应。作为校企双元育人探索所形成的这些教材,其开发路径与方法能为相关专业提供借鉴,起到抛砖引玉的作用。

全国现代学徒制工作专家指导委员会主任委员
广东建设职业技术学院校长
博士,教授
2021年9月

前言 PREFACE

制造业是立国之本、强国之基,在国民经济和中华民族伟大复兴中具有十分重要的战略地位,十九届五中全会明确提出:坚持把发展经济着力点放在实体经济上,坚定不移建设制造强国、质量强国、网络强国、数字强国,把制造业的重要地位提升到了前所未有的新高度。作为信息技术、控制技术和智能制造技术集成创新的重大成果,机器人是"制造业皇冠顶端的明珠",是智能制造的重要载体。工业机器人是先进制造业的关键支撑装备,对推动制造业高质量发展,具有全局性的重要意义。

2020年,中国工业机器人累计安装量已经达到了78.3万台,总量亚洲第一,年增长21%。当前,我国制造业人才队伍在总量和结构上都难以适应制造业高质量发展的要求,高素质人才占比明显偏低。快速增长的工业机器人市场,急需一支熟悉和精通设计、安装、调试和操控工业机器人的高技能人才队伍。在行业趋势、产业推动的大背景下,职业院校开设工业机器人专业或相关课程,能够切实解决工业机器人领域的技术人才问题。

工业机器人现场操作与编程课程是职业院校机器人技术应用专业的专业核心课程。课程内容涵盖从事工业机器人现场操作、程序设计、自动化系统集成工作领域必须掌握的核心岗位能力要求。校企双元协同培育职业院校学生的职业能力和可持续发展能力是高质量完成课程目标的保障。

在全国现代学徒制工作专家指导委员会和广东省职业教育教学研究院的支持、指导下,由广东省双师型"蔡基锋"名师工作室和广东省机器人协会牵头,联合全国50多所相关院校和企业参与,共同开发

了校企双元育人的工业机器人技术应用专业规划教材。与传统的学科体系的教材相比,具有以下3个特征。

　　1. 课岗标准融通。本教材依据职业院校工业机器人技术应用专业机器人操作与编程课程标准,以及国家1+X工业机器人系统集成(初级)、工业机器人操作运维(中级)职业技能鉴定标准编写。将1+X证书要求的11个工作领域,30个典型工作任务,70个技能点有机融入6个教学项目中,实现了课堂教学和职业岗位技能要求的有机融合。教材内容融合了工业机器人操作与编程的理论知识和行业发展的新技术、新工艺、新规范和新要求,不但适用于1+X证书考证培训,还可供职业院校开展教学和行业企业多方技能培训使用。

　　2. 工作过程导向。本教材以工业机器人现场操作技术员岗位的工作过程为主线,以典型工作任务为载体,将岗位需要的操作技能和专业知识加以重组,以工作过程导向的任务为引领,在"学做"的过程中,理解"为什么做",懂得"该怎么做""如何做得更好"。每个任务按行动导向开展,读者可以从"任务描述"环节入手,通过"任务分析"获取资讯、制定工作步骤、决策实施的方法;依据决策计划,有目的地梳理专业知识和技术点,做好"任务准备";在决策步骤的指导下开展"任务实施";对照"任务评价",检验技能与知识的掌握情况,检验是否达到1+X职业技能考证标准。

　　3. 校企双师协同。本教材由校企双师协同开发,教材中的所有案例均源于企业的真实工作任务,其中的"工程经验"是优秀工业机器人现场操作工程师长期工作经验和技能的凝练,是从事工业机器人应用技术一线操作10年以上的能工巧匠对工作执着、对产品负责的态度、极度注重细节的工匠精神的再现。资深的工业机器人专任教师通过大量的企业实践和调研,提取典型工作任务,利用规范的工程算法逻辑和形象的控制流程图,将企业师傅手口相传的经验固定下来,结合"四新"要求帮助读者逐步养成清晰的程序思维习惯、严谨的工程逻辑和精益求精的工匠精神。

　　为了适应工业机器人行业发展的形势,满足学生及从业人员学习机器人技术相关知识的需求,我们组织业内专家编写了本书。本书以工作过程为导向,深入浅出地介绍了工业机器人操作与编程的理论知识,并以实际项目为目标,全面讲解了工业机器人绘图、搬运、码垛、装配、涂胶等工作站的系统集成知识,包括各个工作站的组成、安装与调试,程序的示教编程、运行与优化等内容,以期给中、高职院校的师生及从业人员提供实用性指导与帮助。

　　本书项目一由广东科学技术职业学院朱秀丽、广州轻工职业学校蔡基锋编写,项目二由广州轻工职业学校田冰和曾宝莹编写,项目三由咸阳职业技术学院孙守勇编写,项目四由武汉软件工程职业学院涂浩编写,项目五由武汉软件工程职业学院陈星宇、珠海市博仁智能科技有限公司李成伟编写,项目六由上海信息技术学校陆可人、武汉软件工程职业学院陈淑玲编写,全书由朱秀丽统稿,蔡基锋审稿。全书实训案例由珠海市博仁智能科技有限公司提供。在本书的编写过程中珠海市博仁智能科技有限公司派遣经验丰富的工程师全程参与实训案例的开发,在此衷心感谢他们的大力支持!

尽管编者尽了最大努力去整理和核对,但由于水平有限,书中难免有疏漏和错误之处,恳请广大读者批评指正。

编 者

2021年9月

目 录 CONTENTS

项目一　工业机器人应用须知　　1-1

　　任务一　工业机器人发展认知　　1-3

　　任务二　工业机器人应用基础知识应知　　1-10

　　任务三　工业机器人安全操作须知　　1-21

项目二　工业机器人绘图操作与编程　　2-1

　　任务一　工业机器人的手动操作　　2-3

　　任务二　工业机器人绘图程序示教　　2-10

　　任务三　工业机器人绘图程序运行与调试　　2-17

　　任务四　工业机器人等离子切割机的现场操作与编程　　2-20

项目三　工业机器人搬运应用编程　　3-1

　　任务一　工业机器人搬运平台的准备　　3-3

　　任务二　工业机器人搬运示教编程　　3-13

　　任务三　工业机器人搬运程序运行调试及优化　　3-24

　　任务四　工业机器人机床上下料的现场操作与编程　　3-31

项目四　工业机器人装配应用编程　　4-1

　　任务一　工业机器人装配平台安装与调试　　4-3

　　任务二　工业机器人装配示教编程　　4-8

　　任务三　工业机器人装配程序运行调试及优化　　4-27

项目五　工业机器人涂胶编程 ··· 5-1
任务一　工业机器人涂胶准备 ·· 5-3
任务二　工业机器人涂胶示教编程 ··· 5-10
任务三　涂胶工作站的调试与优化 ··· 5-18

项目六　工业机器人码垛应用编程 ··· 6-1
任务一　工业机器人码垛平台安装与准备 ·· 6-3
任务二　工业机器人码垛工艺规划与实施 ·· 6-8
任务三　工业机器人码垛程序运行及优化 ·· 6-17
任务四　工业机器人码垛指令在编程中的应用 ·· 6-30

参考文献 ·· 1

附录　课程标准 ·· 1

项目一

工业机器人应用须知

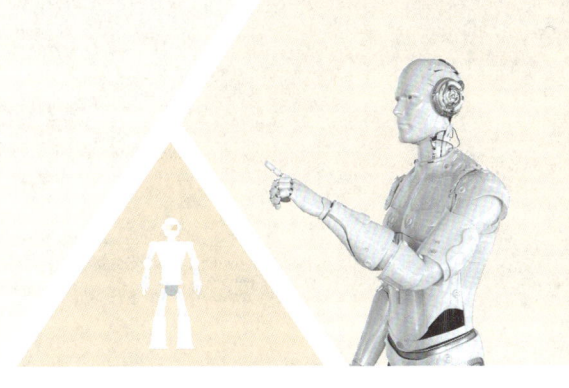

项目情景

我国的工业机器人市场约占全球市场份额的 1/3，是全球第一大工业机器人应用市场。博仁智能科技有限公司是专攻机器人应用技术的高新技术企业。为推广最新研发产品、展示企业的技术服务能力、培养新人、拓展业务范围，博仁智能科技有限公司定期组织专业团队参加各地的智能装备展。作为该公司的学徒，你将随专业团队导师完成参展工作。师傅将在布展准备、展览接待、论坛服务、现场操作等方面对你提出具体的要求。

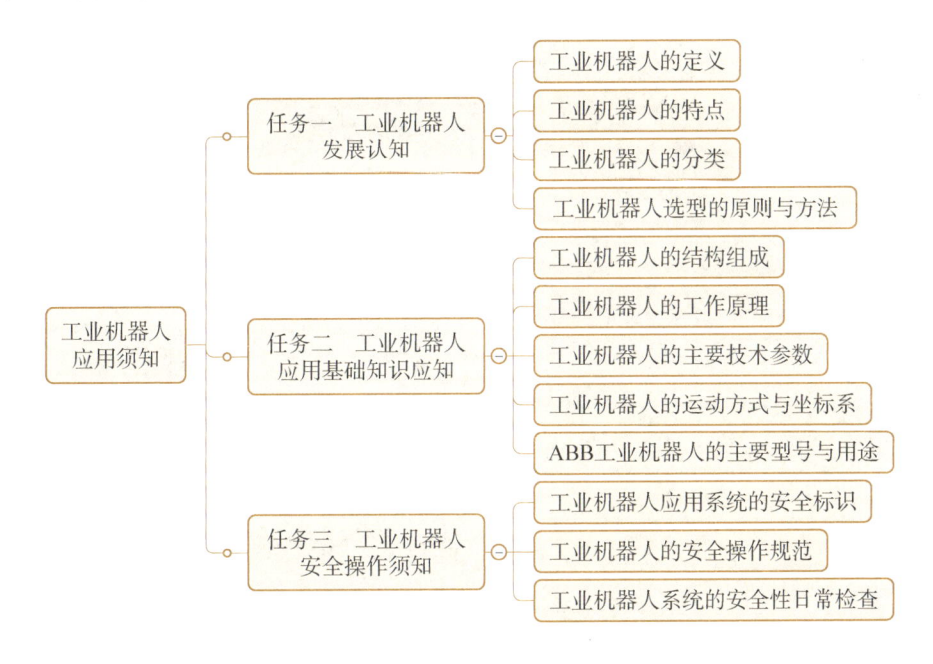

- 工业机器人应用须知
  - 任务一 工业机器人发展认知
    - 工业机器人的定义
    - 工业机器人的特点
    - 工业机器人的分类
    - 工业机器人选型的原则与方法
  - 任务二 工业机器人应用基础知识应知
    - 工业机器人的结构组成
    - 工业机器人的工作原理
    - 工业机器人的主要技术参数
    - 工业机器人的运动方式与坐标系
    - ABB工业机器人的主要型号与用途
  - 任务三 工业机器人安全操作须知
    - 工业机器人应用系统的安全标识
    - 工业机器人的安全操作规范
    - 工业机器人系统的安全性日常检查

任务一　工业机器人发展认知

学习目标

1. 了解工业机器人的定义、概念及发展历史。
2. 会区分工业机器人的种类。
3. 能依据应用场景选择合适的机器人型号及品牌。
4. 能向参加展销会的普通观众概述工业机器人技术的应用。

任务描述

从 20 世纪 90 年代初期起，我国人口红利逐渐消失，经济结构转型升级，劳动力短缺，造成制造成本上升，触发了国内制造业自动化市场的蓬勃发展，给机器人产业带来了重大的发展机遇。

专业展销会是企业产品推广、业界交流、企业宣传的重要平台。作为博仁智能科技有限公司展会现场工作人员，你必须全面了解工业机器人种类及发展历史，能准确描述机器人的常见品牌和行业中的典型应用；能根据客户实际需求，选择合适的机器人类型及型号，这是机器人相关行业人员的基本专业素养。

任务分析

一、工业机器人的定义

机器人问世已有几十年，其定义仍然没有统一的意见。原因之一是机器人还在发展，新的机型和功能不断涌现。追究其根本，主要原因是机器人涉及"人"的概念，成为一个难以回答的哲学问题。"机器人"一词最早诞生于科幻小说，人们对机器人充满了幻想。正是由于机器人定义的模糊，才给了人们充分的想象和创造空间。

各国相关组织也曾给工业机器人下定义。美国机器人工业协会(U.S. RIA)提出的工业机器人定义为："工业机器人是用来搬运材料、零件、工具等可再编程的多功能机械手，或通过不同程序的调用来完成各种工作任务的特种装置。"英国机器人协会也采用了类似的定义。ISO8373 给出了更具体的解释："机器人具备自动控制及可再编程、多用途功能，机器人操作机具有 3 个或 3 个以上的可编程轴，在工业自动化应用中，机器人的底座可固定也可移动。"

简单地说，机器人是一个在三维空间中具有较多自由度，并能实现诸多拟人动作和功能的机器，而工业机器人则是在工业生产上应用的机器人。

二、工业机器人的特点

总结起来,工业机器人最显著的特点有以下几个。

(1) 可编程 生产自动化的进一步发展是柔性启动。工业机器人可随其工作环境的变化而再编程,因此它在小批量、多品种、具有均衡高效率的柔性制造过程中,能发挥很好的功用,是柔性制造系统的重要组成部分。

(2) 拟人化 工业机器人在机械结构上有类似人的行走、腰转、大臂、小臂、手腕、手爪等部分,在控制上有电脑。此外,智能化工业机器人还有许多类似人类的"生物传感器",如皮肤型接触传感器、力传感器、负载传感器、视觉传感器、声觉传感器、语言功能等。传感器提高了工业机器人对周围环境的自适应能力。

(3) 通用性 除了专门设计的专用工业机器人外,一般工业机器人在执行不同的作业任务时具有较好的通用性。比如,更换工业机器人手部末端操作器(手爪、工具等)便可执行不同的作业任务。

工业机器技术涉及的学科相当广泛,是机械学和微电子学的结合——机电一体化技术。第三代智能机器人不仅具有获取外部环境信息的各种传感器,还具有记忆能力、语言理解能力、图像识别能力、推理判断能力等人工智能,这些都是微电子技术的应用,特别是计算机技术的应用。因此,机器人技术的发展必将带动其他技术的发展,机器人技术的发展和应用水平也可以验证一个国家科学技术和工业技术的发展水平。

三、工业机器人的分类

关于工业机器人的分类,国际上并没有制定统一的标准,有的按负载重量分类,有的按控制方式分类,有的按结构分类,还有的按应用领域分类等。

1. 按机械结构分类

按工业机器人几何结构形式来分,ABB 机器人可归为两大类:串联机器人(图 1.1.1)和并联机器人(图 1.1.2)。

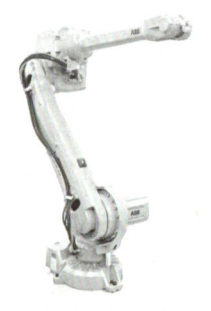

▲ 图 1.1.1 ABB 六轴关节机器人 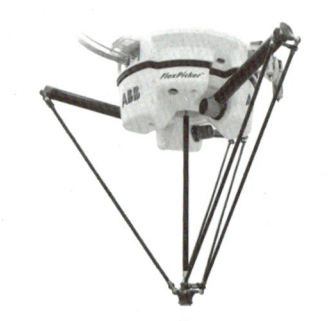   ▲ 图 1.1.2 ABB - IRB 360 FlexPicker 并联机器人

(1) 串联机器人 拥有 5 个或 6 个旋转轴,类似于人的手臂。其应用领域有装货、卸货、喷涂、表面处理、测试、测量、弧焊、点焊、包装、装配、切屑机床、固定、特种装配、锻造、铸造

等,适合于几乎任何轨迹或角度的工作;可以自由编程,完成全自动化的工作,提高生产效率;可代替很多不适合人力完成和有害身体健康的复杂工作,比如汽车外壳点焊、金属部件打磨、汽车外壳的喷涂、钢铁的铸造等。

按基本动作机构,串联机器人通常可分为柱坐标机器人、球坐标机器人、笛卡儿坐标机器人和多关节型机器人,如图1.1.3所示。

(a) 柱坐标机器人　　(b) 球坐标机器人

(c) 笛卡儿坐标机器人　　(d) 多关节型机器人

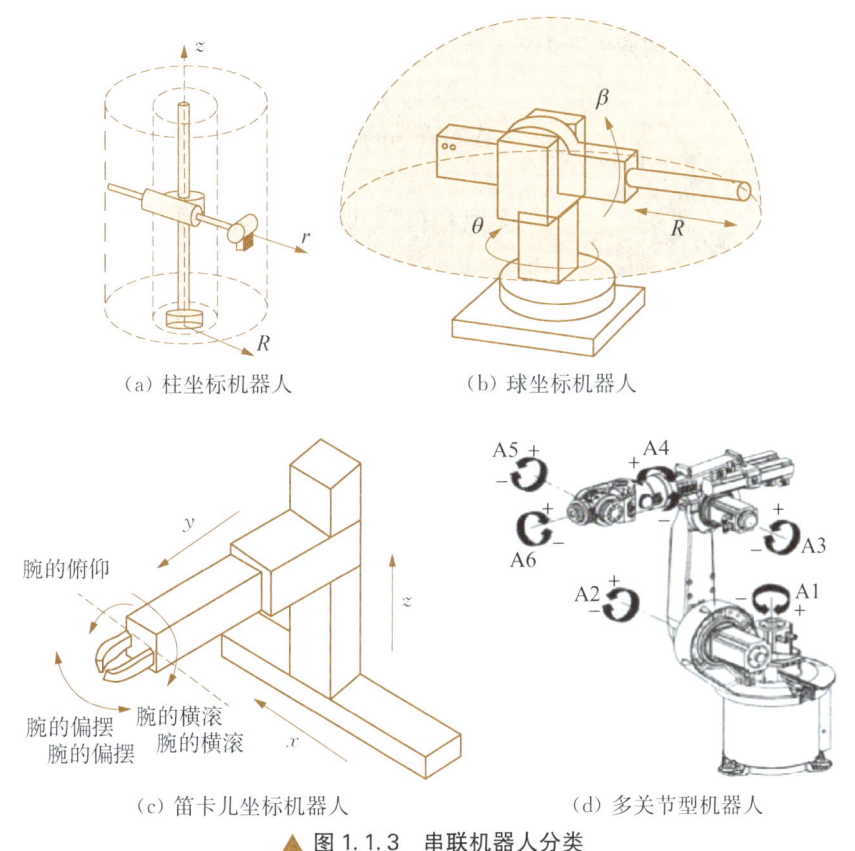

▲ 图1.1.3　串联机器人分类

(2) 并联机器人　也称为Delta机器人,属于高速、轻载机器人,一般通过示教编程或视觉系统捕捉目标物体,由3个并联的伺服轴确定抓具中心(TCP)的空间位置,实现目标物体的运输、加工等操作。Delta机器人主要应用于食品、药品和电子产品等加工、装配行业,因其重量轻、体积小、运动速度快、定位精确、成本低、效率高等特点,在市场上被广泛应用。

2. 按用途分类

通常六轴工业机器人可以胜任大部分应用,部分特种应用需要选用特殊型号的工业机器人。根据经验将其分为通用型工业机器人和特殊应用型工业机器人两大类。

(1) 通用型工业机器人　通用型工业机器人一般有6个轴,在工业领域运用最为广泛。目前,业内各大机器人厂家的6轴机器人有3~1200kg负载的上千种型号,一般结合负载和工作范围,可以胜任普通的搬运、码垛、点焊、弧焊、冲压等工作。由于应用范围广,物美价

廉，是很多厂家的首选机器人。

针对工业领域内一些应用的特殊性，各大机器人厂家专门生产了各种特殊应用型机器人。它们有各自的结构和特点，以满足其工业生产的要求，主要有码垛、喷涂、焊接、装配、分拣等应用类型。

（2）码垛机器人　码垛机器人一般为四轴或五轴机器人。占用的空间灵活且紧凑，能够在较小的占地面积内完成高效节能的货品码垛。码垛机器人一般只需要点位控制，被搬运零件无严格的运动轨迹要求，只要求起始点和终点位置准确。

码垛机器人配以不同抓手，可实现不同行业、各种形状的成品的装箱和码垛，如图 1.1.4 所示。

① 结构简单、零部件少。因此，零部件的故障率低、性能可靠、保养维修简单、所需库存零部件少。

② 占地面积小。码垛机器人只需要稳定的安装底座，占地面积很小，有利于客户厂房中生产线的布置，并可留出较大的库房面积。

③ 适用性强。当客户产品的尺寸、体积、形状及托盘的外形发生变化时，只需在示教器上稍做修改即可，不会影响正常的生产。

▲ 图 1.1.4　ABB 四轴码垛机器人

④ 能耗低。码垛机器人的功率为 5 kW 左右，远低于其他的码垛设备，大大降低了客户的生产成本。

⑤ 只需定位抓起点和摆放点，示教方法简单易懂。

（3）喷涂机器人　符合喷涂工艺要求，能自动喷漆或喷涂其他涂料的工业机器人，如图 1.1.5 所示。喷涂机器人一般采用液压驱动，具有动作速度快、防爆性好等特点。用机器人喷涂还具有节省漆料、提高劳动效率和产品合格率等优点。多数涂料对人体是有害的。喷涂环境有毒、易燃易爆，因此喷涂一向被列为有害工种。据统计，现在我国从事喷涂工作的工人超过 30 万，用机器人代替人喷涂势在必行。

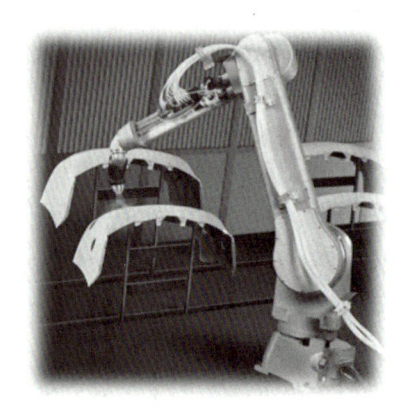

（a）人工喷涂　　　　（b）机器人喷涂

▲ 图 1.1.5　人工喷涂和机器人喷涂

到目前为止，喷涂机器人广泛用于汽车车体、家电产品和各种塑料制品的喷涂作业。图1.1.6 所示是 ABB-IRB 5500 喷涂机器人在执行汽车外壳喷涂作业。

▲ 图 1.1.6　ABB-IRB 5500 喷涂机器人

（4）焊接机器人　能将焊接工具按要求送到预定位置，按要求轨迹及速度移动焊接工具的工业机器人。由于灵活性需要，大多数的焊接机器人都是关节机器人，多数由六轴的通用机器人加装焊接设备构成。

机器人焊接，可以保证焊接的一致性和稳定性，克服了人为因素带来的不稳定性，提高了产品质量；工人可以远离焊接场地，减少了有害烟尘、焊炬对工人的伤害，改善了劳动条件和劳动强度；采用机器人工作站，多工位并行作业，可以提高生产效率；能用在空间站、水下等不适于或难以人工操作的地方。图1.1.7 所示为 ABB 焊接机器人在汽车行业的应用场景。

▲ 图 1.1.7　ABB 焊接机器人在汽车行业的应用

（5）装配机器人　专门为装配而设计的工业机器人，可以完成一种产品或设备的某些特定装配任务，属于高、精、尖的机电一体化产品。它是集光学、机械、微电子、自动控制和通信技术于一体的高科技产品，具有很高的功能和附加值。图1.1.8 所示为装配机器人在汽

▲ 图 1.1.8 装配机器人

车行业中的应用场景。

四、工业机器人选型的原则与方法

工业机器人不仅是在简单意义上代替人工的劳动,还可作为可编程的高度柔性、开放的加工单元,集成到先进制造系统中。适合于多品种大批量的柔性生产,可以提升产品的稳定性和一致性,在提高生产效率产品质量的同时加快产品的更新换代。因此选择合适的工业机器人对提高制造业自动化水平、增强企业整体竞争力能起到很大作用。

(1) 应用场合　不同的应用场合,需要选择合适的工业机器人类型,如并联工业机器人(Delta)、协作工业机器人(Cobots)、水平关节型工业机器人(Scara)和通用工业机器人(Multi-axis)等。

(2) 工作范围　在选型评估时,应根据工作范围选择合适的工业机器人臂展以及能达到的高度。不同型号工业机器人的工作范围不同,在选型时需要根据应用的工作范围选取。

(3) 重复精度　工业机器人每次完成例行的工作任务,到达每个点的位置偏差量。每次到达同一个点的数据越接近,则重复精度越高。

工业机器人选型时,需根据应用综合考虑各选型参数,并非重复精度越高越好。精密设备的安装对工业机器人的重复精度要求很高;非精密加工场合,例如码垛、打包等,则对其重复精度要求较低。

(4) 有效负载　工业机器人在其工作空间可以携带的最大负荷,一般从3 kg到1000 kg不等。

(5) 使用场合　在选型时,还需要考虑工业机器人的使用场合。例如,在粉尘较大的场合,需要对工业机器人系统进行防护处理,避免粉尘进入工业机器人,影响机械机构;避免粉尘进入控制柜,影响其散热等。通常在说明书或操作手册中会列出工业机器人的防护等级及防护要求,如标准IP40、油雾IP67等。

(6) 自由度　根据需求,适当选择自由度高一点的工业机器人,以适应后期的应用拓

展。当然，自由度越高则其价格就越高，对于功能单一的应用场景，选择自由度过高的工业机器人是不必要的。所以，工业机器人选型时并非自由度越高越好。

（7）可靠性　工业机器人设备的可靠性包括固有可靠性和使用可靠性。固有可靠性是指该设备由设计、制造、安装到试运转完毕，整个过程所具有的可靠性，是先天性可靠性。工业机器人的可靠性是保证产品生产效率和质量的关键，选用时重点关注。使用可靠性与具体的使用环境和使用者高度相关，需在使用中关注。

任务实施

制造装备展销会是推广装备产品、展示技术能力、宣传企业、锻炼培养人才的优秀平台。展销会一般由市场宣传部、工程设计部及现场技术人员负责。展销会活动涉及机器人装备的现场操作展示、产品推介论坛、装备自动化升级方案定制3部分内容。

一、展会布置准备

布展准备工作包括场地及文化宣传布置、机器人工作站组装调试、参展资料整理交接等，具体做好以下几点：

（1）配合市场部整理企业宣传资料，按照布展效果要求分类放置。
（2）搬运并清点设备，配合工程设计部完成设备组装与运行调试。
（3）学习展会具体要求，帮助项目组完成环境整理及展销会相关证件资料准备。

二、展销会现场接待

工作人员专业真诚的现场接待至关重要，会直接影响观众和参展商对公司产品的满意程度，直至影响对公司技术服务能力的认可度。现场接待的主要工作有来访登记及资料收集，甄别观众的接待类别，有序组织工程设计部、市场部专业人员接待专业观众，主动向普通观众讲解工业机器人技术的基本认知。操作要点如下。

（1）统一穿着工装，展示公司良好形象。
（2）礼貌真诚地问询并帮助观众做好来访登记，明确接待类别，安排分类接待。
（3）面向普通观众脱稿讲解工业机器人技术的应用。讲解内容应包括工业机器人定义与发展、应用与种类、公司目前展示的机器人主要用于哪些场合、与同类产品相比有哪些优势。
（4）配合工程设计师演示机器人工作站的展示项目。
（5）配合市场部销售介绍公司主营产品。

三、撤展处理

撤展是指展览闭幕后的展品、展具的处理工作，主要包括展品处理、展台拆除、展具撤出、现场清洁等环节。提前做好计划，才能准时、快速地完成撤展任务。具体工作内容如下。

（1）拆装清点设备，配合工程设计部完成设备的打包装箱。
（2）整理移除企业宣传资料，配合市场部有序、按时撤展。

（3）清运展销会废弃材料。配合市场部、工程设计部完成展品的装车搬运。

任务训练

1. 请结合企业实地走访和文献研究，了解并简述什么是工业机器人，我国为什么要大力发展工业机器人。

2. 在工业机器人展销会上，某汽车零部件机械加工企业的技术主管有计划升级其机械加工设备。作为展销会的专业讲解员，请结合你对机器人分类、应用和选型原则的认识提供专业的讲解。

任务评价

通过本任务的学习后，应全面认识机器人的定义、特点、分类、选型的原则与方法。请根据下表对照检查是否掌握了本任务该掌握的基础知识和技能。

序号	评分标准	能/否	备注
1	能清晰表述工业机器人的定义与发展(20分)		
2	能概括工业机器人的特点(25分)		
3	能表述工业机器人的分类(25分)		
4	能表述工业机器人选型的原则和方法(30分)		
综 合 评 价			

任务二 工业机器人应用基础知识应知

学习目标

1. 理解工业机器人的工作原理及运动。
2. 能描述工业机器人的机械结构及系统组成。
3. 能识别不同型号工业机器人的主要技术参数及结构组成。
4. 会用规范的术语向专业观众介绍ABB机器人的型号、结构及特点。

任务描述

为充分满足不同领域和不同层次参会人员的需求，博仁智能科技有限公司受邀参加了行业发展和专业技术的高峰论坛，为专业观众介绍工业机器人应用技术的最新发展及典型

任务二 工业机器人应用基础知识应知

案例。为彰显公司的整体技术实力,作为现场工作人员,你不但要系统掌握工业机器人产品的结构组成、工作原理、主要技术参数、运动方式与坐标系等理论知识,还必须能够结合客户的需求介绍不同型号产品。这是学徒出师和考取《工业机器人操作与运维》《工业机器人应用编程》等证书的必备理论知识与技能要求。

任务分析

一、工业机器人的结构

如图 1.2.1 所示,工业机器人由 4 部分组成:首先是执行机构,即机器人的本体,与任务直接相关,起到执行的作用,像人的手;第二个是控制系统,包括计算机和运动控制卡,像大脑一样处理信息,起到指挥协调的作用;第三个是驱动系统,包括关节中的电机、减速器等,类似于人的肌肉,起到消耗能量获得动力的作用;最后是检测系统,包括 CCD 摄像头等,类似于人的视觉、触觉等,作用是反馈任务执行过程中的信息。

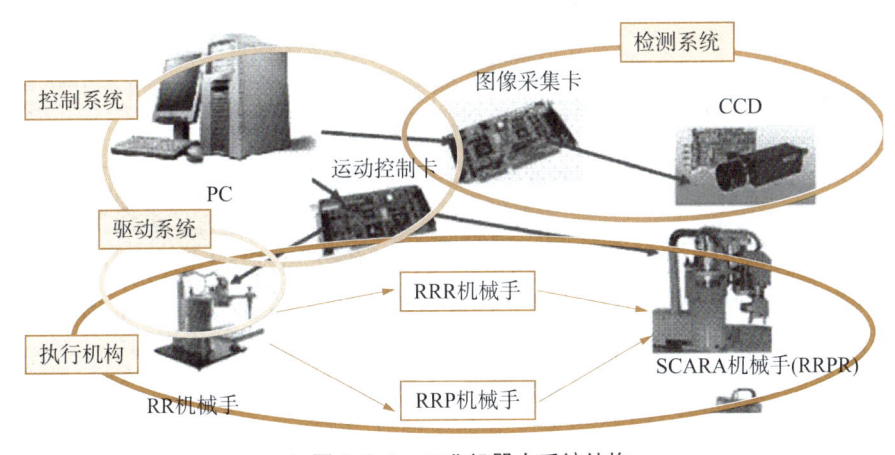

▲ 图 1.2.1 工业机器人系统结构

(1) 执行机构 也称为操作机,是机器人系统赖以完成工作任务的实体。执行机构通常由杆件和关节组成。从功能角度来看,执行机构可分为手部、腕部、臂部、腰部(立柱)和基座等。

(2) 驱动系统 机器人的驱动系统包括驱动器和传动机构两部分,它们通常与执行机构组成机器人本体。驱动系统的驱动方式包括电机驱动、液压驱动和气动驱动 3 种。常用的驱动器有直流伺服电机、步进电机和交流伺服电机。传动机构包括各种减速器、滚珠丝杆、链、带以及各种齿轮系。减速器是将电机的高速转动转换成低速运动,以达到增加负载和功率的作用。

(3) 控制系统 包括人机交互和机器人控制两个功能。控制驱动系统,使执行系统按照要求工作。一般由控制计算机和伺服控制器组成。

① 控制计算机:发出指令,协调各关节驱动之间的运动,同时还要完成编程、示教/再现,以及和其他设备之间的信息传递和协调工作。

② 伺服控制器：电机的驱动电路，其作用是将控制系统微弱的控制信号转换成控制电机运转的强电信号。

（4）检测系统　通过各种检测器、传感器，检测执行机构的运动状况，根据需要反馈给控制系统，与设定值比较后调整执行机构以保证其动作符合设计要求。

机器人各组成部分关系如图1.2.2所示。控制系统是决策者，也是人机交互的对象。控制系统收到任务信息后，计算各关节的运动，控制驱动系统动作，驱动系统消耗电能，让执行机构按照设定动起来并作用于操作对象。检测系统实时测量执行机构动作偏差，将偏差信息传给控制系统进行动作矫正。

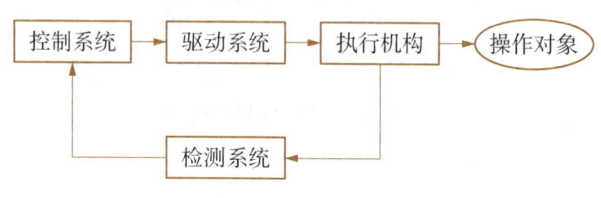

▲ 图1.2.2　工业机器人各组成部分关系

二、工业机器人的工作原理

工业机器人的基本工作原理是示教再现。示教也称为导引。简单来讲，就是模仿人的各种肢体动作、思维方式和控制决策能力。即由用户引导机器人，一步步将实际任务操作一遍，机器人在引导过程中自动记忆示教的每个动作的位置、姿态、运动参数、工艺参数等，并自动生成一个连续执行全部操作的程序。完成示教后，只需给机器人一个启动命令，机器人将精确地按示教动作，一步步完成全部操作，如图1.2.3所示。

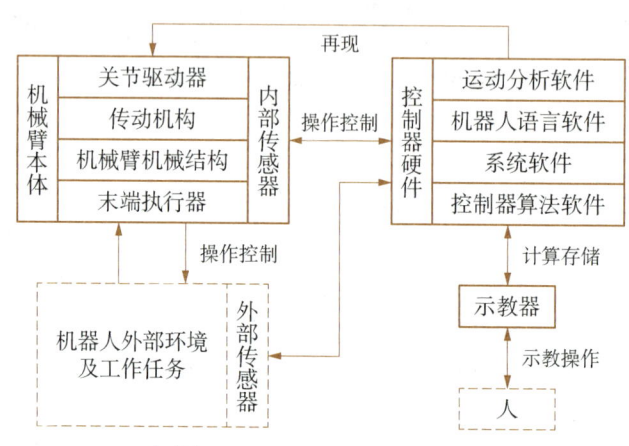

▲ 图1.2.3　工业机器人工作原理

三、工业机器人的主要技术参数

工业机器人的种类和型号繁多，结构精密且复杂，其本体的各项参数更是繁复。在一般

工作中，只需要了解以下几项参数，就能对工业机器人进行基本的选型。

1. 机器人的负载

机器人负载是指机器人在工作时能够承受的最大载重，如图 1.2.4 所示。如果需要机器人将一个物体从一台机器上搬运到另一台机器上，就必须计算机器人的负载，需要将机器人末端执行器和需要抓取物品的重量相加，并找出两者的重心。负载值必须保证机器人在任意位置都能达到关节额定最大速度。

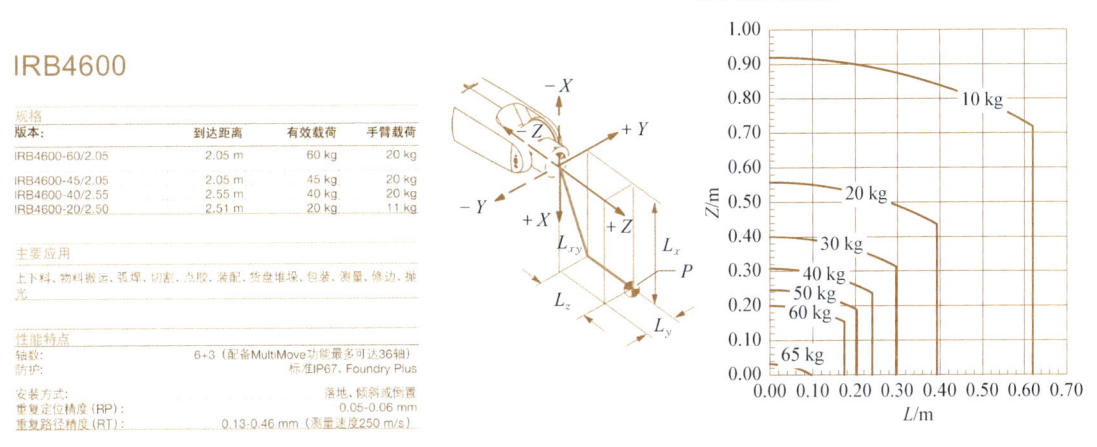

▲ 图 1.2.4　ABB-IRB 4600 机器人选型及负载图

2. 机器人的轴数

机器人的轴数量决定了机器人的自由度。如果只是简单的应用，例如传送带与栈板上物料的搬运，4 轴机器人就可以满足需求。如果需要机器人在狭小的空间内工作，且需要避开很多机器设备的干涉，其机械臂需要有扭转和反转等动作，那么 6 轴或者 7 轴机器人就是比较好的选择，如图 1.2.5 所示。机器人轴数量的选择通常决定于机器人具体应用。

3. 机器人的工作空间

机器人的工作空间是指机器人的 6 轴法兰盘能够到达的空间位置，如图 1.2.6 所示。机器人工作空间的形状和大小十分重要，不同的机器人运动空间都不相同，可能会因为存在手部不能到达的作业死区而不能完成任务。所以，在选择机器人的型号时，应该注意其工作空间与周边设备是否匹配。

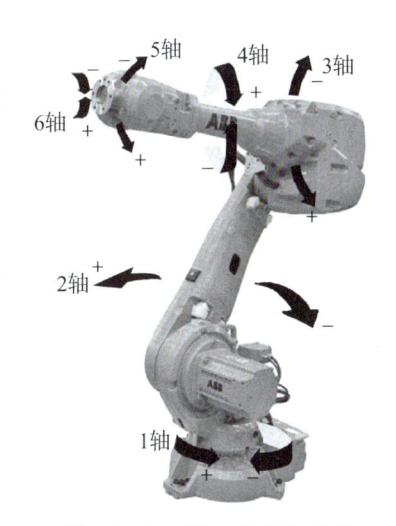

▲ 图 1.2.5　ABB-IRB 4600 机器人

4. 机器人的工作精度

机器人的工作精度一般称为机器人重复定位精度，是指动作重复多次，机械手到达同样位置的精确程度，它与驱动器的分辨率以及反馈装置有关。重复定位精度比单次定位精度

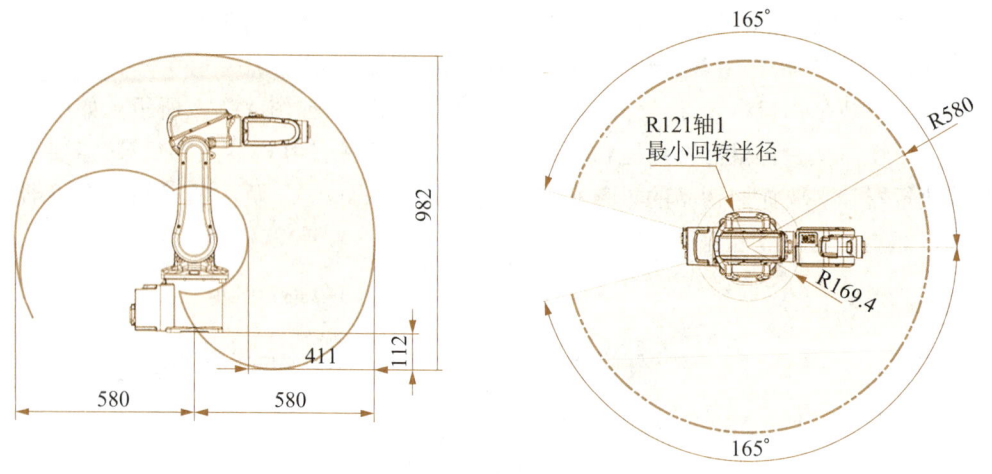

▲ 图 1.2.6 IRB 120 的工作空间

更重要。机器人定位精度一般不够精确,通常会显示一个固定的误差,这个误差是可以预测的,可以通过编程予以校正。重复定位精度限定的是一个随机误差的范围,通过一定次数地重复运行来测定。在 2D 视图中,误差范围通常为一个圆形区域,所以使用"±"+"数值"的表示方法。例如 ABB-IRB 120 机器人,它的重复定位精度为 ±0.01 mm,如图 1.2.7 所示。

IRB 120

规格			
型号	工作范围	有效荷重	手臂荷重
IRB120-3/0.6	580 mm	3kg(4kg) *	0.3kg

特性	
集成信号源	手腕设10路信号
集成气源	手腕设4路空气 (5 bar)
重复定位精度	0.01 mm
机器人安装	任意角度
防护等级	IP30
控制器	IRC5紧凑型 / IRC5单柜型

▲ 图 1.2.7 IRB 120 的重复定位精度

5. 机器人安装方式

机器人安装方式一般根据厂家的工作需求决定。一般在选购前,需要先跟机器人厂家确定安装方式。工业机器人常见的有 4 种安装方式:落地式安装、壁挂式安装、倒置式安装、倾斜式安装,如图 1.2.8 所示。

6. 机器人的防护等级

用于食品加工、制药、实验仪器和医疗仪器等工作或处于易燃易爆环境时,机器人需要的防护等级会有所不同,一般会按照应用的规范选择相应防护等级的机器人。防护等级多以"IP××"来表述,"××"代表 2 位用来明确防护等级的数字。第一位数字表明设备抗微尘的范围,或者是人在密封环境中免受危害的程度,代表防止固体异物进入的等级,最高级

IRB 1600

规格		
机器人版本IRB	承重能力	到达距离
IRB 1600-6/1.2	6 kg	1.2 m
IRB 1600-6/1.45	6 kg	1.45 m
IRB 1600-8/1.2	8.5 kg	1.2 m
IRB 1600-8/1.45	8.5 kg	1.45 m
轴数	6	
防护等级	IP 54（标准版、洁净室版） IP67铸造专家型	
安装方式	落地式、壁挂式、倒置式、倾斜式	

▲ 图 1.2.8 机器人的安装方式

别是 6；第二位数字表明设备防水的程度，最高级别是 8。比如，"IP56"代表机器人防尘等级为 5 级，防水等级为 6 级。详细等级说明见下表 1.2.1 和表 1.2.2。

表 1.2.1 防尘等级

数字	防护范围	说明
0	无防护	对外界的人或物无特殊的防护
1	防止直径大于 50 mm 的固体外物侵入	防止人体（如手掌）因意外而接触到电器内部零件，防止较大尺寸（直径大于 50 mm）的外物侵入
2	防止直径大于 12.5 mm 的固体外物侵入	防止人的手指接触到电器内部零件，防止中等尺寸（直径大于 12.5 mm）的外物侵入
3	防止直径大于 2.5 mm 的固体外物侵入	防止直径或厚度大于 2.5 mm 的工具、电线及类似的小型外物侵入而接触到电器内部零件
4	防止直径大于 1.0 mm 的固体外物侵入	防止直径或厚度大于 1.0 mm 的工具、电线及类似的小型外物侵入而接触到电器内部零件
5	防止外物及灰尘	完全防止外物侵入。虽不能完全防止灰尘侵入，但灰尘的侵入量不会影响电器的正常运作
6	防止外物及灰尘	完全防止外物及灰尘侵入

表 1.2.2 防水等级表

数字	防护范围	说明
0	无防护	对水或湿气无特殊的防护
1	防止水滴浸入	垂直落下的水滴（如凝结水）不会对电器造成损坏
2	倾斜 15°时，仍可防止水滴浸入	当电器由垂直倾斜至 15°时，水滴不会对电器造成损坏
3	防止喷洒水浸入	防雨或防止与垂直方向的夹角小于 60°所喷洒的水侵入电器而造成损坏

续表

数字	防护范围	说明
4	防止飞溅水浸入	防止各个方向飞溅而来的水侵入电器而造成损坏
5	防止喷射水浸入	防止持续至少 3 min 的低压喷水
6	防止大浪浸入	防止持续至少 3 min 的大量喷水
7	防止浸水时水浸入	在深达 1 m 的水中防 30 min 的浸泡影响
8	防止沉没时水浸入	在深度超过 1 m 的水中防持续浸泡影响。准确的条件由制造商针对各设备指定

四、工业机器人的运动方式与坐标系

坐标系一般是指三维笛卡儿坐标系，它是在二维笛卡儿坐标系的基础上根据右手定则增加第三维坐标（即 Z 轴）而形成的，是直角坐标系和斜角坐标系的统称。

如图 1.2.9 所示是右手定则，拇指指向 X 轴的正方向，食指指向 Y 轴的正方向，中指所指示的方向即为 Z 轴的正方向。

如果需要确定轴的正旋转方向，用右手大拇指指向轴的正方向，弯曲手指，则手指所指示的方向即为轴的正旋转方向。

工业机器人坐标系包括大地坐标系、工具坐标系、基坐标系、工件坐标系和用户坐标系，如图 1.2.10 所示。

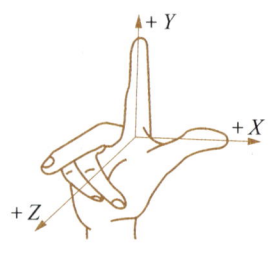

▲ 图 1.2.9 利用右手定则定义直角坐标系

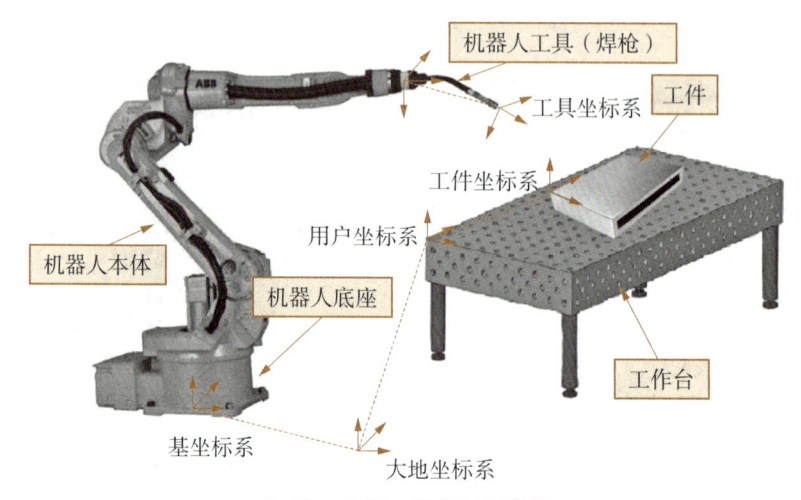

▲ 图 1.2.10 坐标系示意图

（1）基坐标系　基坐标系原点位于机器人基座，是最便于机器人从一个位置移动到另一个位置的坐标系。

（2）大地坐标系　大地坐标系是系统的绝对坐标系。在没有建立用户坐标系之前，机器人上所有点的坐标都是以该坐标系的原点来确定各自位置的。

当机器人本体需要移动,或者空间内存在多个机器人协作,需要统一它们的位置参照时,就需要确定一个参照系来确定机器人的基坐标系在空间内的坐标,我们把这个参照系称作大地坐标系,也被称为世界坐标系或全局坐标系等。

大地坐标系可定义机器人单元,所有其他的坐标系均与大地坐标系直接或间接相关。它适用于微动控制、一般移动以及处理具有若干机器人或外轴移动机器人的工作站和工作单元。若机械臂安装在地面上,则通过基坐标系编程较容易。但如果机械臂是倒置安装(倒挂安装),因为机器人各轴的方向与工作空间内的主要方向不同,导致通过基坐标系编程变难,此时定义一个大地坐标系就很有用。在默认情况下,大地坐标系与基坐标系是一致的,如图1.2.11所示。

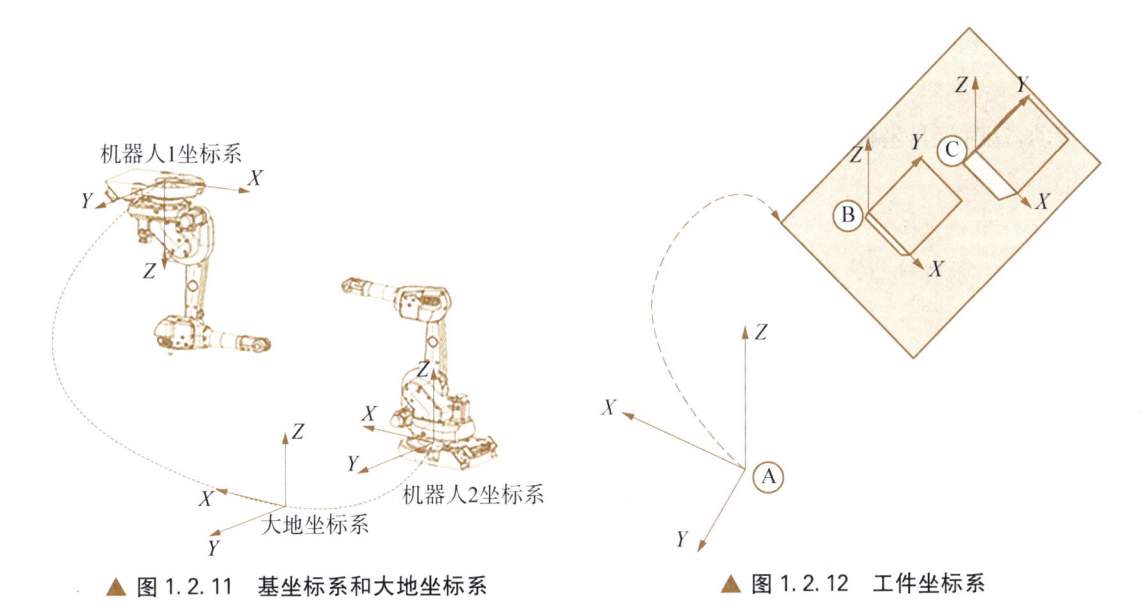

▲ 图1.2.11 基坐标系和大地坐标系　　▲ 图1.2.12 工件坐标系

(3) 工件坐标系　工件坐标系与工件相关,通常是最适于对机器人编程的坐标系,如图1.2.12所示。图中A代表机器人坐标系,B和C分别代表不同的工件坐标系。

(4) 工具坐标系　工具坐标系是一个直角坐标系,原点位于工具上。工具坐标系用于描述安装在机器人第六轴上工具中心点的位置、姿态等数据,它将工具中心点设为零位,并由此定义工具的位置和方向。工具坐标系经常缩写为TCPF(tool center point frame),而工具坐标系中心缩写为TCP(tool center point)。

执行程序时,机器人就是将TCP移至编程位置。这意味着,如果用户要更改工具(或工具坐标系),机器人的移动也将随之更改。为了方便用户自定义新的TCP,所有机器人在手腕处都有一个默认的工具坐标系,该坐标系称为tool0,它位于机器人安装法兰的中心。一般情况下,不同的机器人应用会配置不同的工具。比如用于弧焊的机器人,就使用弧焊焊枪作为工具,而用于搬运板材的机器人就会使用吸盘式的夹具作为工具。给机器人装上新的工具时,用户就能将一个或多个新工具坐标系定义为tool0的偏移值,如tool1、tool2或tool15等。ABB机器人的tool0偏移值可设定32个。另外需要注意的是,TCP点的位置通

常设置在工具的工作位置,如图 1.2.13 所示。

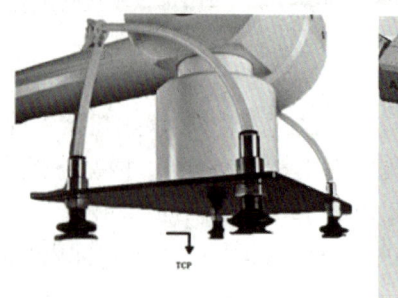

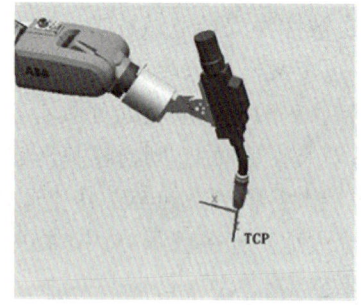

▲ 图 1.2.13　工具坐标系

在调试机器人时,如果用户希望在 TCP 点(工作点)无位移的情况下将工具围绕 TCP 点转动,这时工具坐标系就非常有用了。

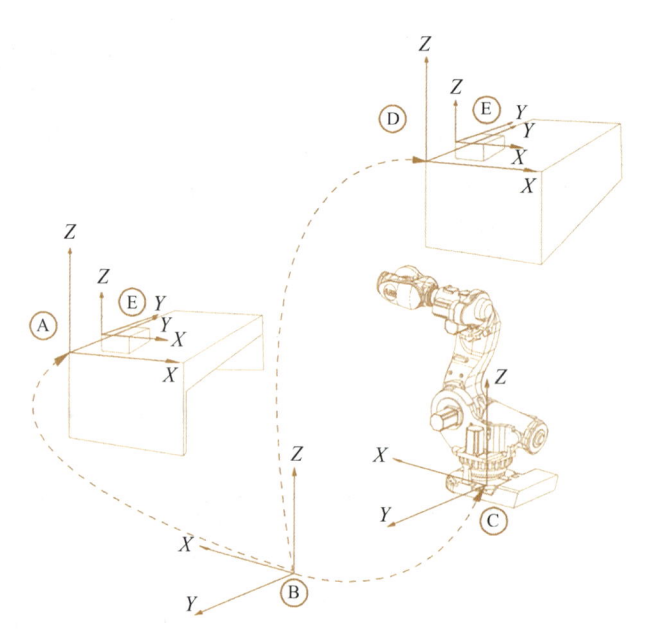

A　用户坐标系;B　大地坐标系;C　工件坐标系;D　移动用户坐标系;E　工件坐标系,与用户坐标系一同移动

▲ 图 1.2.14　用户坐标系

(5)用户坐标系　用户坐标系在表示持有其他坐标系的设备(如工件)时非常有用。用户坐标系可用于表示固定装置、工作台等设备,如图 1.2.4 所示。这就在相关坐标系链中提供了一个额外级别,有助于处理持有工件或其他坐标系的处理设备。

五、ABB 工业机器人的主要型号与用途

ABB 产品主要型号与用途可查看官网 https://new.abb.com/cn。

任务二 工业机器人应用基础知识应知

任务实施

博仁智能科技有限公司举办的行业发展和专业技术的高峰论坛由专题分享和互动交流两个环节组成。专业技术专题分享需要结合行业发展前沿，介绍并主推先进产品的前沿技术应用和使用性能。互动交流环节是了解客户需要、展示公司综合实力的高效途径，需要企业的现场工作人员做好充分的现场操作与编程案例教程（ABB）资料准备、翔实的需求登记、扎实的专业素养和技术水平。

一、论坛资料准备

论坛准备工作包括场地、演讲 PPT、公司宣传资料、现场记录、客户登记整理等准备工作。

（1）整理企业宣传资料，配合市场部按照论坛要求布置会场。

（2）播放主题宣传 PPT 及视频资料，配合工程设计部论坛发言人完成汇报发言前的准备。

（3）做好现场记录准备。

二、论坛现场记录及引导

论坛分享及答疑反映了公司综合技术服务能力。现场工作人员在论坛现场的主要工作有礼仪接待、现场记录、来访登记及资料收集、答疑导引。操作要点如下：

（1）统一穿着工装，注意接待礼仪和派发公司资料及名片。

（2）解答观众疑问，做好现场记录及影像拍摄。

（3）脱稿介绍 ABB 工业机器人的主要型号及参数。讲解内容应包括工业机器人主要技术参数、机器人工作原理、ABB 机器人的主要型号与典型应用。

（4）记录并整理论坛客户资料，安排展后回访计划。

任务训练

1. 结合工业机器人的系统组成，描述工业机器人的工作原理和运动方式。

2. 公司拟新购置一台 ABB-IRB 120 系列工业机器人。作为设备技术员，请你根据该产品的技术资料，设计该机器人产品的验货清单，内容应包括机器人的结构组成、主要技术参数及性能说明。

任务评价

通过本任务的学习后，应全面认识机器人的组成结构、工作原理、主要技术参数。请根据下表对照检查是否掌握了机器人基础初学者该掌握的基础知识和技能。

序号	评分标准	能/否	备注
1	能概括工业机器人结构组成及功能(30分)		
2	能表述工业机器人的工作原理(20分)		
3	能根据工业机器人的主要技术参数选型(30分)		
4	能说出ABB工业机器人主要型号及其用途(20分)		
综 合 评 价			

任务三 工业机器人安全操作须知

学习目标

1. 能识读工业机器人应用系统的安全标识。
2. 理解工业机器人的安全操作规范。
3. 会规范检查工业机器人应用系统的安全防护及常规点检。

任务描述

工业机器人系统组成复杂，动作范围大，操作速度快，自由度大。其运动部件，特别是手臂和手腕部分具有较高的能量，因此危险性大。只有熟识工业机器人系统的安全使用环境、安全标识、安全操作规范和注意事项并通过专项认证，方能操作工业机器人。

博仁智能科技有限公司主要从事机器人相关设备的集成开发，公司对产品安全及员工操作安全有非常严格的要求。作为公司机器人现场调试员，你必须对公司开发的工业机器人设备进行安全防护检查，做好每日常规点检登记，给参观的客户良好的体验。

任务分析

由于工业机器人产品有着与其他产品不同的特征，其手臂和手腕等运动部件具有较高的能量，且以较快的速度掠过比机器人机座大得多的空间。随着生产环境和条件及工作任务的改变，其手臂和手腕的运动亦随之改变。若遇到意外启动，则会给操作者、编程示教人员及维修人员造成危险。为防止各类事故的发生，避免人身伤害，在研制机器人产品的同时，也立项制定了工业机器人安全标准。

自1998年4月开始实施的安全标准完全采用了ISO10218:1992的版本，在内容上有所增加，并首次提出了安全分析和风险评价的概念，以及机器人系统的安全设计和防护措施。

一、工业机器人应用系统的安全标识

一般在工业机器人本体和控制柜上也都贴有数个安全信息标识。在安装、检修或操作工业机器人期间，这些信息对工业机器人操作人员来说非常重要，工业机器人本体和控制柜上的安全标识及说明见表1.3.1所示。

工业机器人
安全事故

表 1.3.1　工业机器人本体和控制柜上的安全标识及说明

标识	名称	含义
	禁止	此标识要与其他标识组合使用
	请参阅用户文档	请阅读用户文档，了解详细信息
	拆卸前参阅产品手册	在拆卸之前，请参阅产品手册
	不得拆卸	拆卸此部件可能会导致损害
	旋转更大	此关节轴的旋转范围(工作区域)大于标准范围
	制动闸释放	对于小型工业机器人，按此按钮将会释放制动闸。这意味着工业机器人本体部分关节轴及部件可能会掉落
	倾覆危险	如果螺栓没有固定牢靠，工业机器人可能会翻倒
	挤压危险	可能造成人员挤压伤害风险
	高温	可能导致灼伤的风险

任务三　工业机器人安全操作须知

续　表

标识	名称	含义
 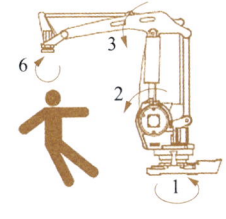 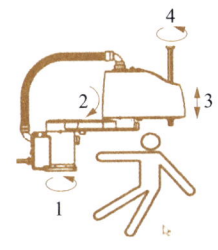	工业机器人移动	工业机器人可能会意外移动
	制动闸释放按钮	对于大型工业机器人，点击对应编号的按钮，会打开对应电机的抱闸
	吊环螺栓	一个紧固件，主要作用是起吊工业机器人
	带缩短器的吊货链	用于起吊工业机器人
	工业机器人提升	对工业机器人的提升和搬运提示

续 表

标识	名称	含义
	润滑油	润滑油注油口
	机械限位	起到定位或限位作用
	无机械限位	表示没有机械限位
	储能	此部件储能;与不得拆卸标识一起使用
	压力	此部件承受了压力,通常会标明压力大小
	使用手柄关闭	使用控制柜上的电源开关
	不得踩踏	如果踩踏这些部件,可能会造成损坏
	主电源断开警告	在维修控制柜前将电源断开

续表

标识	名称	含义
	模块内有高压危险	模块内可能有高压危险，即使主开关已经处于OFF（关）位置
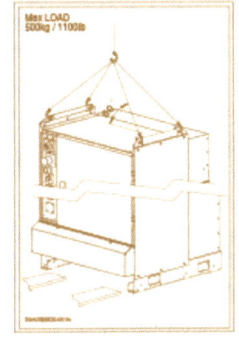	IRC5 控制柜的起吊说明	对控制柜最大起吊重量的说明
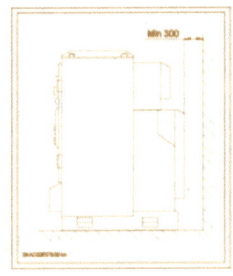	安装空间	控制柜安装时注意保证安装的空间距离
	阅读手册标签	请阅读用户手册，了解详细信息
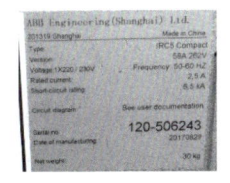	额定值标签	写明控制柜的额定数值
	UL 认证（瑞典）	产品认证安全标识
	UL 认证（中国）	产品认证安全标识

二、工业机器人的安全操作规范

从事安装、操作、保养等操作的相关人员,需熟知机器人的相关安全操作知识,必须遵守运行期间安全第一的原则。

工业机器人系统的安全操作规程是操作员在操作机器人系统和调整仪器仪表时必须遵守的规章和程序。其主要内容包括操作步骤和程序、安全知识和注意事项、正确使用个人安全防护用品、工业机器人系统和周边安全设施的维修保养、预防事故的紧急措施、安全检查的制度和要求等。在操作机器人时特别需要注意以下事项。

1. 了解工业机器人的操作安全事项

(1) 人身安全　操作人员在操作前应穿戴好安全帽和安全工作服,防止被工业机器人系统零部件尖角或末端工具动作划伤。

(2) 环境安全　危险环境应设置"严禁烟火""高电压""危险""无关人员禁止入内""远离作业区"等安全标识,防止人员在工业机器人工作场所周围做出危险行为,接触机器人或周边机械,造成人员伤害。应设置安全保护光栅,在地面上铺设光电开关或垫片开关。当操作人员进入机器人工作范围内时,机器人发出警报或鸣笛,并停止工作,以确保机器人安全。

(3) 设备安全　应关注夹具是否夹紧工件,旋转或运动的工具是否停止,长期运行后的工件和机器人系统的表面是否高温,液压、气压系统是否有预压或者压力残留,控制柜等带电部件是否断电或漏电。

2. 机器人示教器的安全使用

示教器是一种高品质的手持式终端,它配备了高灵敏度的一流电子设备。为避免操作不当引起的故障或损伤,在操作时应遵循以下要求。

(1) 小心操作　不要摔打、抛掷或重击,这样会导致破损或故障。在不使用该设备时,将它挂到专门存放的支架上,以防意外掉到地上。

(2) 保护电缆　使用和存放时应避免被人踩踏电缆。

(3) 保护触摸屏　切勿使用锋利的物体(例如螺钉、刀具或笔尖)操作触摸屏。这样可能会使触摸屏受损。应用手指或触摸笔去操作示教器触摸屏。

(4) 定期清洁触摸屏　灰尘和小颗粒可能会挡住屏幕造成故障。切勿使用溶剂、洗涤剂或擦洗海绵清洁示教器,使用软布蘸少量水或中性清洁剂清洁。

(5) 保护USB端口　没有连接USB设备时务必盖上USB端口的保护盖。如果端口暴露到灰尘中,会触发中断或发生故障。

3. 安全操作规范

工业机器人系统动作范围大、操作速度快、自由度多,其运动部件具有较高的能量。运动中的停顿或停止都会产生危险。即使可以预测运动轨迹,外部信号也有可能改变操作,会在没有任何警告的情况下,产生预想不到的运动。因此,当进入保护空间时,务必遵循所有的安全条例。

(1) 如果在保护空间内有工作人员,须手动操作机器人系统。

(2) 当进入保护空间时,请准备好示教器,以便随时控制机器人。

(3) 注意旋转或运动的工具,例如切削工具和锯。确保在接近机器人之前,这些工具已经停止运动。

(4) 注意工件和机器人系统的高温表面。机器人电动机长期运转后温度很高。

(5) 注意夹具并确保夹好工件。如果夹具打开,工件会脱落并导致人员伤害或设备损坏。夹具非常有力,如果不按照正确方法操作,也会导致人员伤害。

(6) 注意液压、气压系统以及带电部件。即使断电,这些电路上的残余电量也很危险。

三、工业机器人系统安全性的日常检查

工业机器人保养维护在企业生产中尤为重要。按时、正确地维护保养能延长机器人的使用寿命,确保系统安全,大大减少工业机器人的故障率和停机时间,充分利用工业机器人这一生产要素,最大限度地提高生产效率。

工业机器人系统的维护保养是指定期通过感官、仪表等辅助工具,检查设备的关键部位的声响、振动、温度、油压等运行状况,并将检查结果记录在点检卡上。点检的内容主要包括工业机器人本体的日常清洁保养检查,系统运行过程中本体的定期预防性保养,定期更换电池、润滑油/脂,外围设备及控制柜的维护保养。应根据不同品牌机器人的特性,对维护和保养的时限、内容、流程、点检卡提出不同的要求。其常规操作流程见表1.3.2。

表1.3.2 工业机器人维护操作表

	维护项目	维护方式	维护周期
机器人本体	工业机器人本体清洁,四周无杂物	清洁	定期[1]
	阻尼器,轴1、2和3	检查	定期[1]
	电缆线束	检查	定期[1]
	同步带	清洁	36个月
	塑料盖	清洁	定期[1]
	机械停止销	清洁	定期[1]
	电池组,RMU101或测量系统RMU102(3极电池触点)	检查	36个月或电池低电量警告[2]
	电池组,2电极电池触点测量系统,例如DSQC633A	检查	低电量警告[2]
控制柜	检查控制柜清洁,四周无杂物	清洁	每日
	控制柜运行是否正常	检查	每日
	安全防护装置和急停按钮是否正常	检查	每日
	按钮和开关功能	检查	每日
	控制柜散热风扇检查与清洁	检查	定期[1]
	控制柜内部清洁	清洁	定期[1]
	检查连接器和线缆,以确保其安全固定,线缆没有损坏	检查	定期[1]
FlexPendant示教器	FlexPendant表面及触摸屏清洁	清洁	定期[1]
	FlexPendant功能是否正常	检查	定期[1]

注:[1]:根据实际工作情况制定。
　　[2]:备份电池寿命不足2个月时,会报警"38213"电池电量低。

任务实施

检修和维修可以将机器人的性能保持在稳定的状态。公司现场技术员每天上班的第一项任务,就是做机器人应用系统的清洁、线缆连接、结构紧固、电池、电、气安全等开机前的常规检测和维护等工作。

一、工业机器人日常检查及定期维护的安全操作防护及准备

操作前需要做好防护,预防发生人员和设备的安全意外。安全防护的内容包括操作人员的安全防护、设备环境的安全检查。

任何负责安装、维护、操作工业机器人的人员务必阅读并遵循以下安装规范:

（1）只有熟悉工业机器人并且经过安装、维护、操作方面培训的人员才允许安装、维护、操作工业机器人。

（2）安装、维护、操作人员在饮酒、服用药品或兴奋药物后,不得安装、维护、使用工业机器人。

（3）安装、维护、操作工业机器人时,操作人员必须有意识地保护自身安全,必须主动穿戴安全帽、安全工作服、安全鞋。

（4）安装、维护工业机器人时需要使用符合安装、维护要求的专用工具,安装、维护人员必须严格按照安装、维护说明手册或指导书中的步骤安装和维护。

安全准备工作的操作步骤包括:

（1）穿好安全防护鞋,防止零部件掉落时砸伤操作人员,如图1.3.1所示。

（2）穿戴安全帽和安全工作服,防止工业机器人系统零部件尖角或操作工业机器人末端工具动作时划伤操作人员,如图1.3.2所示。

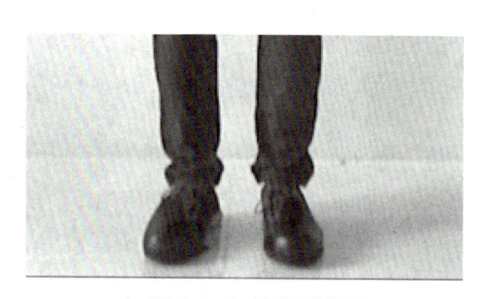

▲ 图1.3.1 穿好防护鞋

▲ 图1.3.2 穿戴安全帽和安全工作服

二、工业机器人的清洁保养

在日常工作生产中,必须定期检查机器人本体,并对照标准发现设备的异常和隐患,还

需要掌握本体设备故障的初期信息，以便及时采取对策，将故障消灭在萌芽阶段。在机器人运行过程中也要时刻注意机器人的任何损坏。

为保证机器人较长的正常运行时间，必须定期清洁。清洁的时间间隔取决于机器人工作的环境。下面介绍一些清洁机器人时的常见问题。

(1) 漏油　如果检查到齿轮箱漏油并怀疑来自齿轮箱，就需要执行以下过程：

① 检查齿轮箱中的油位是否符合标准(请查阅机器人附带光盘手册)。

② 记下油位。

③ 经过一段时间(例如6个月)之后再次检查油位。

④ 如果油位降低，需要更换齿轮箱。

机器上的涂漆表面存在漏油会导致掉色，所以在所有涉及油的修理和维护工作后，务必将机器人擦拭干净，除去多余的油。

(2) 线缆　需要保证机器人的可移动线缆能够自由移动，在使用过程中如发现以下情况，则需要清洁：

① 如果沙、灰和碎屑等废弃物妨碍电缆移动，则将其清除。

② 如果电缆有硬皮(例如干性脱模剂硬皮)，则清洁。

(3) 清洁机器人注意事项　清洁机器人时应注意：

① 务必按照规定使用清洁设备！任何其他清洁设备都可能会缩短机器人的使用寿命！

② 清洁前，务必先检查是否所有保护盖都已安装到机器人上！

③ 切勿将清洗水柱对准连接器、接点、密封件或垫圈！

④ 切勿使用压缩空气清洁机器人！

⑤ 切勿使用未获ABB批准的溶剂清洁机器人！

⑥ 清洁机器人之前，切勿卸下任何保护盖或其他保护设备！

(4) 清洁方法

根据不同防护类型，需要采用不同的清洁方法。所以，清洁机器人前一定要确认机器人的防护类型。不同防护类型的ABB 120机器人允许的清洁方法见表1.3.3。

表1.3.3　清洁方法

防护类型	清洁方法			
	真空吸尘器	用布擦拭	用水冲洗	高压水或蒸汽
Standard	是	是。使用少量清洁剂	否	否
Clean room	是	是。使用少量清洁剂、乙醇或异丙醇乙醇	否	否

三、工业机器人的定期检查

1. 机器人布线检查

(1) 查前准备　关闭连接到机器人的电源、液压源、气压源后才能进入机器人工作区域。

（2）目测检查　机器人与控制柜之间的控制布线查找磨损、切割或挤压损坏。如果检测到磨损或损坏，则更换布线。

2. 机械停止位置检查

图 1.3.3 显示机械停止在轴 1、2 和 3 的位置，进行停止位置检查。

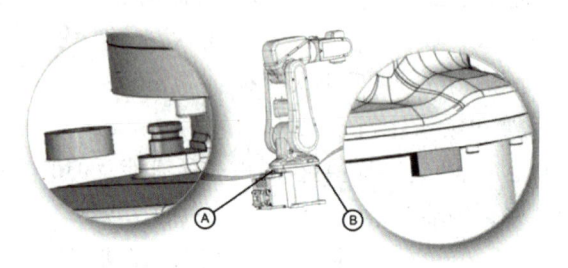

A 机械停止轴 1（底座）　B 机械停止轴 1（摆动平板）

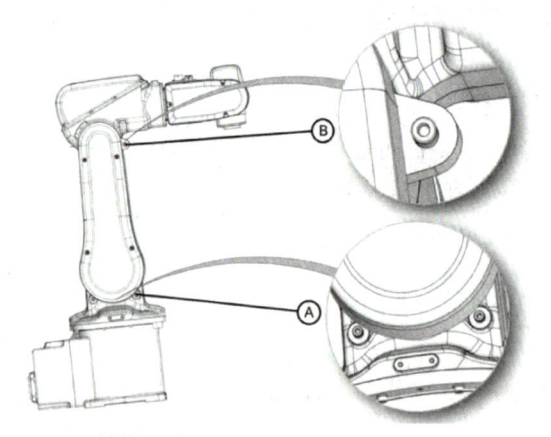

A 机械停止轴 2（摆动壳）　B 机械停止轴 3（上臂） 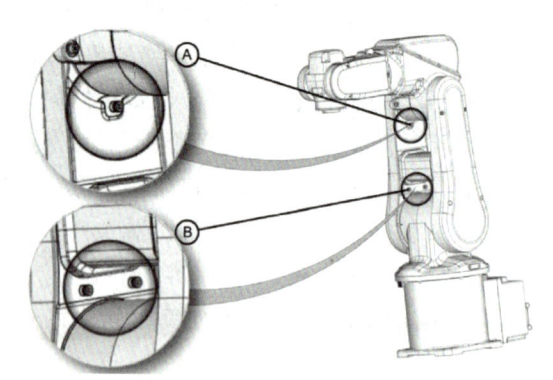　　A 机械停止轴 3（下臂）　B 机械停止轴 2（下臂）

▲ 图 1.3.3　轴 1、2、3 机械停止位置

① 检查机械停止前，必须关闭连接到机器人的所有电源、液压源和气压源等，然后再进入机器人工作区域。

② 当机械停止出现弯曲、松动或损坏等情况，则需要更换。齿轮箱与机械停止装置的碰撞可导致其预期使用寿命缩短。

3. 阻尼器检查

阻尼器位置如图 1.3.4 所示。

① 在检查阻尼器前，关闭机器人的所有电力、液压和气压供给。

② 检查所有阻尼器是否出现裂纹或者超过 1mm 的印痕，如果有应及时更换。

③ 检查所有连接螺钉是否变形。

④ 如果检测到任何损坏，则必须更换新的阻尼器。

任务三 工业机器人安全操作须知

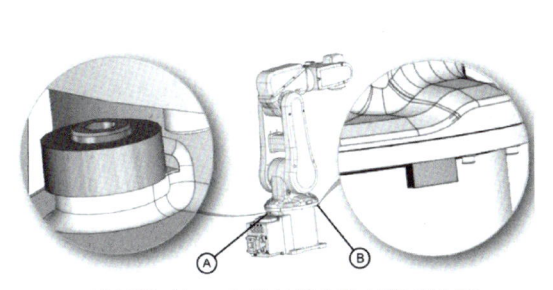

A 阻尼器,轴1　B 机械停止轴1(摆动平板)　　　　A 阻尼器,轴3　B 阻尼器,轴2

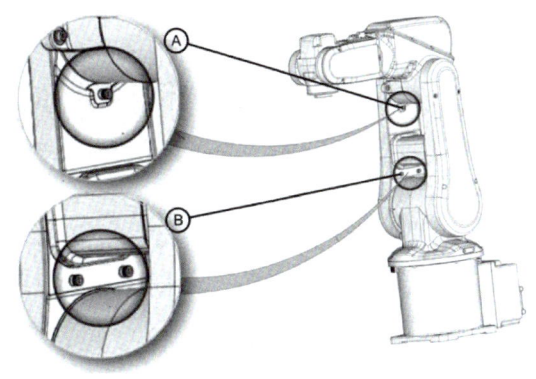

▲ 图1.3.4　阻尼器位置

4. 同步带检查

同步带位置如图1.3.5所示。

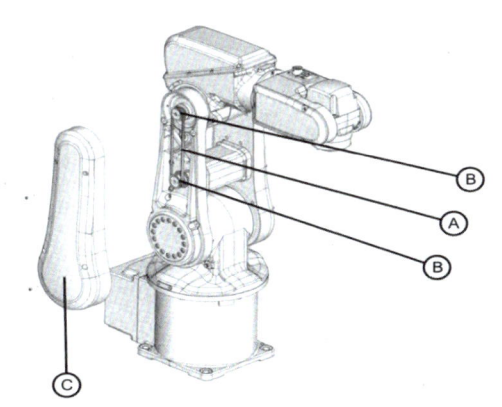

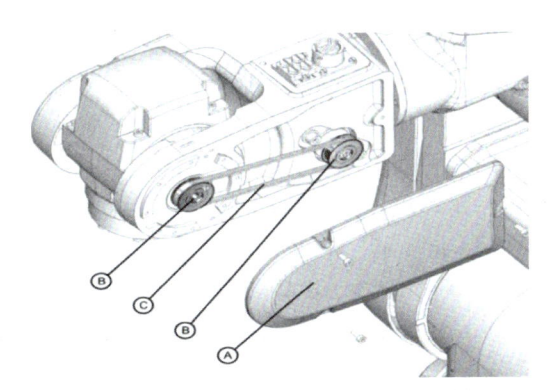

A 同步带,轴3　B 同步皮带轮　C 下臂盖　　　　A 手腕侧盖　B 同步皮带轮　C 同步带,轴5

▲ 图1.3.5　同步带位置

（1）检查同步带前,必须关闭连接到机器人的所有电源、液压源和气压源等,然后再进入机器人工作区域。

（2）检查到某一同步带或同步皮带轮有磨损或损坏的情况,则必须更换该部件。

（3）需要检查每条皮带的张力,如果皮带张力不正确,应调整。

四、机器人后备电池的定期更换

工业机器人示教器的信息栏显示代码38213,则表示工业机器人本体的电池电量低,需要尽快更换电池。电池组的位置在底座盖的内部,如图1.3.6所示。

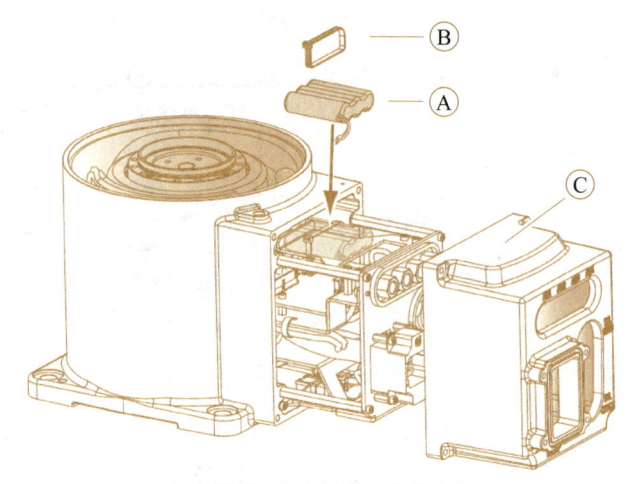

A 电缆带　B 电池组　C 底座盖

▲ 图 1.3.6　工业机器人本体电池组的位置

> **注意**
>
> 电池的剩余后备容量（工业机器人电源关闭）不足 2 个月时，将显示低电量警告（38213 电池电量低）。通常，如果工业机器人电源每周关闭 2 天，则新电池的使用寿命为 36 个月；如果工业机器人电源每天关闭 16 小时，则新电池使用寿命为 18 个月。通过电池关闭服务例行程序可延长使用寿命。请参阅操作员手册有关 FlexPendant 的 IRC5 的说明。

按照表 1.3.4 的步骤完成工业机器人本体电池的更换。

表 1.3.4　工业机器人本体电池更换步骤

序号	操 作 步 骤
1	将工业机器人恢复到机械零点位置
2	调用关闭电池的例行服务程序 Bat_shutdown
3	切断电源、气源和液压源，进入工业机器人安全操作区
4	卸下连接螺钉，从工业机器人上卸下底座，拿掉后盖
5	断开电池电缆与编码器接口电路板的连接
6	切断电缆带，更换电池组
7	将电池电缆与编码器接口电路板相连
8	用连接螺钉将底座盖重新安装到工业机器人上
9	更新转数计数器

任务训练

1. 结合工业机器人同步带的检查方法，简述 ABB-IRB 120 同步带维护方法。

2. 公司购置一台 ABB-IRB 120 系列工业机器人。经过一段时间的使用后，事件信息栏显示代码 38213，请根据代码查找手册，确认问题，提出解决方法。

任务评价

完成本任务的学习后，应学会日常检查和安全使用工业机器人。请根据下表对照检查是否掌握了机器人基础初学者该掌握的基础知识和技能。

序号	评分标准	能/否	备注
1	能识读工业机器人安全标识(15 分)		
2	能列出日常检查流程及内容(15 分)		
3	能规范地清洁保养工业机器人(15 分)		
4	能根据手册检查工业机器人线缆(15 分)		
5	能检查工业机器人连接器、制动器是否紧固(20 分)		
6	能排除工业机器人外围电、气线路故障(20 分)		
综 合 评 价			

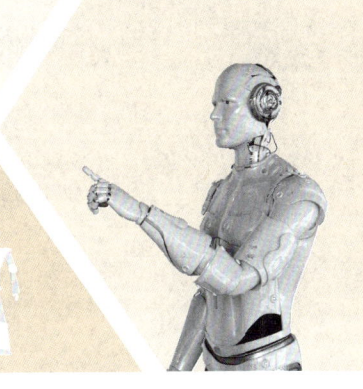

项目二
工业机器人绘图操作与编程

项目情景

在金属制品、汽配生产、机械加工、产品外壳钣金等领域,机器人配合切割机能实现柔性切割。博仁金属制品工艺有限公司在新投产的生产线中,采用机器人和等离子切割机,对订单中的多款 3 mm 厚低碳钢薄板进行图案切割,切割图样由博仁公司客户提供。工程验收时,需提供包含设计图、程序、操作指导书等技术文件。现场设备由博仁公司采购,工程部负责整个项目。作为工程部的机器人调试员,主管要求你先在产品上应用机器人完成用户指定图样的绘制,再规范编写程序,最后根据切割工艺实现图案的加工。

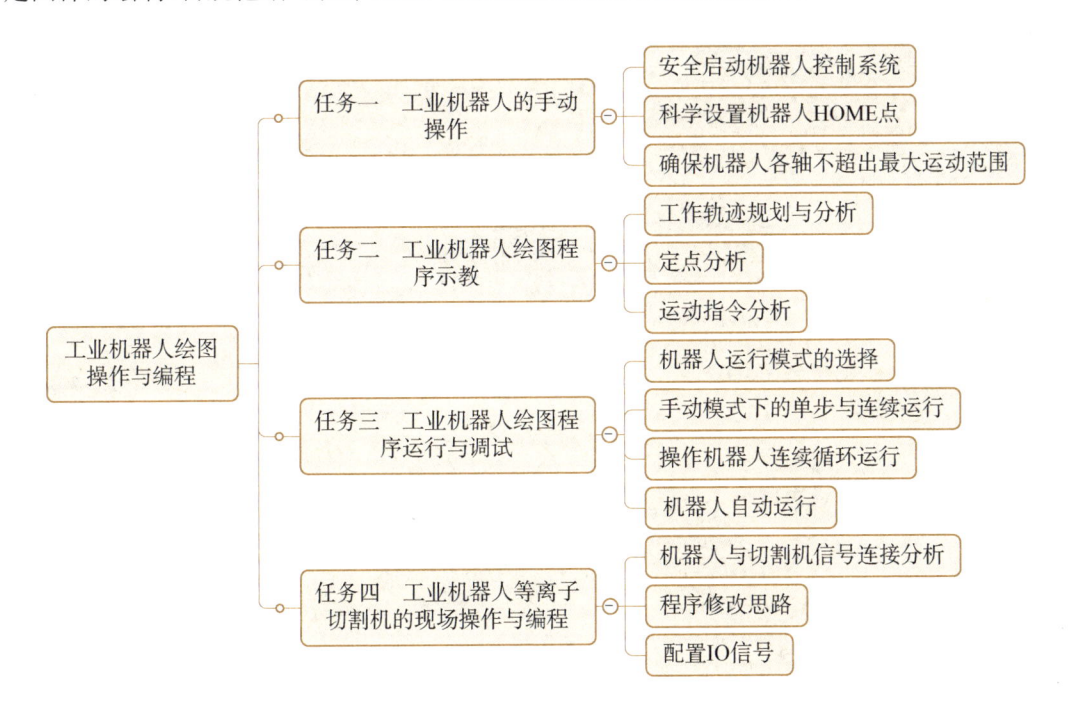

工业机器人绘图操作与编程
- 任务一 工业机器人的手动操作
  - 安全启动机器人控制系统
  - 科学设置机器人HOME点
  - 确保机器人各轴不超出最大运动范围
- 任务二 工业机器人绘图程序示教
  - 工作轨迹规划与分析
  - 定点分析
  - 运动指令分析
- 任务三 工业机器人绘图程序运行与调试
  - 机器人运行模式的选择
  - 手动模式下的单步与连续运行
  - 操作机器人连续循环运行
  - 机器人自动运行
- 任务四 工业机器人等离子切割机的现场操作与编程
  - 机器人与切割机信号连接分析
  - 程序修改思路
  - 配置IO信号

任务一　工业机器人的手动操作

学习目标

1. 熟悉 ABB 机器人示教器的操作界面,能手动示教机器人按规定方向运动。
2. 能使用示教器的三维摇杆操作机器人准确对点。
3. 能根据机器人各轴零刻度位置操作机器人回到 HOME 点。

任务描述

联华公司切割工作站的机器人控制柜、线缆、本体已在现场安装完成,开始系统集成。在切割定点编程前,需要初步通电调试,观察机柜各操作按钮和示教器屏幕是否灵敏,按键、三维摇杆是否有效,抱闸是否正常;机器人在基坐标下运动和世界坐标系下运动时,各轴是否有偏离规定运动方向的情况。作为博仁公司机器人调试员,工程部主管要求你进行初始调试,确认机器人一切正常后,让机器人的 1～4 轴回到零点,第 5 轴旋转 −10°,以此姿态作为 HOME 点,为机器人正常工作做好准备。

任务分析

工业机器人集成度高,价格昂贵,安装必须牢固,接线务必正确。在手动操作机器人前,需知道如何正常启动控制系统;操作机器人定点时,确保机器人各轴不超出最大运动范围,否则可能损坏机械部件;如何根据生产任务、生产效率、生产安全性定义 HOME 点姿态,是必须考虑的问题。

一、安全启动机器人控制系统

ABB 机器人通过控制柜装载 IO 板与外部设备交换 IO 信号,本次任务以 DSQC652IO 板为例,如图 2.1.1 所示。其中,X3、X4 为数字量输入信号,X1、X2 为数字量输出信号,X2、X4 的 9 号端子是电源的 0(负极),X2 的 10 号端子是 24 V(正极)。在接线回路中,必须确保正负极之间没有短路。可以在断电状态下,用万用表蜂鸣挡测量正负极之间是否有蜂鸣音发出,若有则需要排查短路问题。

在通电前须确保地线安装牢固。按照国际标准,接地线必须是黄绿相间的线,与机柜牢固连接,在接地端贴上标识。一些施工人员在接线时把黄绿相间的线作火线或零线用,把黄、绿、红、蓝、黑色线作为地线用,这是极其严重的工艺错误,有安全隐患。

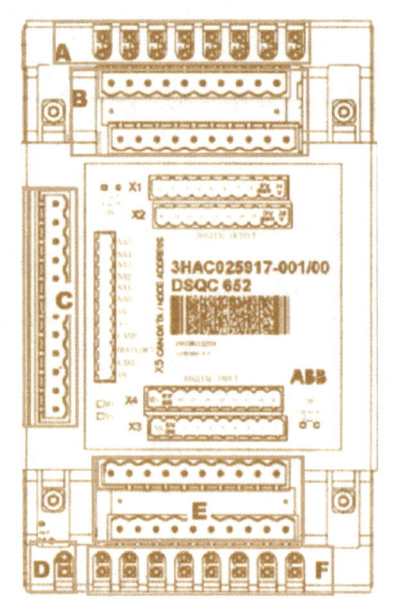

A 信号输出指示灯
B X1、X2 数字输出接口
C X5 是 DeviceNet 接口
D 模块状态指示灯
E X3、X4 数字输入接口
F 数字输入信号指示灯

▲ 图 2.1.1 ABB 机器人控制系统

二、科学设置机器人 HOME 点

1. 从工作效率的角度

机器人开始一项工作和完成一项工作后往往回到一个安全点(姿态),这个安全点称作 HOME 点。为了有迹可循,一般以各轴回到零刻度线为准,因此 HOME 点也称作原点。但如图 2.1.2 所示,若在此姿态安装焊枪,每次机器人开始运动前都要旋转第 5 轴,把焊枪朝下,这样就降低了生产效率。因此,从生产效率的角度,第 6 轴装上工具的机器人在 HOME 点处,一般将第 5 轴旋转一定角度,让第 6 轴所带工具朝向工件所在平面。

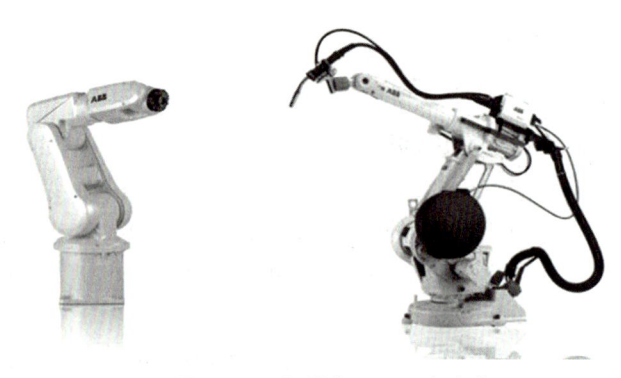

▲ 图 2.1.2 机器人 HOME 点姿态

2. 从避免奇异点的角度

奇异点是机器人控制系统中出现的无解或不确定的点值,因为机器人手臂的两轴共线导致自由度减少,不能实现某些动作。

如图 2.1.3 所示,当机器人每条轴都回到零点,可以尽量避免奇异点。以此点为基准根据实际运控空间来调整 HOME 点。

三、确保机器人各轴不超出最大运动范围

各轴配合运动才能达到最大臂展。一般,每条轴都不能 360°旋转,就算是第 6 轴可以转 360°,其所带的工具连接的导线、气管、焊丝等附件也不能过度弯曲。每条轴的最大转动角度,可以查阅每个机器人出厂所配的说明书。

一些机器人品牌允许在示教器中修改某条轴的动作范围。但厂家以机器人最大臂展来限定每条轴的工作范围,超过此范围容易发生系统报警。机器人是多轴配合运动的,例如要机器人"弯腰低头",需让第 2 轴前倾和第 3 轴向下旋转。

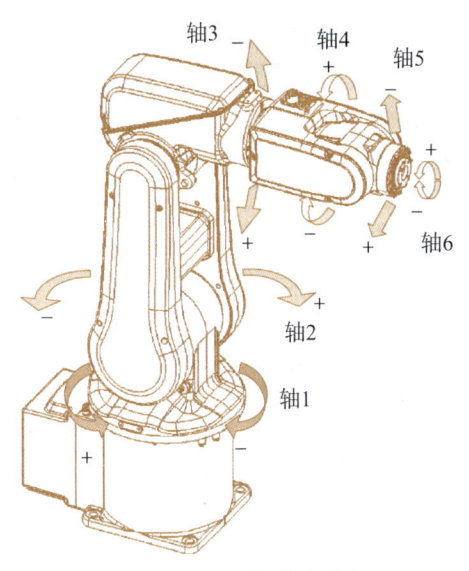

▲ 图 2.1.3 机器人原点

任务准备

示教器是用户与机器人编程对话的工具,各款机器人示教器的操作大同小异。要正常操作 ABB 机器人,必须在控制柜面板和示教器上找到以下功能位置:使能键、急停按钮、手动/自动模式开关、运动模式切换键、增量控制键、可编程按键、手动运行控制键和三维摇杆。

一、安全、规范操作前准备

1. 熟悉控制柜按钮

机器人控制柜上有多个按钮,启动机器人前要熟悉各按钮功能,如图 2.1.4 所示。

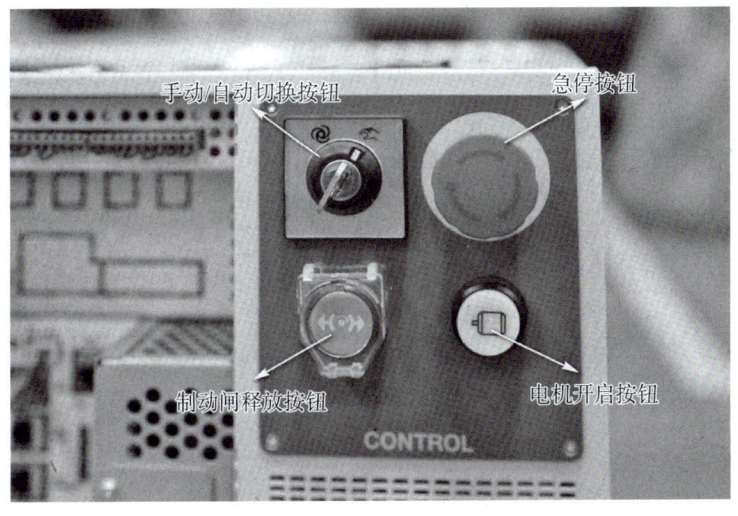

▲ 图 2.1.4 控制柜按钮示意图

2. 熟悉示教器

示教器是机器人手动操纵、程序编写、参数配置以及监控的手持装置,也是最常用的控制装置,如图 2.1.5 所示。示教器侧面有一个使能键,操作者左手操作示教器时能触及使能信号。示教器三位安全开关的中间位置有效,松开或握最紧时机器人会停止,如图 2.1.6 所示。

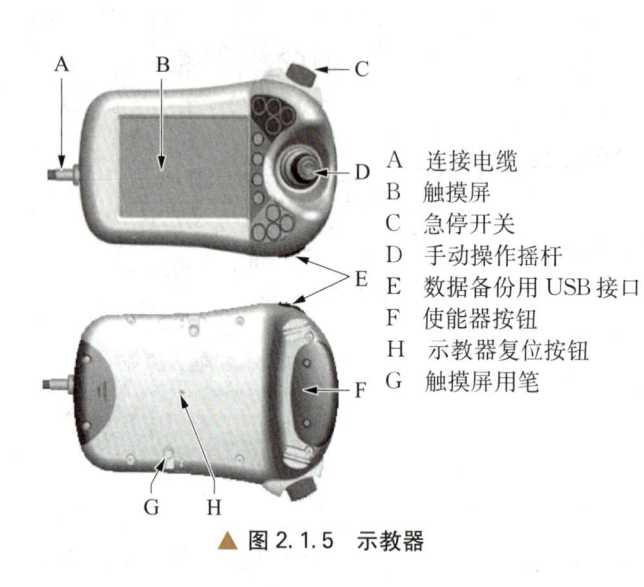

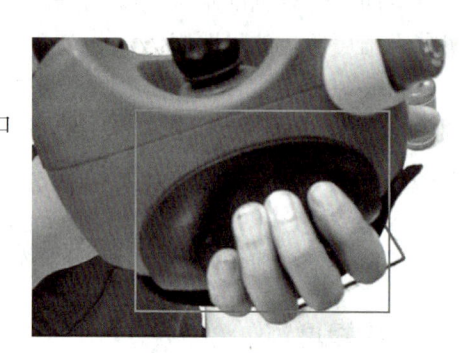

A 连接电缆
B 触摸屏
C 急停开关
D 手动操作摇杆
E 数据备份用 USB 接口
F 使能器按钮
H 示教器复位按钮
G 触摸屏用笔

▲ 图 2.1.5　示教器

▲ 图 2.1.6　示教器三位开关

二、找到各轴零刻度线位置,为设置 HOME 点做准备

图 2.1.7 所示是 ABB 机器人各轴零刻度的位置,每条轴的电机座上都有标注。当两条刻度在同一直线时,该轴就回到了原点。

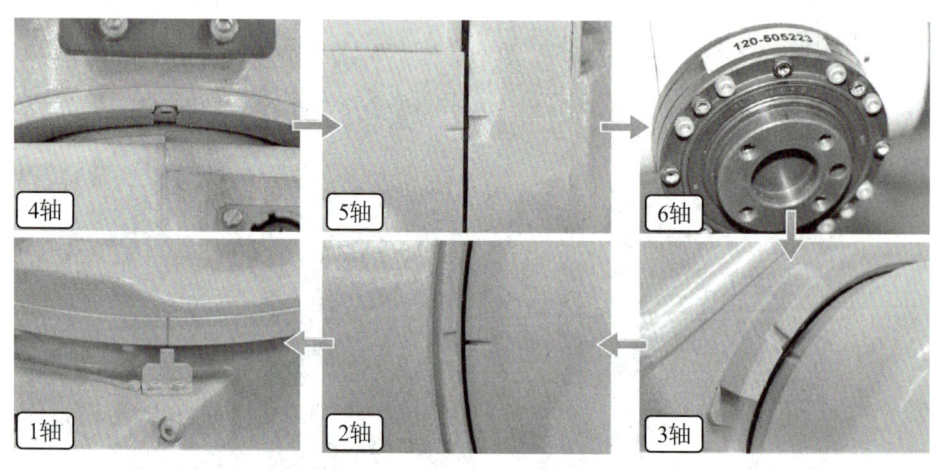

▲ 图 2.1.7　机器人零刻度线

三、开机后通过报警信息检查上次运行是否出现严重故障

机器人出现外部接线短路、碰撞等情况会导致抱闸报警、编码器数据丢失、电池电量偏低、急停按钮按下、机器人姿态出现奇异点,都会在示教器的事件日志中记录并显示。只要有一个报警没有排除,机器人都不能进入执行程序的操作。使用机器人前,需先查看机器人事件日志,确保机器人前面运行没有遗留严重故障,否则强制运行或不断重复这些故障就会损坏机器人。图2.1.8所示是机器人示教器的事件日志,中文版示教器进入路径为:ABB主菜单→"事件日志"。

▲ 图 2.1.8　示教器事件日志信息

任务实施

一、正常开启/关闭机器人控制系统

确保机器人供电线路接线正确、IO板和IO端子连接牢固、外部接线正确后,可按以下顺序开启机器人控制系统:打开空气开关电源→控制柜开关打到ON位置。

完成这些操作,若没有硬件故障,按下使能键,即可操作机器人运动。机器人调试结束,关闭机器人控制系统的流程如下:关闭示教器系统→控制柜开关打到OFF位置→关闭空气开关电源。

二、操纵机器人做单轴运动

一般地,ABB机器人是由6个伺服电动机分别驱动机器人的6个关节轴,每次手动操纵一个关节轴的运动,称为单轴运动。

为测试机器人各关节轴运动是否正常,示教器进入"手动操纵"界面,"动作模式"选择"1~3轴"或"4~6轴",就能通过操纵杆分别控制机器人1~3轴或4~6轴的移动。

在机器人单轴运动模式下完成以下操作：J1 轴实现"臀部"左右摆动，幅度约为 45°；J2 轴实现"弯腰/挺直"，幅度约为 45°；J3 轴实现"抬头/低头"，幅度约为 30°；J4 轴实现"手臂"旋转，幅度约为 60°；J5 轴实现"手腕"上下摆动，幅度约为 30°；J6 轴实现工具水平弧度旋转，幅度约为 90°。

如图 2.1.9 所示，通过示教器的"手动操纵"界面观察"操纵杆方向"，可以知道操作杆方向与机器人各条轴正负方向之间的关系。

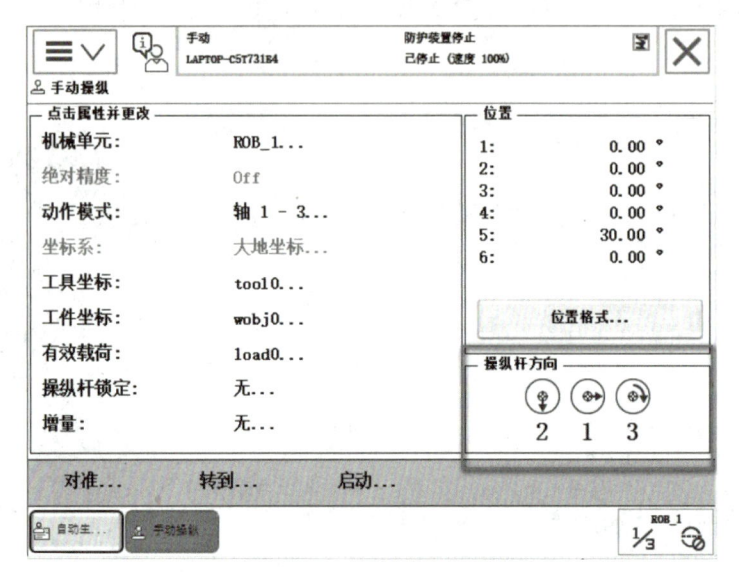

▲ 图 2.1.9　机器人单轴运动

三、操纵机器人做线性运动

机器人的线性运动是指安装在机器人第 6 轴法兰盘上工具的 TCP 在空间中做线性运动。

机器人要在大地坐标下做直线运动，如图 2.1.10 所示。将机器人的"动作模式"改为"线性运动"，坐标系切换为"大地坐标"，完成 TCP 校准；机器人以 20％ 的速度，把轨迹笔对准工作台上的工件尖端，如图 2.1.11 所示。

四、让机器人回原点

让机器人回到本任务要求的 HOME 点，只要解决以下两个问题即可：

（1）让机器人回 HOME 点是采用单轴运动还是线性运动　HOME 点大部分是要各轴回到零刻度线位置。线性运动是多轴联合的运动，而单轴运动是各关节轴的单独运动。毫无疑问，采用单轴运动来调整位置才能让各轴快速到达 HOME 点位置。

（2）查看 HOME 点的坐标值是否与示教时一样　当示教机器人到达 HOME 点时，在"手动操纵"界面，可以看到机器人 1～6 轴目前的位置，如图 2.1.12 所示，机器人 6 个轴都在零刻度位置。但 J1、J2、J3 轴都不是零度，原因是机器人控制系统对各条轴的零点早有记录。

任务一　工业机器人的手动操作

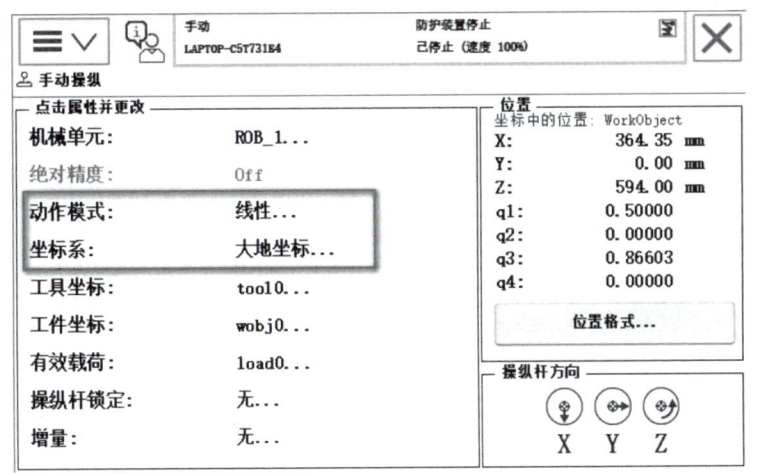

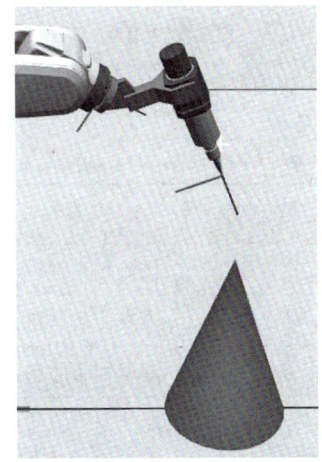

▲ 图 2.1.10　机器人线性运动

▲ 图 2.1.11　机器人 TCP 校准

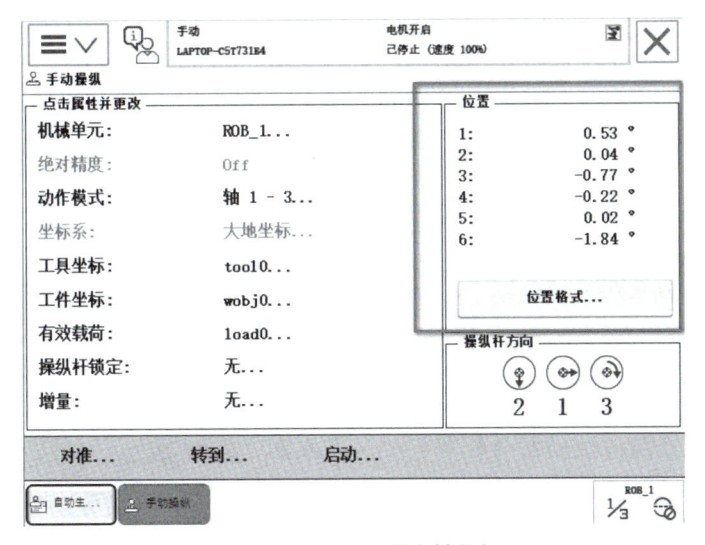

▲ 图 2.1.12　机器人轴数据

观察机器人的轴是否回到零刻度线，肯定存在偏差。但这些偏差对机器人技术员定义 HOME 点没有任何影响，因为 HOME 点是自主定义的安全点和任务起始点，不是校准机器人零位的点。

工程经验

（1）在 HOME 点处，不需对机器人第 6 轴的角度或位置作强制要求。机器人第 6 轴可以旋转超过 360°，标注零刻度作用不大。机器人调整好 1～5 轴的姿态后，第 6 轴根据机器人所带工具的管道、线路调整，不至于紧绷而影响工作。

（2）机器人做线性运动时，出现奇异点，机器人动不了，切换到单轴运动后调整各轴位置，使机器人离开奇异点再重新示教即可。

任务评价

完成本任务后,根据考证考点,按下表检查自己是否学会了考证必须掌握的内容。

序号	评分标准	能/否	备注
1	按流程正常启动、停止机器人(10 分)		
2	能安全操作机器人,无碰撞(10 分)		
3	能识别急停按钮,根据外部危险及时操作(10 分)		
4	能使用示教器单轴、线性地定点控制机器人(30 分)		
5	能够根据工作任务选择关节坐标、大地坐标系(20 分)、工具坐标系(20 分)		
6	能调整机器人位置、姿态、速度等参数(20 分)		
综 合 评 价			

任务二　工业机器人绘图程序示教

学习目标

1. 会应用机器人运动指令绘制典型简笔画的切割轨迹。
2. 能根据实际任务和工作要求设定运行速度、转弯半径等参数。
3. 能根据实际任务规划最优工作路径并编程。
4. 能使用示教器设置示教位置点和新建、保存、加载程序。

任务描述

▲ 图 2.2.1　自行车简笔画

博仁公司机器人切割工作站第一期主要承担 3 mm 厚低碳钢板的平面切割,切割图案根据订单要求调整。作为工程部的机器人调试员,你被指派承担其中一个工作站的自行车图样切割轨迹编程,切割图样由客户提供,如图 2.2.1 所示。客户提出的工艺要求,图样的每条轨迹偏差不能超过 1 mm。工程部主管要求,不能出现机器人碰撞报警和损坏轨迹笔,否则以严重生产事故处理。

> **任务分析**

一、工作轨迹规划与分析

在简笔画中,每条封闭的轨迹是独立的,不能用"在一条轨迹结束时开始下一条轨迹"的方法来减少机器人轨迹笔运动过程的定点。采用另外的思路,先从左到右、从上到下绘制独立的模块,再绘制零散的轨迹。因此,机器人绘制轨迹的顺序为:把手→坐垫→后轮→前轮→支撑架。

二、定点分析

机器人工作的轨迹点越多,准确度就越高,但执行效率就会降低。因为指令的数量与轨迹点的数量成正比。

机器人工作点的确定原则为:两点定一直线,三点定一圆弧,圆弧必须小于等于240°,两段独立轨迹间的第一个工作点要设置逼近点。根据此原则,确定相应轨迹的工作点和逼近点,如图 2.2.2 所示。如果机器人发现绘制圆弧时圆弧角度过大,就会报错。

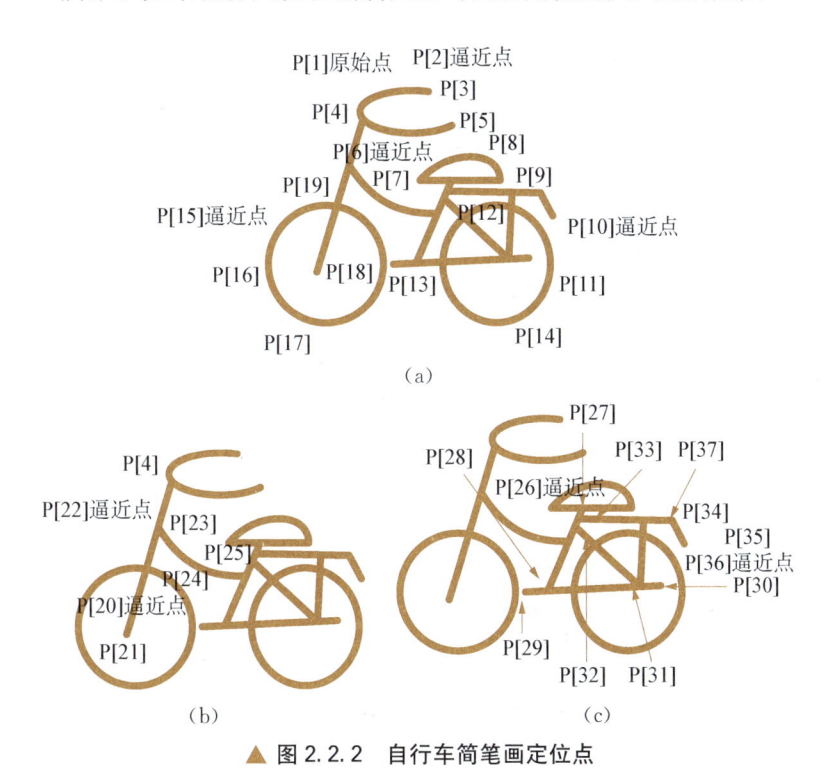

▲ 图 2.2.2 自行车简笔画定位点

三、运动指令分析

机器人在执行搬运、码垛、喷涂、焊接、装配等任务时,其轨迹都可划分为直线、圆弧两

种,因此学习机器人的编程指令应从机器人运动指令入手。

1. 绝对位置运动指令 MoveAbsJ:机器人快速回到工作原点

绝对位置运动指令 MoveAbsJ 是使用工业机器人的 6 个轴和外轴的角度值来定义目标位置数据的运动。属于快速运动指令,执行后机器人将以轴关节的最佳姿态迅速到达目标点位置,其运动轨迹具有一定的不可预测性。

举例　1:MoveAbsJ Home1,v200,z0,tool0;
　　　2:MoveAbsJ Home2,v100,z50,tool0;

2. 关节运动指令 MoveJ:工具在两个点之间的运动

关节运动指令是在对路径要求精度不高的情况下,工具 TCP 从一个位置移动到另一个位置,两个位置之间的路径不一定是直线,如图 2.2.3 所示。

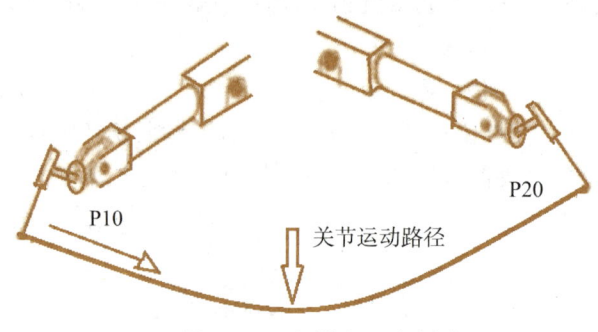

▲ 图 2.2.3　机器人运动路径

举例　1:MoveJ P10,v500,z10,tool0;
　　　2:MoveJ P20,v500,fine,tool0;

3. MoveL 直线运动:工具在两个点之间沿直线运动

线性运动指令 MoveL 是机器人的 TCP 从起点到终点之间的路径始终保持为直线。机器人的运动状态是可控的,运动路径保持唯一。在运动过程中可能出现死点,常用于机器人在工作状态的移动,如图 2.2.4 所示。

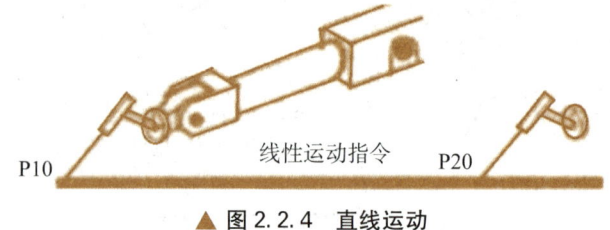

▲ 图 2.2.4　直线运动

举例　1:MoveL P10,v250,z20,tool0;
　　　2:MoveL P20,v150,z0,tool0;

4. MoveC 圆弧运动：工具在 3 个点之间沿圆弧运动，每段弧的速度固定

圆弧运动是在机器人可到达的控件范围内定义 3 个位置点，第 1 个点是圆弧的起点，第 2 个点用于圆弧的曲率，第 3 个点是圆弧的终点，如图 2.2.5 所示。

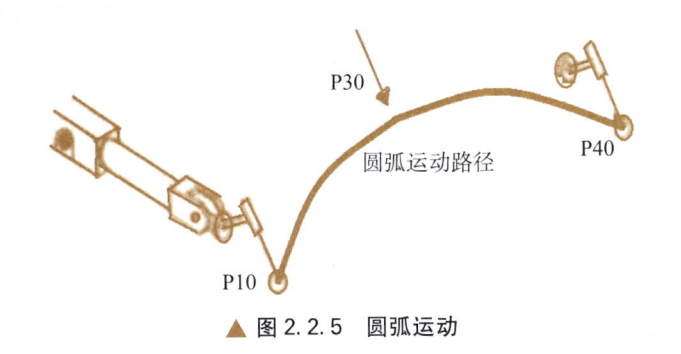

▲ 图 2.2.5　圆弧运动

MoveC 的使用

举例　1：MoveL P10,v200,z10,tool0;
　　　　2：MoveC P30,P40,v200,z10,tool0;

5. 运动指令使用要素

如图 2.2.6 所示，运动指令使用要素包括：

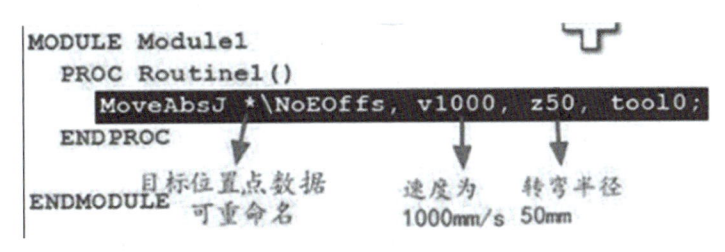

▲ 图 2.2.6　ABB 运动指令

（1）目标位置点数据　记录示教点的位置数据，可重命名。
（2）速度　机器人运行这条指令所用的速度，单位为 mm/s。
（3）转弯半径　转弯区数据，机器人开始转向下一个点与当前点的距离，单位为 mm。
① 程序的最后一步，必须将转弯半径设置为 fine；
② z0 与 fine 等效。区别在于 fine 在到达目标点时速度会降为 0，而 z0 在到达目标点时速度不会降为 0。
（4）工具坐标系　执行这条指令时所用的工具数据。

任务准备

1. 牢固安装轨迹笔

由于本任务是真正切割前的轨迹试验，焊枪和金属钢片没有直接接触，距离为 4～10 mm。在割焊头上加装轨迹笔，轨迹笔与简笔画之间直接接触，因此轨迹笔的笔尖在割嘴与简笔画

之间,范围在 4～10 mm。只要绘制的简笔画每一笔都清晰,实际切割时撤掉轨迹笔,就能保证每条切割轨迹的加工高度是恒定的,切割口径统一。

2. 合理布局工作台及加工件

机器人与工作台之间的距离是固定的,但简笔画放置的位置可以通过调整夹具来调节。放置简笔画,要让机器人"够得着",运动路径短,对点时不易出现奇异点。

任务实施

一、程序创建过程

示教器本身没有存储功能,它是人与机器人对话交流的工具,而对话的语言就是指令。ABB 机器人程序创建的步骤如下。

1. 自动新建模块与 main 程序

(1) 单击左上角主菜单按钮。

(2) 打开"程序编辑器",如图 2.2.7 所示。

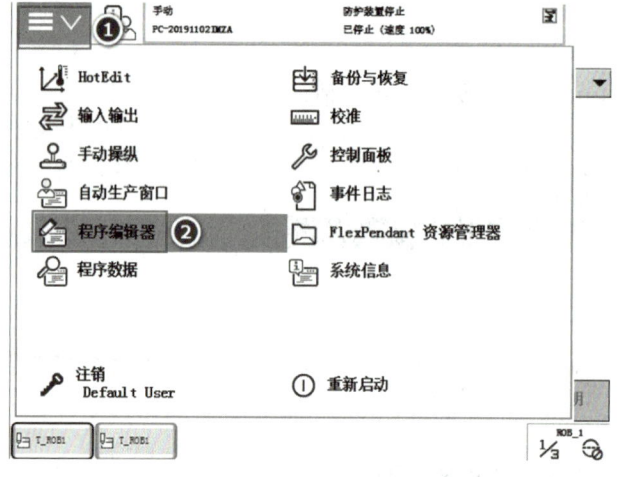

▲ 图 2.2.7　打开程序编辑器

(3) 点击"新建",如图 2.2.8 所示。

(4) 系统自动建立 MainModule 程序模块,并在此模块中建立 main 主程序。用户可以直接在 main 主程序中添加指令,如图 2.2.9 所示。

2. 手动建立模块与例行程序

(1) 打开"程序编辑器","文件"选项→"新建模块"。

(2) 在"名称栏"中单击"ABC…"重命名。

(3) 在"类型栏"中单击下拉框,设置类型,有 program(程序模块)和 system(系统模块)两种。根据实际需要设定,一般创建的为 program。单击【确定】完成模块创建。

(4) 单击"Module1",选择"例行程序"→"文件"→"新建例行程序"。

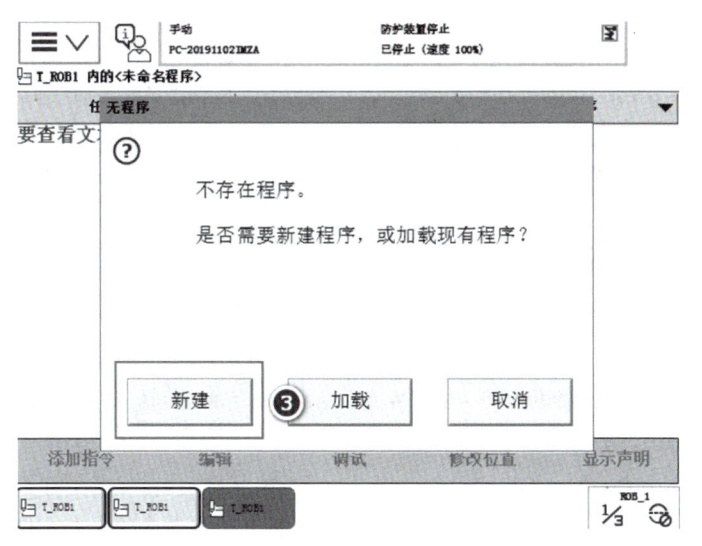

▲ 图 2.2.8　新建程序

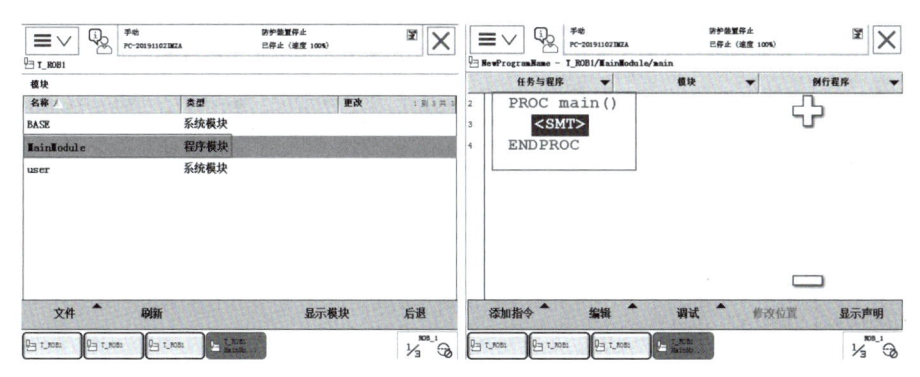

▲ 图 2.2.9　选择程序模块

（5）单击"ABC…"，修改例行程序"名称"，然后单击【确定】完成新建例行程序。

（6）选择新建的例行程序"Routine1"，单击"显示例行程序"，就可以在"Routine1"中添加指令。

二、程序编写

1：MoveAbsJ P1,v200,z0,tool0；　　　　机器人去到工作原点
2：MoveJ P2,v200,z0,tool0；　　　　　　逼近点 P2
3：MoveL P3,v200,z0,tool0；　　　　　　自行车把手第一个工作点 P3
4：MoveC P4,P5,v200,z0,tool0；　　　　以 P3、P4、P5 三点画弧（把手）
5：MoveJ P6,v200,z0,tool0；　　　　　　运动到坐垫 P7 的逼近点 P6
6：MoveL P7,v200,z0,tool0；　　　　　　坐垫的第一个工作点 P7
7：MoveC P8,P9,v200,z0,tool0；　　　　以 P7、P8、P9 三点画弧

8：MoveL P7,v200,z0,tool0;	从 P9 向 P7 画直线
9：MoveJ P10,v200,z0,tool0;	运动到后轮 P11 的逼近点
10：MoveL P11,v200,z0,tool0;	后轮的第一个工作点
11：MoveC P12,P13,v200,z0,tool0;	以 P11、P12、P13 绘制后轮的上半段
12：MoveC P14,P11,v200,z0,tool0;	以 P13、P14、P15 绘制后轮的下半段
13：MoveJ P15,v200,z0,tool0;	运动到前轮 P16 的逼近点
14：MoveL P16,v200,z0,tool0;	前轮的第一个工作点
15：MoveC P17,P18,v200,z0,tool0;	以 P16、P17、P18 绘制前轮的下半段
16：MoveC P19,P16,v200,z0,tool0;	以 P18、P19、P16 绘制前轮的上半段
17：MoveJ P20,v200,z0,tool0;	运动到前轮支撑杆 P21 的逼近点
18：MoveL P21,v200,z0,tool0;	前轮支撑杆第一个工作点
19：MoveL P4,v200,z0,tool0;	P21 向 P4 绘制直线
20：MoveJ P22,v200,z0,tool0;	运动到连杆 P23 的逼近点
21：MoveL P23,v200,z0,tool0;	连杆第一个工作点
22：MoveC P24,P25,v200,z0,tool0;	以 P23、P24、P25 绘制连杆圆弧
23：MoveJ P26,v200,z0,tool0;	开始画坐垫支撑杆
24：MoveL P27,v200,z0,tool0;	
25：MoveL P28,v200,z0,tool0;	
26：MoveL P29,v200,z0,tool0;	
27：MoveL P30,v200,z0,tool0;	
28：MoveL P31,v200,z0,tool0;	
29：MoveL P32,v200,z0,tool0;	
30：MoveL P33,v200,z0,tool0;	
31：MoveL P34,v200,z0,tool0;	
32：MoveL P35,v200,z0,tool0;	
33：MoveJ P36,v200,z0,tool0;	逼近点
34：MoveL P31,v200,z0,tool0;	
35：MoveL P37,v200,z0,tool0;	
36：MoveAbsJ P1,v200,z0,tool0;	机器人原始点 HOME

机器人在两段独立轨迹间运动。在从一段轨迹移到下一段轨迹时，为了避免碰撞周边夹具和工件，采用 MoveJ 指令移动到下一段轨迹的第一个工作点的附近，这样由逼近点到工作点可以快速移动。机器人在不同轨迹之间运动时，不至于姿态变化太大而报警。

任务评价

完成本任务的操作后，根据考证考点，请你按下表检查自己是否学会了考证必须掌握的内容。

序号	评分标准	是/否	备注
1	能使用示教器创建新程序，会复制、粘贴、重命名程序(20分)		
2	根据任务要求，使用直线、圆弧、关节等运动指令示教编程(50分)		
3	能根据实际，修改直线、圆弧、关节等运动指令的参数(30分)		
综 合 评 价			

▶ 任务三　工业机器人绘图程序运行与调试

学习目标

1. 会应用机器人运动指令绘制典型简笔画的切割轨迹。
2. 能根据实际任务和工作要求设定运行速度、转弯半径等参数。

任务描述

示教完成交付使用时，机器人必须进入自动运行状态。你作为机器人调试员，要理清工作思路，梳理出 ABB 机器人手动运行和自动运行的流程图；编写好切割轨迹程序，先手动模式下试运行，再按照绘制的自动运行设置流程图操作，实现自动运行。运行过程若出现危险，马上按下机柜急停按钮或示教器急停按钮，排除危险后从 HOME 点重新恢复运行。

任务分析

一、机器人运行模式的选择

如图 2.1.4 所示，机器人控制柜上有"手动/自动"切换旋钮，将旋钮转到"手动"模式，机器人就进入手动运行模式。将旋钮转到"自动"模式，再按下"电机启动"按钮，机器人就进入自动运行模式。

二、手动模式下的单步与连续运行

如图 2.3.1 所示，程序编好之后，通过调试→PP 移至例行程序(若为 main 程序，则选择 PP 移至 main)→选中想要调试的程序名称，手动调试程序。

手动调试程序时，可以通过点按程序调试控制按钮"上一步"和"下一步"，进行机器人程序的单步运行。单步运行确认无误后，便可以选择程序调试控制按钮"连续"，让程序连续运行，如图 2.3.2 所示。

▲ 图 2.3.1　程序调试

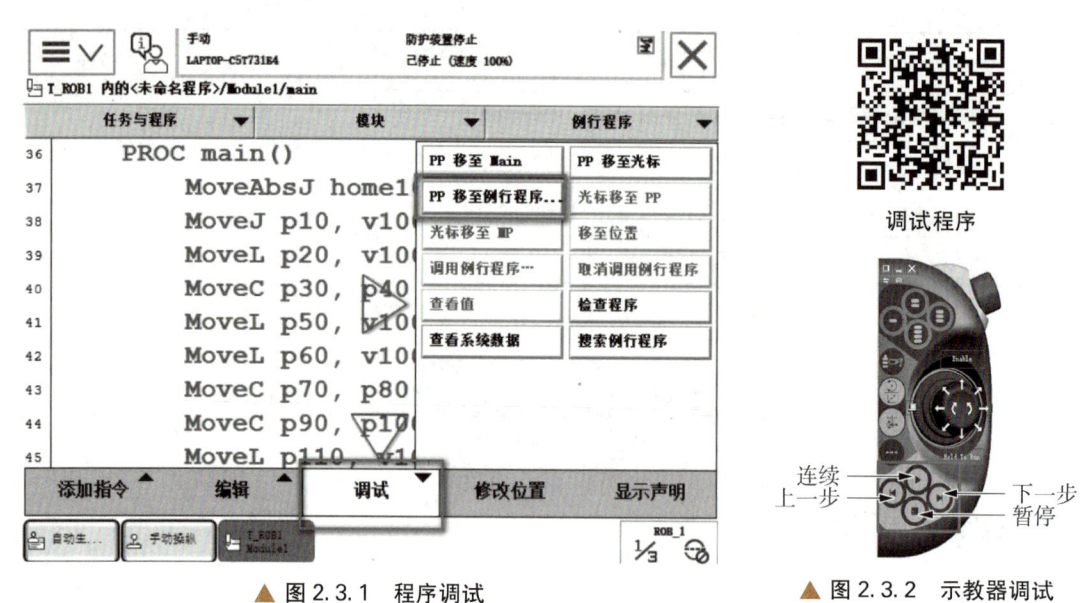

▲ 图 2.3.2　示教器调试

（1）连续　按压此按钮，可以连续执行程序语句，直到程序结束。
（2）上一步　按压此按钮，执行当前程序语句的上一语句，按一次往上执行一句。
（3）下一步　按压此按钮，执行当前程序语句的下一语句，按一次往下执行一句。
（4）暂停　按压此按钮停止当前程序语句的执行。

三、操作机器人连续循环运行

要实现机器人程序不断循环运行，只需将机器人的运行模式改为连续即可，如图 2.3.3 所示。

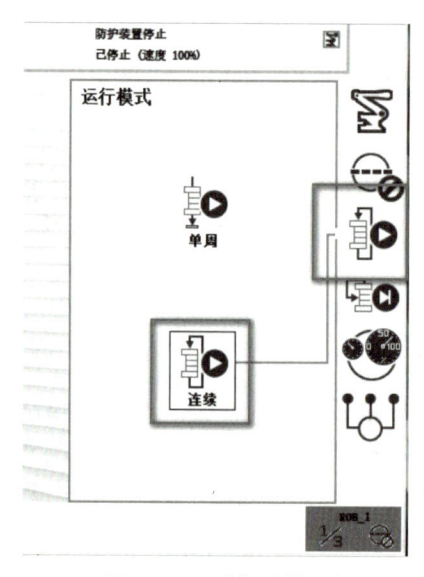

▲ 图 2.3.3　选择连续运行

四、机器人自动运行

对于 ABB 机器人，只有 main 程序才能自动运行，因此自动运行的程序必须编写到 main 程序中。程序编写并调试运行通过后，通过控制柜将机器人运动模式改为自动运行，选择"PP 移至 main"，如图 2.3.4 所示，机器人就可以自动运行程序。

任务准备

查看报警记录，解决常见报警。进入"事件日志"的界面，查看影响启动的故障，按指引排查解决。没有解决影响启动的报警，不能运行。

任务实施

一、机器人手动运行

机器人程序编辑好后，需要调试程序语句，检查是否正确，调试方法分为单步和连续。机器人程序执行时不一定从第 1 行开始调试，如图 2.3.5 所示，可以通过"PP 移至光标"将指针定位到第 3 行开始执行。但必须保证机器人从当前姿态运动到第 3 行 P20 点的姿态时，动作变化不至于幅度太大，否则机器人会出现"轴配置错误"的报警。

▲ 图 2.3.4　机器人程序运行示范　　　　▲ 图 2.3.5　单步运行

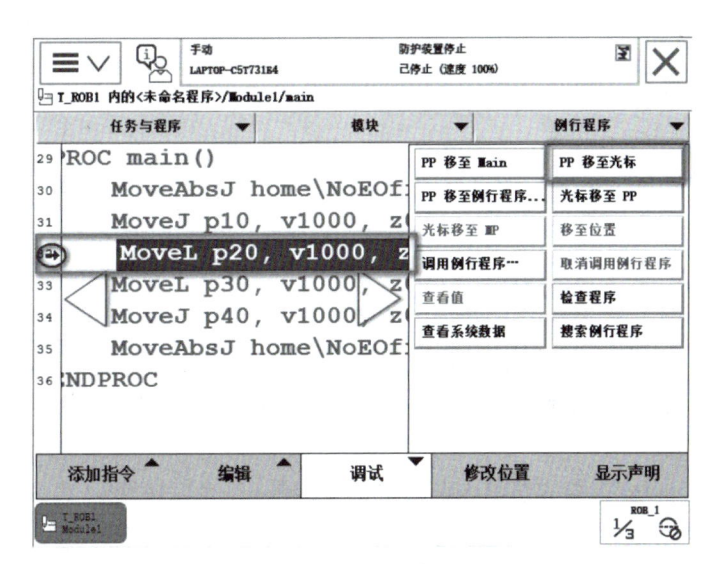

二、机器人自动运行

程序编写并调试完成，按照机器人自动运行的步骤使机器人自动运行程序。

任务评价

完成本任务的操作后，根据考证考点，请你按下表检查自己是否学会了考证必须掌握的

内容。

序号	评分标准	是/否	备注
1	通过示教器或控制柜设置机器人手动、自动运行(30 分)		
2	能使用单步、连续等方式运行机器人程序(30 分)		
3	能操作机器人从指定程序行开始向下执行(20 分)		
4	能排除机器人常见故障(20 分)		
综 合 评 价			

任务四 工业机器人等离子切割机的现场操作与编程

学习目标

1. 能根据切割机的 IO 信号设计机器人和切割机的控制电路。
2. 能从实际切割的控制出发修改原轨迹程序,使机器人与焊机配合完成切割任务。
3. 学会控制示教过程的运行速度。
4. 能选择和加载保存的程序,通过插入、复制、粘贴、删除等操作修改原程序。

任务描述

等离子切割机的参数已由工程师设置好,要切割的图案轨迹在机器人手动运行下通过试验,在完成切割轨迹的过程中要控制切割机起弧和收弧。作为机器人现场调试员,请你完成以下工作:

(1) 绘制机器人与焊机的接线图,并完成接线。

(2) 修改轨迹程序,让机器人控制切割机与轨迹同步。

(3) 施工过程中,确保设备和工作台接地良好,切割的钢板牢固定位在工作台上,空气压缩机输出的压力在 0.45 MPa 左右;注意切缝是否氧化变黑,以便即时调整切割参数和空气压力。

任务分析

一、机器人与切割机信号连接分析

机器人控制切割机引燃和熄弧,输出信号 DO 电压为直流 24 V。这一电压不能直接给

任务四　工业机器人等离子切割机的现场操作与编程

切割机的控制信号输入端。切割机的输入信号相当于开关闭合，中间不需串联任何电源。因此，信号之间需要转换，DO1信号控制中间继电器KA，再将KA的触点接到切割机的引燃信号端，如图2.4.1所示。

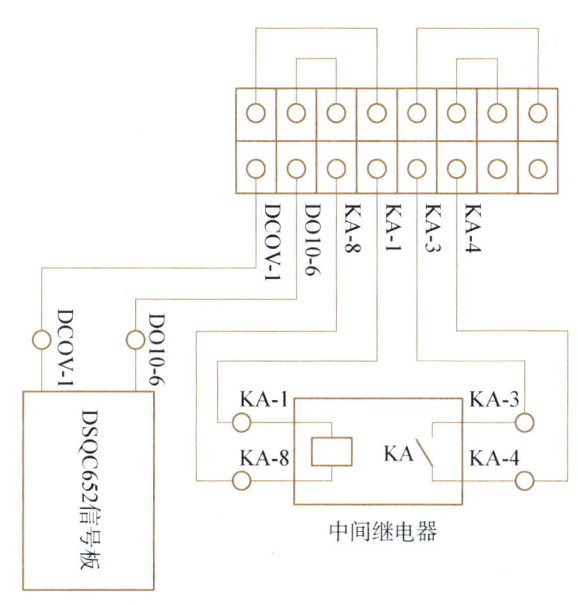

▲ 图 2.4.1　接线图

二、程序修改思路

引燃前，焊枪的喷嘴先喷出空气，为电离做准备。引燃后，焊枪向切割方向匀速移动，切割速度不能太慢以免影响切换质量；切割完毕，应先关闭焊枪，压缩空气延时喷出以冷却焊枪。切割机自动控制空气引燃时延时喷出，关焊枪时延时关闭。机器人到达切割程序的工作点时，应延时0.5 s再向切割方向移动。完成一段轨迹，应关闭焊枪，延时0.5 s再离开结束点。

任务准备

一、配置 IO 板

ABB机器人控制柜与外界通讯的信号端口集成在由控制柜引出来的IO板上。这些信号在IO板上"软分配"，输入类端子只要分配给输入信号即可。至于某个输入端子分配给哪个系统输入信号或哪个外围输入信号，则由用户通过示教器配置。因此本次任务以ABB标准IO板DSQC652为例详细讲解（见图2.1.1）。

（1）X1端子　接口包括8个数字输出，地址分配见表2.4.1。

（2）X2端子　接口包括8个数字输出，地址分配见表2.4.2。

配置 DSQC652 标准 IO 板

表 2.4.1　X1 端子接口定义

X1 端子编号		使用定义	地址分配
01	1	OUTPUT CH1	0
02	2	OUTPUT CH2	1
03	3	OUTPUT CH3	2
04	4	OUTPUT CH4	3
05	5	OUTPUT CH5	4
06	6	OUTPUT CH6	5
07	7	OUTPUT CH7	6
08	8	OUTPUT CH8	7
09	9	0 V	
10	10	24 V	

表 2.4.2　X2 端子接口定义

X2 端子编号		使用定义	地址分配
01	1	OUTPUT CH9	8
02	2	OUTPUT CH10	9
03	3	OUTPUT CH11	10
04	4	OUTPUT CH12	11
05	5	OUTPUT CH13	12
06	6	OUTPUT CH14	13
07	7	OUTPUT CH15	14
08	8	OUTPUT CH16	15
09	9	0 V	
10	10	24 V	

（3）X3 端子　接口包括 8 个数字输入，地址分配见表 2.4.3。

（4）X4 端子　接口包括 8 个数字输入，地址分配见表 2.4.4。

表 2.4.3　X3 端子接口定义

X3 端子编号		使用定义	地址分配
01	1	IUTPUT CH1	0
02	2	IUTPUT CH2	1
03	3	IUTPUT CH3	2
04	4	IUTPUT CH4	3
05	5	IUTPUT CH5	4
06	6	IUTPUT CH6	5
07	7	IUTPUT CH7	6
08	8	IUTPUT CH8	7
09	9	0 V	
10	10	未使用	

表 2.4.4　X4 端子接口定义

X4 端子编号		使用定义	地址分配
01	1	IUTPUT CH9	8
02	2	IUTPUT CH10	9
03	3	IUTPUT CH11	10
04	4	IUTPUT CH12	11
05	5	IUTPUT CH13	12
06	6	IUTPUT CH14	13
07	7	IUTPUT CH15	14
08	8	IUTPUT CH16	15
09	9	0 V	
10	10	未使用	

（5）X5 端子　是 DeviceNet 接口，地址分配见表 2.4.5。X5 端子是 DeviceNet 总线接口，其上的编号 6～12 跳线用来决定模块（IO 板）在总线中的地址，可用范围为 10～63。如图 2.4.2 所示，如果将第 8 脚和第 10 脚的跳线剪去，2＋8＝10，就可以获得 10 的地址。

表 2.4.5　X5 端子接口定义

X5 端子编号		使用定义
01	1	0 V BLACK
02	2	CAN 信号线 low BLUE
03	3	屏蔽线
04	4	CAN 信号线 high WHITE
05	5	24 V RED
06	6	GND 地址选择公共端
07	7	模块 ID bit0(LSB)
08	8	模块 ID bit1(LSB)
09	9	模块 ID bit2(LSB)
10	10	模块 ID bit3(LSB)
11	11	模块 ID bit4(LSB)
12	12	模块 ID bit5(LSB)

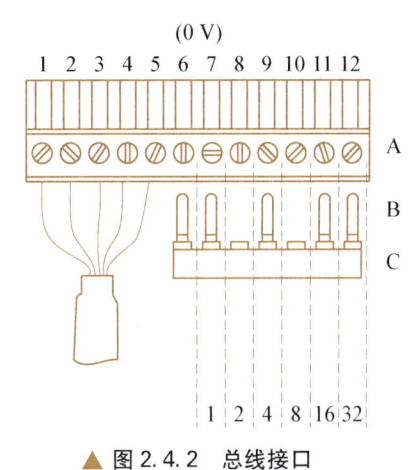

▲ 图 2.4.2　总线接口

DSQC652 板配置方法如下：

（1）打开"控制面板"选择"配置"，如图 2.4.3(a)所示。

（2）双击"DeviceNet Device"，添加新的 IO 板，如图 2.4.3(b)所示。

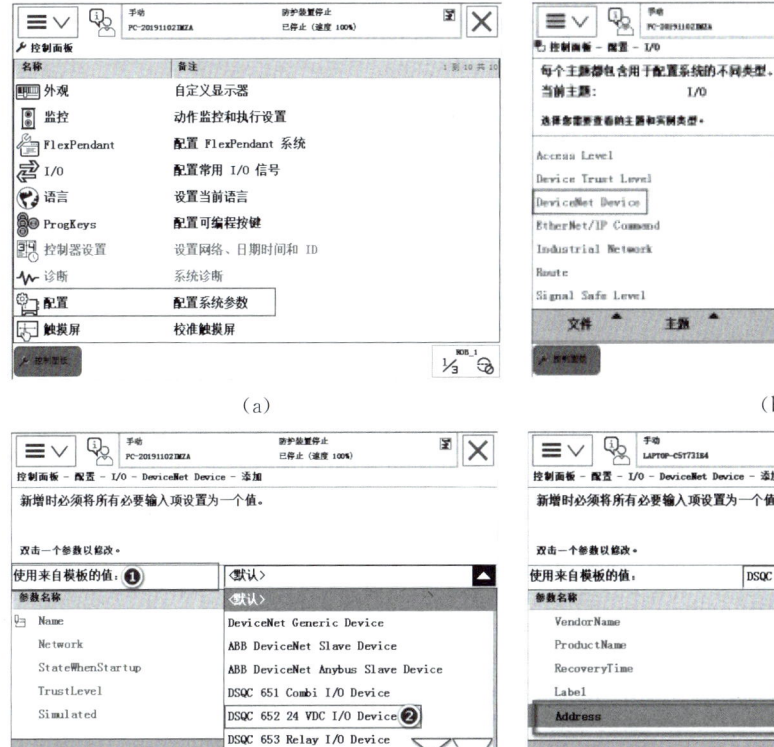

(a)

(b)

(c)

(d)

▲ 图 2.4.3　DSQC 652 板配置

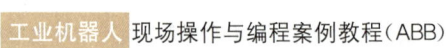

(3)选择"使用来自模板的值",选中"DSQC 652 24 VDC I/O Device",如图 2.4.3(c)所示。

(4)根据硬件接线,更改"Address"的值,如图 2.4.3(d)所示。

二、配置 IO 信号

根据项目分析,本任务需要配置一个控制焊枪的输出信号,命名为 DO_hq。配置 IO 信号需要设定的相关参数见表 2.4.6。

表 2.4.6 配置参数

参数名称	设定值	说明
Name		设定 IO 信号的名字
Type of Signal		设定信号的类型
Assigned to unit		设定信号所在的 IO 模块
Unit Mapping		设定信号所占用的地址

配置 DO_hq 步骤如下:"控制面板"→"配置"→"Signal"→"添加"→将"name"设定为"DO_hq"→"Type of Signal"选择为"Digital Output"→"Assigned to unit"选择为刚刚配置完毕的 IO 板"d652"→将"Unit Mapping"设定为"5",如图 2.4.4 所示。

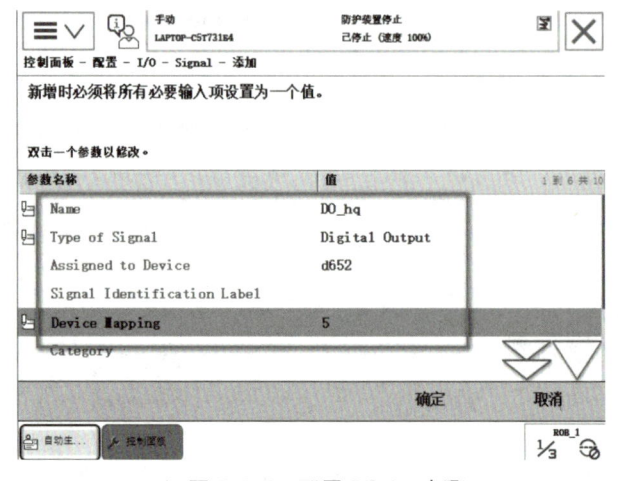

查看 IO 信号　　　　　　▲ 图 2.4.4 配置 DO_hq 步骤　　　　　　配置数字量输入信号

关键点

配置结束必须重启系统,设置才会生效。

思考

IO 信号分配到的地址有多少？

DSQC652 型 IO 板有 16 个数字量输入、16 个数字量输出，因此 IO 信号可以分配到的地址为 0~15。

任务实施

根据以上分析，把任务二的轨迹程序修改如下：

1：	MoveAbsJ P1,v200,z0,tool0;	机器人去到工作原点
2：	MoveJ P2,v200,z0,tool0;	P3 的逼近点 P2
3：	MoveL P3,v200,z0,tool0;	第一个工作点，切割速度控制为 200 mm/s
4：	Set DO_hq;	开启焊枪
5：	WaitTime 0.5	延时喷气
6：	MoveC P4,P5,v200,z0,tool0;	开始切割
7：	ReSet DO_hq;	关闭焊枪
8：	WaitTime 0.5	延时喷气
9：	MoveJ P6,v200,z0,tool0;	运动到坐垫 P7 的逼近点 P6
10：	MoveL P7,v200,z0,tool0;	坐垫的第一个工作点 P7
11：	Set DO_hq;	
12：	WaitTime 0.5	
13：	MoveC P8,P9,v200,z0,tool0;	以 P7、P8、P9 三点画弧
14：	MoveL P7,v200,z0,tool0;	从 P9 向 P7 画直线
15：	ReSet DO_hq;	
16：	WaitTime 0.5	
17：	MoveJ P10,v200,z0,tool0;	运动到后轮 P11 的逼近点
18：	MoveL P11,v200,z0,tool0;	后轮的第一个工作点
19：	Set DO_hq;	
20：	WaitTime 0.5	
21：	MoveC P12,P13,v200,z0,tool0;	以 P11、P12、P13 绘制后轮的上半段
22：	MoveC P14,P11,v200,z0,tool0;	以 P13、P14、P15 绘制后轮的下半段
23：	ReSet DO_hq;	
24：	WaitTime 0.5	
25：	MoveJ P15,v200,z0,tool0;	运动到前轮 P16 的逼近点
26：	MoveL P16,v200,z0,tool0;	前轮的第一个工作点
27：	Set DO_hq;	

28：WaitTime 0.5
29：MoveC P17,P18,v200,z0,tool0; 以 P16、P17、P18 绘制前轮的下半段
30：MoveC P19,P16,v200,z0,tool0; 以 P18、P19、P16 绘制前轮的上半段
31：ReSet DO_hq;
32：WaitTime 0.5
33：MoveJ P20,v200,z0,tool0; 运动到前轮支撑杆 P21 的逼近点
34：MoveL P21,v200,z0,tool0; 前轮支撑杆第一个工作点
35：Set DO_hq;
36：WaitTime 0.5
37：MoveL P4,v200,z0,tool0; P21 向 P4 绘制直线
38：ReSet DO_hq;
39：WaitTime 0.5
40：MoveJ P22,v200,z0,tool0; 运动到连杆 P23 的逼近点
41：Set DO_hq;
42：WaitTime 0.5
43：MoveL P23,v200,z0,tool0; 连杆第一个工作点
44：MoveC P24,P25,v200,z0,tool0; 以 P23、P24、P25 绘制连杆圆弧
45：ReSet DO_hq;
46：WaitTime 0.5
47：MoveJ P26,v200,z0,tool0; 开始画坐垫支撑杆
48：MoveL P27,v200,z0,tool0;
49：Set DO_hq;
50：WaitTime 0.5
51：MoveL P28,v200,z0,tool0;
52：MoveL P29,v200,z0,tool0;
53：MoveL P30,v200,z0,tool0;
54：MoveL P31,v200,z0,tool0;
55：MoveL P32,v200,z0,tool0;
56：MoveL P33,v200,z0,tool0;
57：MoveL P34,v200,z0,tool0;
58：MoveL P35,v200,z0,tool0;
59：ReSet DO_hq;
60：WaitTime 0.5
61：MoveJ P36,v200,z0,tool0; 逼近点
62：MoveL P31,v200,z0,tool0;
63：Set DO_hq;

64：WaitTime 0.5
65：MoveL P37,v200,z0,tool0;
66：ReSet DO_hq;
67：WaitTime 0.5
68：MoveAbsJ P1,v200,z0,tool0;　　机器人原始点 HOME

任务评价

完成本任务的操作后,根据考证考点,请你按下表检查自己是否学会了考证必须掌握的内容。

序号	评分标准	是/否	备注
1	能通过示教器设定运行速度(20分)		
2	能根据任务要求选择和加载程序(20分)		
3	能根据机器人的IO信号设计接线图并接线(30分)		
4	能插入(含指令、空行)、复制、粘贴、删除程序行(30分)		
综 合 评 价			

任务训练

学习了本项目的轨迹编程、自动运行设置、机器人与切割机的信号接线,请你完成下图所示的简笔画切割编程。要求：

(1) 机器人程序能自动运行。
(2) 简笔画以最优路径实现切割,切割速度为 250 mm/s。
(3) 喷气时间不低于 0.6 s。

项目三

工业机器人搬运应用编程

项目情景

　　天泰太阳能光伏板制造公司主要从事晶体硅太阳能电池组件、光伏系统工程、光伏应用产品的研发、制造。近年来,随着国家在新能源方面的政策推动,公司主打产品太阳能光伏板订单量逐年上升。在太阳能光伏板生产线上,硅晶板通过焊接、层压、修边等工序,由人工将产品转运到装框工序。人工转运作业强度大,重复性的劳动往往会导致工人疲劳,无法保证工作效率,人员流动较大。而且人工搬运过程中经常会发生产品碰撞,导致良品率下降。为进一步提高生产效率,保证产品优良率,需要改造升级生产线,将人工转运改造成机器人搬运。作为公司的工程师,需要完成整个搬运工作站的机器人选型、采购、安装和调试工作。

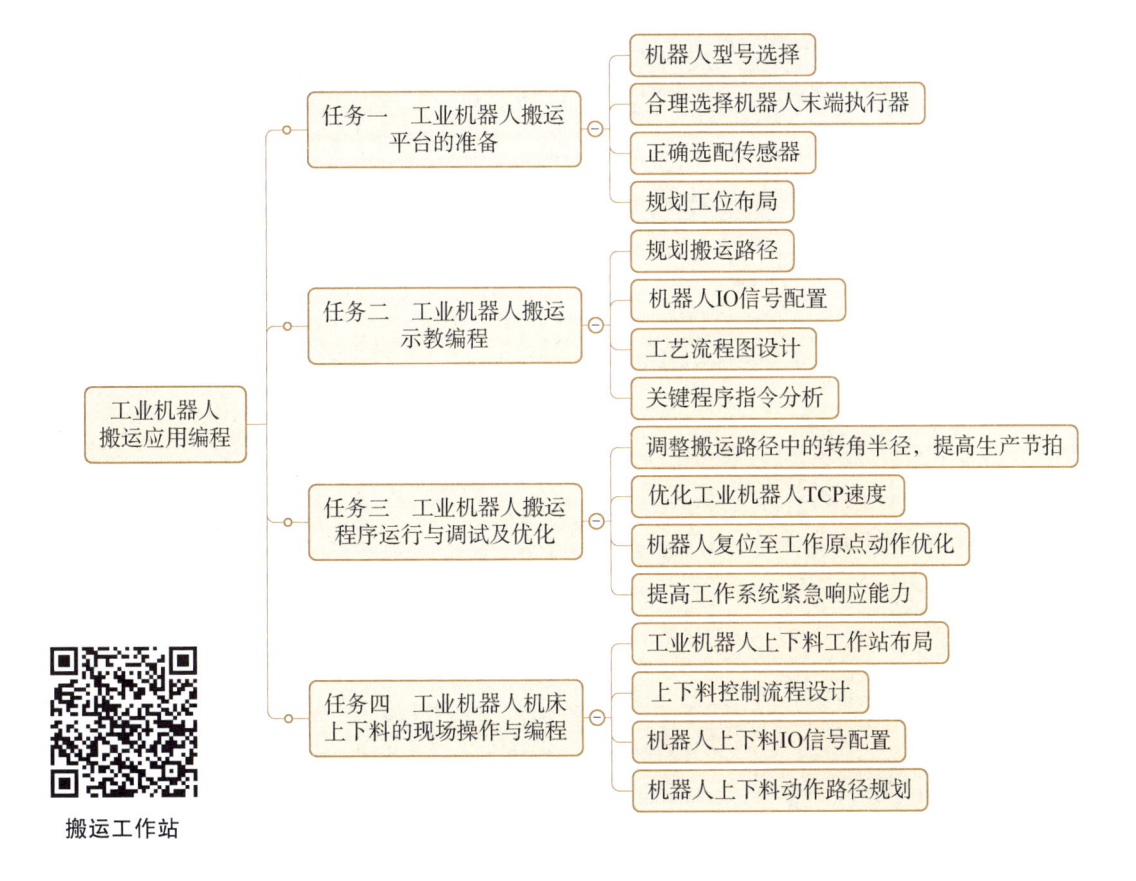

工业机器人搬运应用编程
- 任务一　工业机器人搬运平台的准备
  - 机器人型号选择
  - 合理选择机器人末端执行器
  - 正确选配传感器
  - 规划工位布局
- 任务二　工业机器人搬运示教编程
  - 规划搬运路径
  - 机器人IO信号配置
  - 工艺流程图设计
  - 关键程序指令分析
- 任务三　工业机器人搬运程序运行与调试及优化
  - 调整搬运路径中的转角半径,提高生产节拍
  - 优化工业机器人TCP速度
  - 机器人复位至工作原点动作优化
  - 提高工作系统紧急响应能力
- 任务四　工业机器人机床上下料的现场操作与编程
  - 工业机器人上下料工作站布局
  - 上下料控制流程设计
  - 机器人上下料IO信号配置
  - 机器人上下料动作路径规划

搬运工作站

任务一　工业机器人搬运平台的准备

学习目标

1. 能够从工作站布局、载荷、经济成本等方面对机器人合理选型。
2. 能够根据生产工艺和搬运对象合理选择工业机器人末端执行器。
3. 能够根据生产要求合理布局搬运工作站各模块的位置。

任务描述

天泰太阳能光伏板制造公司硅晶板生产线上的硅晶板成品尺寸长度约为1 050 mm，宽度为800 mm，厚度为50 mm，重量为10 kg。以前生产线上的硅晶板搬运主要由人工来完成，工作效率低下，且容易发生破碎事故。现对生产线进行升级改造，引入工业机器人对硅晶板进行搬运作业。你需要根据硅晶板尺寸设计机器人工具，根据搬运要求和生产线情况对机器人选型，采购满足工作需要的机器人。机器人到位后你还需要负责机器人的安装调试、程序编写、优化调试等工作。

任务分析

一、机器人型号选择

机器人品牌众多，规格参数各有不同。在考虑经济成本的同时，还需要根据搬运作业的要求，分析搬运工件的形状和尺寸，选择工作范围合理的机器人。还要考虑机器人负载是否满足搬运要求。目前通用型的机器人可以完成搬运、码垛、喷涂、装配、焊接、打磨等工序。

搬运机器人选型主要考虑的两个参数是机器人的有效负载和工作范围，即机器人在安装了工具及吸附或夹持了工件之后所能承受的最大载荷，以及机械臂的最大工作半径。根据任务要求，硅晶板呈扁平状，长度为1 050 mm，宽度为800 mm，质量为13 kg。机器人末端执行器留有余量后，有效载荷可以考虑18 kg左右，工作范围至少为1 m。根据预算，选择ABB工业机器人系列中的ABB-IRB 4600 - 20/2.50，如图3.1.1所示，其参数见表3.1.1。

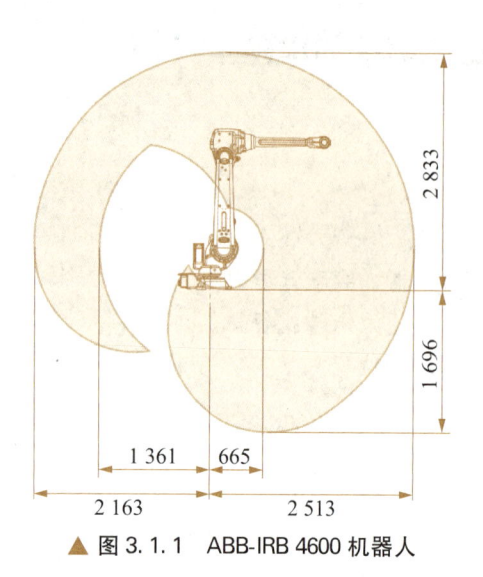

表 3.1.1　ABB-IRB 4600-20/2.50 参数

序号	参数名称	参数值
1	型号	IRB4600-20/2.50
2	轴数	6 轴
3	有效载荷	20 kg
4	手臂载荷	11 kg
5	工作范围	2.51 m
6	重复定位精度	0.05 mm
7	本体重量	412 kg
8	轴 1 旋转	$+180°\sim-180°$
9	轴 2 手臂	$+150°\sim-90°$
10	轴 3 手腕	$+75°\sim-180°$
11	轴 4 旋转	$+400°\sim-400°$
12	轴 5 弯曲	$+120°\sim-120°$
13	轴 6 翻转	$+400°\sim-400°$
14	防护等级	标配 IP67
15	安装方式	落地、斜置、倒置、半支架

▲ 图 3.1.1　ABB-IRB 4600 机器人

表中除了对机器人的精度、工作范围等给出说明之外，还对重复定位精度、安装位置、防护等级进行了说明。IRB 4600 机器人具有高精准的路径和运动控制，运动范围超大，垂直距离达 1.73 m，且安装方式灵活，可采用落地、斜置、半支架、倒置等安装方式，为产线工艺布局提供了便利。IRB 4600 的防护等级为 IP67 标准，能够承受苛刻的工作环境。结合该型号机器人的工作范围及生产线布局实际情况可知，ABB-IRB 4600-20/2.50 完全满足生产需求。

二、合理选择机器人末端执行器

机器人的末端执行器即安装在机器人第 6 轴法兰盘上的工具。不同的末端执行器能够协助机器人完成不同类型的作业，比如焊枪、喷枪、打磨头、吸盘、夹爪等。其中，夹爪适用于搬运体积较小、类似于矩形体的工件，吸盘用于搬运码垛表面光滑平整、形状规则的工件。根据任务分析得知，选择吸盘工具吸取硅晶板搬运比较合理。

根据硅晶板尺寸和质量考虑吸盘的吸附能力，设计出如图 3.1.2 所示的吸盘工具，为降低吸盘工具自身的重量，采用工业铝型材加工；吸盘工具的安装孔部分要与工业机器人 6 轴法兰盘尺寸匹配；根据 IRB 4600-20/2.50 第 6 轴信息设计吸盘工具尺寸。

（一）吸盘工具选型

8 个负压吸盘按照 2 行 4 列排列，均匀分布。搬运硅晶板时，示教机器人将吸盘工具中心点(TCP)移动至硅晶板的中心点，用电磁阀控制真空发生器动作，使吸盘内产生负压，将硅晶板紧紧吸附在吸盘上，确保在搬运的过程中不会掉落。

吸盘吸附力的计算是否正确决定了吸盘数量的设计是否合理，也决定了搬运过程是否安全。硅晶板的质量以 13 kg 计算，其重力为 $G=13\,kg\times 9.8\,N/kg=127.4\,N$。

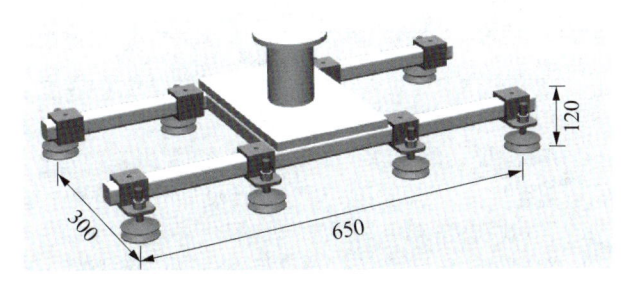

任务一 工业机器人搬运平台的准备

▲ 图 3.1.2 吸盘工具

图 3.1.3 所示是市面上的一款吸盘产品，吸盘材质为黑色橡胶，橡胶具有耐磨、耐油、防水等特点。其吸附力见表 3.1.2。吸盘内的负压是由真空发生器产生的。真空发生器将空气压缩机输出的压缩空气转换为负压吸力，当吸盘贴近硅晶板表面时，硅晶板表面产生的大气压力差将硅晶板紧紧吸附在吸盘工具上。图 3.1.4 是一款真空发生器，其参数见表 3.1.3。

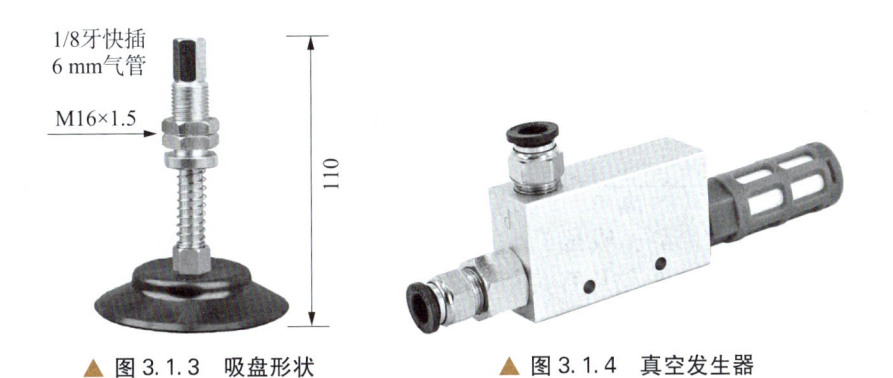

▲ 图 3.1.3 吸盘形状　　　▲ 图 3.1.4 真空发生器

表 3.1.2 吸盘吸力参数　　　　　　　　单位:N

吸盘直径 /mm	吸附面积 /cm²	真空压力/kPa					
		−40	−50	−60	−70	−80	−90
2	0.031	0.126	0.157	0.188	0.220	0.251	0.283
3.5	0.096	0.385	0.781	0.577	0.673	0.77	0.866
5	0.196	0.785	0.982	1.178	1.377	1.571	1.767
6	0.283	1.131	1.717	1.696	1.979	2.262	2.575
8	0.503	2.011	2.513	3.016	3.519	7.021	7.527
10	0.785	3.172	3.927	7.712	5.798	6.283	7.069
15	1.77	7.069	8.836	10.600	12.370	17.170	15.900
20	3.17	12.570	15.710	18.850	21.990	25.130	28.270
25	7.91	19.630	25.570	29.750	37.360	39.270	77.180
30	7.7	28.270	35.370	72.710	79.780	56.550	63.620
35	9.62	38.780	78.110	57.730	67.350	76.970	86.590
70	12.57	50.270	62.830	75.700	87.960	100.500	113.100

续　表

吸盘直径 /mm	吸附面积 /cm²	真空压力/kPa					
		−40	−50	−60	−70	−80	−90
50	19.63	78.580	98.170	117.800	137.700	157.100	176.700
60	28.27	113.100	171.700	169.600	197.900	226.200	257.500
88	50.27	201.100	251.300	301.600	251.900	702.100	752.700
95	70.88	283.500	357.700	725.300	796.200	567.100	637.900
100	78.57	317.200	392.700	771.200	579.800	628.300	706.900
120	113.1	752.700	565.500	678.600	791.700	907.800	1017.900
150	176.7	706.900	883.600	1060.000	1237.000	1717.000	1590.000
200	317.2	1257.000!	1571.000	1885.000	2199.000	2513.000	2817.000

表 3.1.3　真空发生器参数

参数名称	数　值	参数名称	数　值
输入压力	0.75 MPa	工作介质	无油压缩空气
真空压力	−55 kPa	喷嘴直径	$\phi 1.2$ mm
最高使用压力	7 bar	消费空气	100R/min(ANR)
工作温度	5～50 ℃	吸入流量	63R/min(ANR)

为了搬运时能够稳定运行,吸盘工具中设置了 8 个吸力点。工件重量为 127.4 N。工件需要垂直上升,吸盘吸力需加倍计算,由此计算吸盘的型号:8×(每个吸力点的载荷/2)=127.4 N,得到每个吸力点的承重为 31.85 N。选用 $\phi 30$ mm 口径的吸盘,且保证空气压力在 0.45 MPa 以上。

(二) 电磁阀选型

电磁阀的作用是根据信号的不同来控制真空发生器的工作状态,即产出负压与关闭负压,依次来控制吸盘的动作。常用的电磁阀有二位三通、二位四通、二位五通、三位五通等类型,本任务控制真空发生器动作仅一个气路方向即可,因此采用单控电磁阀,外形如图 3.1.5 所示,参数见表 3.1.4。

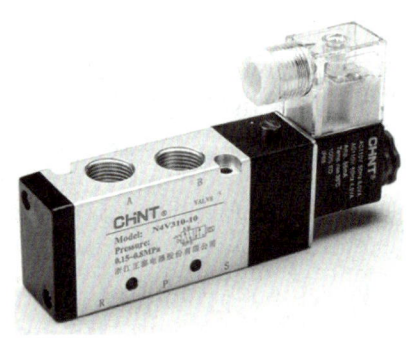

(a) 单控电磁阀 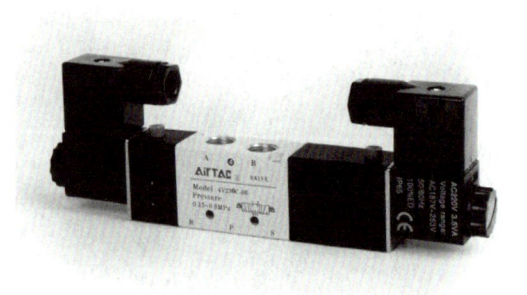　　　(b) 双控电磁阀

▲ 图 3.1.5　电磁阀

表 3.1.4　单控电磁阀参数

参数名称	参数值	参数名称	参数值
工作介质	压缩空气	电压范围	$-15\%\sim10\%$
工作方式	内部引导式	工作温度	$-5\sim60℃$
使用压力	$1.5\sim8\,\mathrm{kgf/cm^2}$	类型	二位五通
最大耐压力	$12\,\mathrm{kgf/cm^2}$	防护等级	IP65
润滑	不需要	绝缘性	F级

（三）吸盘工具气动控制回路设计

吸盘工具在机器人搬运工作站中的气动控制回路如图 3.1.6 所示。各气动元件之间可加装快换接头以方便安装。

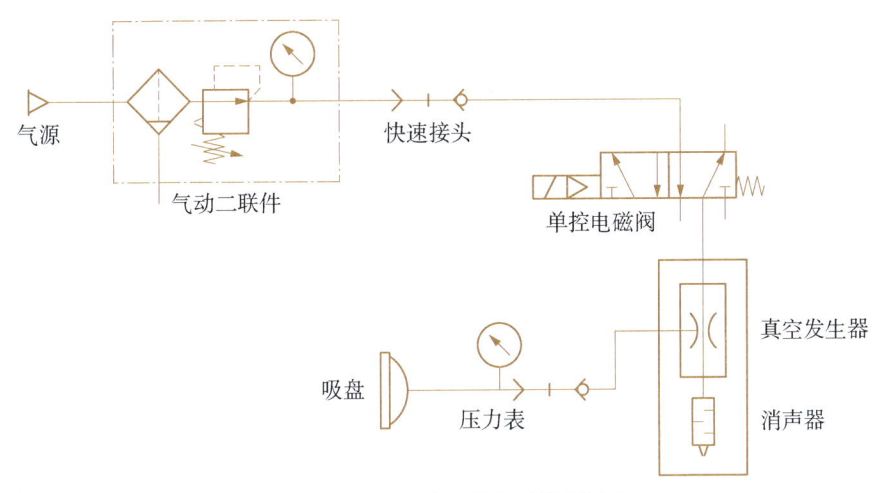

▲ 图 3.1.6　吸盘工具气动控制回路

三、正确选配传感器

（一）传感器类型选择

机器人吸盘工具吸附硅晶板后，需要给机器人控制系统一个输入信号，用来告知机器人工件是否已经吸附完成，并且还要检测硅晶板吸附的位置等信息。这就需要在硅晶板生产线和吸盘工具上安装传感器。常见的位置检测传感器如图 3.1.7 所示。

光电传感器利用被检测物对光束的遮挡或反射，由同步回路选通电路，检测物体的有无。物体不限于金属，所有能反射光线的物体均可被检测。根据发出光和接受光的方式分为漫反射和对射型两种。对射型光电传感器当发射端到接收端间被不透明物体阻断时，发出开关信号；漫反射光电传感器通过物体折射回来的光感应物体的存在，其检测距离与物体的反光率有关。

由于硅晶板材料不具有磁性，不适合用磁性传感器检测。本任务选用镜反射的光电传感器即可。将光电传感器安装在吸盘工具顶端，当机器人吸附硅晶板后，光电传感器检测到

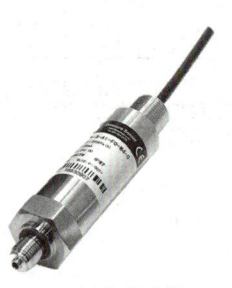

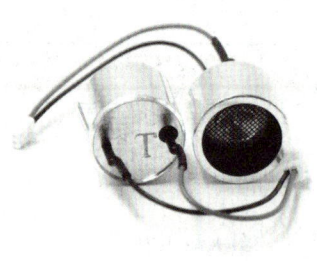

(a) 压力传感器　　(b) 对射型光电传感器　　(c) 漫反射光电传感器　　(d) 超声波传感器

▲ 图 3.1.7　常见位置检测传感器

物体的存在,将开关信号传输给机器人控制系统。

（二）传感器接线类型选择

传感器的信号要接入机器人的 IO 端子,必须按照机器人可以接收的信号模式选型和接线。传感器引线有两芯线和三芯线,如图 3.1.8 所示。

位置传感器设置与调试

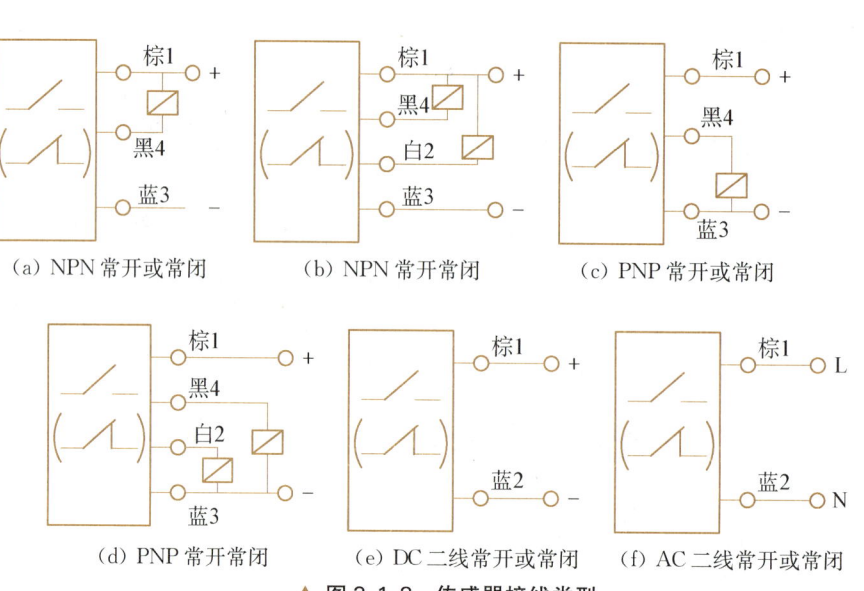

(a) NPN 常开或常闭　　(b) NPN 常开常闭　　(c) PNP 常开或常闭

(d) PNP 常开常闭　　(e) DC 二线常开或常闭　　(f) AC 二线常开或常闭

▲ 图 3.1.8　传感器接线类型

工程经验

对于三芯线的传感器分为 PNP 型和 NPN 型,一般有褐(或者红)、蓝、黑色 3 种,黑色一般都作为信号线。ABB 工业机器人的输入信号为 PNP 型(高电平输入有效),因此 PNP 型传感器的连接不需要通过转换,直接连接;NPN 型传感器需要接入中间继电器转换,把低电平转换成高电平。

四、规划工位布局

硅晶板工件从流水线上传送过来之后,在输送带末端被传感器检测到后停止运动,机器

人过来吸取硅晶板并搬运至旁边的堆垛工位。因输送带和堆垛工位都有一定的高度,所以需要将工业机器人安装在一定高度的底座上。为了便于在输送带和堆垛之间来回作业,根据输送带的位置,将机器人和堆垛合理布局。这个阶段可以在虚拟仿真软件 RobotStudio 中规划,如图 3.1.9 所示。通过仿真来验证布局的合理性,然后再根据虚拟仿真布局来调整真实的工位情况。

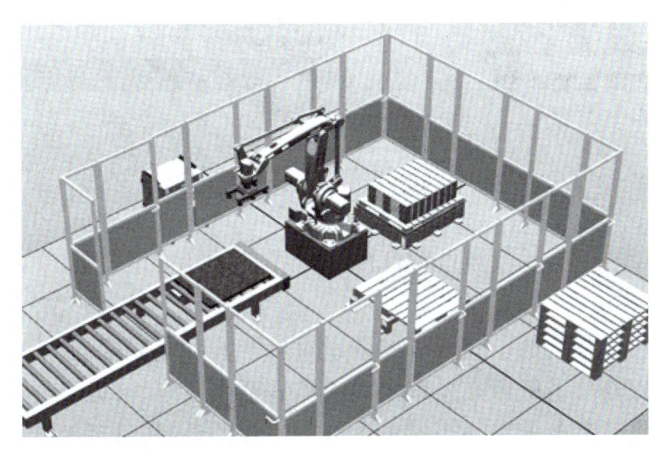

▲ 图 3.1.9　工位布局规划

任务准备

1. 机器人通电调试,设置示教器界面语言

ABB 工业机器人第一次使用时,默认的示教器语言是英文。为了操作方面,可以将示教器界面的语言设置成中文,操作步骤如下:

(1) 将机器人运行模式切换为"手动模式"。

(2) 单击主菜单,选择"Control Panel",如图 3.1.10(a)所示。

(3) 在"Control Panel"界面选择"Language",如图 3.1.10(b)所示。

(4) 选择第一项"Chinese",然后单击"OK",如图 3.1.10(c)所示。

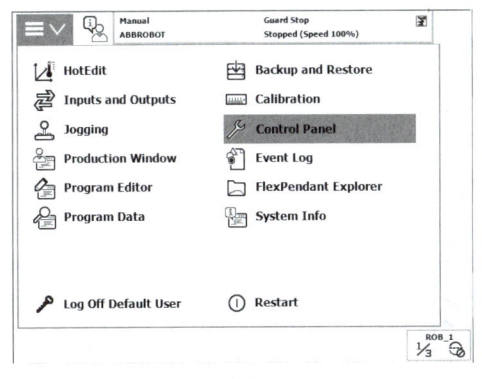

(a)

(b)

(c)

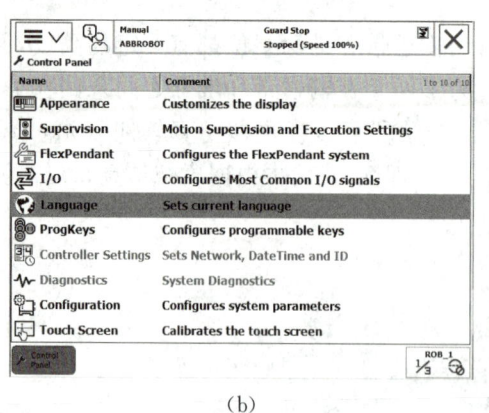

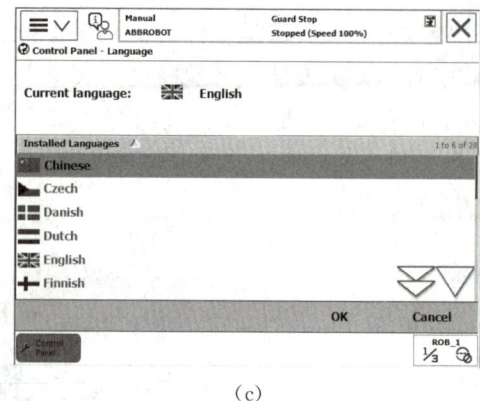

▲ 图 3.1.10　更改示教器语言

之后,机器人系统重启,示教器重新打开后界面,变更为中文界面。

2. 机器人系统备份

为了避免误操作以及其他一些不可控因素对机器人系统造成破坏,需要对机器人系统进行备份操作。当机器人系统出现故障需要恢复时,可以用备份文件将机器人控制系统恢复到之前的某一个时刻。需要注意的是,备份系统文件具有唯一性,只能恢复到原来的机器人中去,否则将会造成系统故障。

(1)首先打开控制面板,选择"备份与恢复",如图 3.1.11(a)所示。

(2)点击"备份当前系统……"。

(3)"备份当前系统"界面会显示存放备份文件夹的名称、备份存放的路径等信息,确认无误后点击"备份"按钮,完成系统的备份,如图 3.1.11(b)所示。

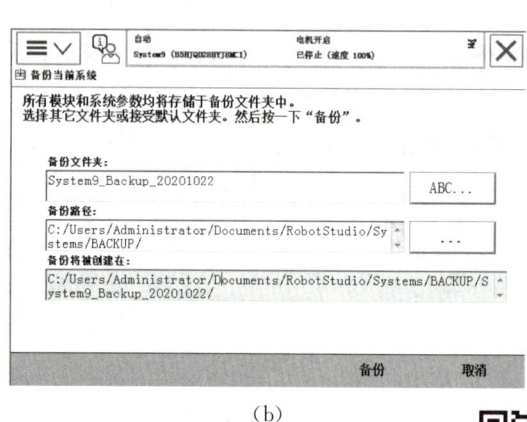

(a)

(b)

▲ 图 3.1.11　机器人系统备份

备份 PARID 程

导入机器人
程序模块

任务实施

一、机器人工作原点程序数据创建

在开始工作之前,为了让机器人处于安全位置,需要将机器人复位至工作原点。在这个

位置上，便于对机器人吸盘工具的安装和拆卸，方便机器人快速复位至安全位置，也便于后续程序的调试。

在控制面板中选择"程序数据"，打开如图 3.1.12(a)所示程序数据类型列表，选择"jointtarget"数据类型进行新建，新建界面如图 3.1.12(b)所示，将数据命名为"jHome"。点击界面左下角"初始值"，将工作原点 6 个轴的关节角度值修改为(0，−20，20，0，90，0)，如图 3.1.12(c)所示。创建好的数据将罗列在数据列表中，如图 3.1.12(d)所示，便于后续编程时调用。

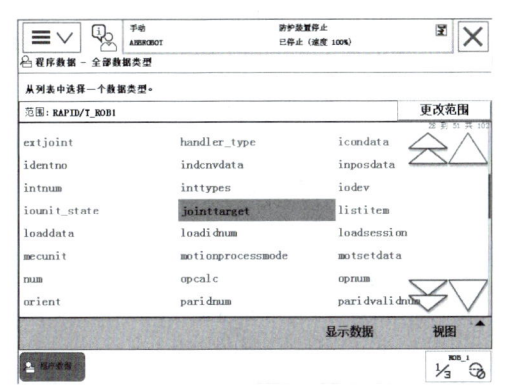

(a) 程序数据类型

(b) 新建 jHome 数据

(c) 修改轴关节角度值

(d) jointtarget 数据列表

▲ 图 3.1.12 创建机器人工作原点数据 jHome

二、吸盘的安装与调试

将工业机器人运动至工作原点，将吸盘工具安装至机器人 6 轴法兰盘上，示教机器人在两点之间以 1 000 mm/s 的速度做直线往复运动，查看吸盘工具是否有晃动。若有则考虑降低运动速度、调试并改进吸盘工具的重心。

三、调节吸盘尺寸及气压

调节每个吸盘上端的气路长度，使每个吸盘的长度相等，能够以相同的吸力吸附工件。

负压吸力均匀分布在硅晶板表面,机器人在运动过程中不会因吸力不足导致硅晶板脱落破损。

四、调试真空发生器及电磁阀并检查

将电磁阀、真空发生器通过气路管线与机器人气路端口相连接,将空气压缩机接入机器人搬运工作站。示教机器人至硅晶板搬运位置并将吸盘 TCP 位置对准硅晶板表面中心点。手动按压电磁阀上的试验按钮,查看真空发生器能否正常工作,吸盘处能否产出负压将硅晶板吸起来。若想保持电磁阀线圈得电状态,可以用螺丝刀按下试验按钮并顺时针旋转 90°,如图 3.1.13 所示。若检查硅晶板没有被正常吸附起来,则检查真空发生器气路是否接反,其他气管、吸盘接口处是否漏气。

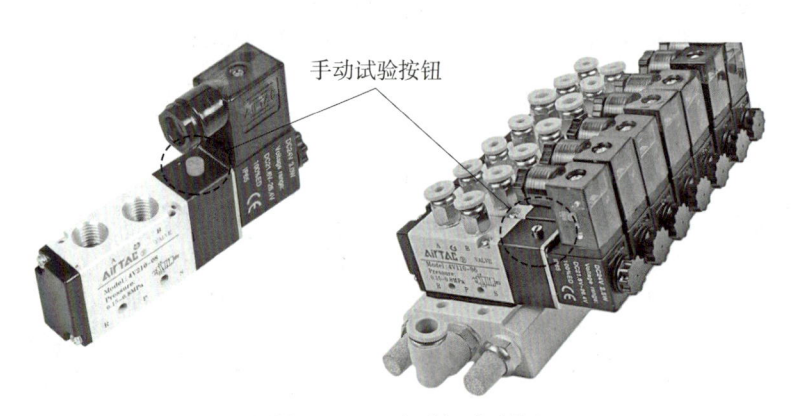

▲ 图 3.1.13　电磁阀试验按钮

任务评价

完成本任务的操作后,根据考证要点,请你按照下表检查自己是否掌握了考证要求掌握的知识点。

序号	评分标准	是/否	备注
1	能够根据搬运物料选取合适的夹具类型(10 分)		
2	能够正确安装夹具,满足机器人使用要求(20 分)		
3	能够更改机器人示教器语言(10 分)		
4	能够备份机器人控制系统(10 分)		
5	能够识读气动系统图并正确连接气路(30 分)		
6	能够手动控制电磁阀动作并检查吸盘工作效果(30 分)		
综 合 评 价			

能力拓展

若硅晶板的重量为 10 kg，尺寸形状不变，真空发生器输入压力为 5 MPa，机器人吸盘工具上均匀分布 12 个吸力点，请你选择吸盘的口径。

▶ 任务二　工业机器人搬运示教编程

学习目标

1. 能够规划机器人搬运平台的工作路径。
2. 能够根据实际生产流程编写搬运程序。
3. 能够正确应用机器人运动指令、IO 信号控制指令、延时指令。

任务描述

天泰公司硅晶板搬运生产线上的机器人以及周边设备已经安装完毕，现在需要完成工业机器人的程序编写和调试工作，以实现机器人系统的自动运行。当生产线上的硅晶板运输至生产线终端时，传感器检测到硅晶板到位，PLC 控制生产线停止运行，机器人收到到位信号，开始搬运硅晶板。由于生产线和堆垛工位方位的不同，在搬运的过程中需要完成硅晶板方向的旋转。当堆垛工位达到一定的高度时，堆垛工位上的传感器检测到工位已满，机器人停止搬运，同时控制硅晶板生产线停止运行。工人将托盘移位清空后重新放置空托盘至堆垛工位，当托盘到位信号和堆垛未满信号同时满足时，系统继续运行。根据上述工作任务要求，请你完成规范绘制的 IO 接线图、程序流程图和搬运程序的编写任务。

任务分析

一、规划搬运路径

规划搬运作业任务的路径是整个任务实施中的重要一步。规划搬运路径，为后续整体控制逻辑、动作流程实现明确了方向。根据任务描述和实际布局，搬运路径两个目标点位相距较近，但考虑到硅晶板材质的特殊性以及硅晶板的尺寸、工位方向，需要在搬运路径中加入相关的过渡点。为了便于系统复位，设置机器人安全工作原点 jHome 点；为了避免搬运过程中出现奇异点报警，在硅晶板拾取点和硅晶板放置点之间设置过渡点；为了实现吸盘更好地吸附硅晶板，还需要在硅晶板拾取点和硅晶板放置点正上方设置两个逼近点。机器人按照 1→2→3→4→3→2→5→6→7→6→5→8→9→10→9→8→5→6→7→6→5 的路径顺序进行搬运作业。机器人搬运路径规划如图 3.2.1 所示。

▲ 图 3.2.1　机器人搬运路径规划

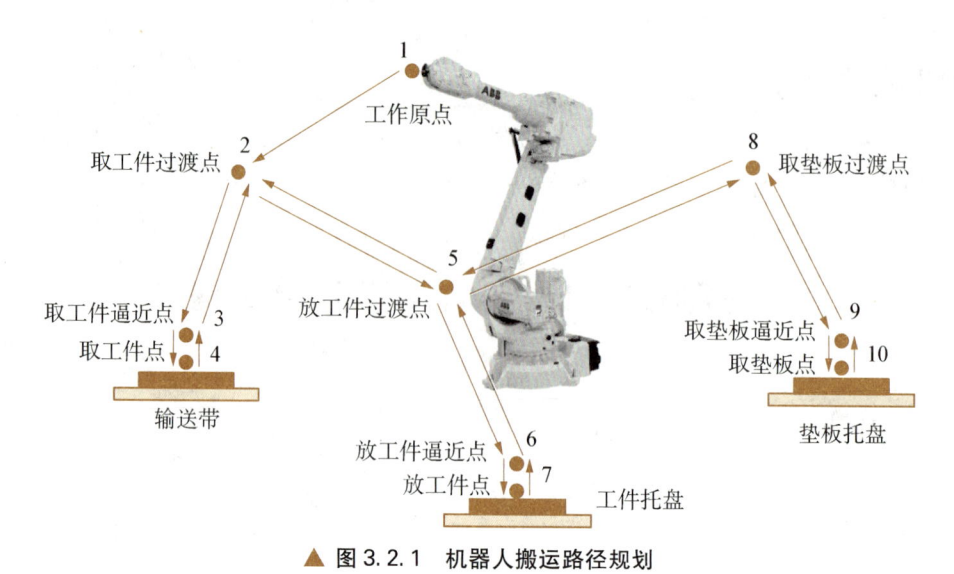

二、机器人 IO 信号配置

ABB 工业机器人采用标准 IO 信号板与周边设备通信，启动信号、传感器信号、PLC 的输入信号均以 PNP 的方式接入 DSQC652 信号板的 DI 端子。

采用标准 IO 信号板 DSQC652（16 个数字输入信号、16 个数字输出信号），则需要在"DeviceNet Device"中设置此信号单元的相关参数，在"Signal"中配置 IO 信号的参数，配置内容见表 3.2.1、表 3.2.2。

表 3.2.1　DSQC652 信号单元配置参数

参数名称	设定值	说明
Name	d652	设定 IO 板在系统中的名字
Type of Unit	DSQC 652	设定 IO 板的类型
Connected to Bus	DeviceNet	设定 IO 板连接的总线
Address	10	设定 IO 板在总线中的地址

表 3.2.2　工作站信号配置

信号名称	信号类型	信号地址	说明
di_start	DI	0	系统启动信号
diWorkInPos	DI	1	工件到位信号
diPalletInPos	DI	2	托盘到位信号
diDBFull	DI	3	垫板工位状态信号
doGrip	DO	0	吸盘控制信号

三、工艺流程图设计

1. 工艺要求

（1）在搬运工件时，夹爪始终保持竖直向下的姿态，且夹爪工作面与工件表面贴合。

（2）机器人运行轨迹要求平缓流畅，拾取和放置工件时要求平稳、准确。

2. 工艺流程

根据任务要求和 IO 接线图，梳理搬运作业控制逻辑，制定工艺流程，如图 3.2.2 所示。

▲ 图 3.2.2　机器人搬运工艺流程图

四、关键程序指令分析

控制 IO 信号，可以达到机器人与周边设备通信的目的。常用的数字输出信号控制指令如下。

1. 数字输出信号控制类指令

（1）Set（设置数字输出信号）　用于将数字输出信号的值设为 1，常应用于控制电器的开启。

举例　Set do1;

说明：把信号 do1 的值设置为 1。

（2）Reset（重置数字输出信号）　用于将数字输出信号的值重置为 0，常和 Set 指令搭配使用，用于控制电器的关闭。

举例　Reset do_1;

说明：把信号 do1 的值重置为 0。

（3）SetDO（改变数字输出信号值）　用于改变数字输出信号的值，这个值可以是 0、1 或者 high 等。

举例 1　SetDO do_1,1;

说明：把信号 do_1 的值设为 1，等同于 Set do_1。

举例 2　SetDO do_1,0;

说明：把信号 do_1 的值设为 0，等同于 Reset do_1。

举例 3　SetDO do_1,high;

说明：把信号 do_1 的值设为 high。

（4）PulseDO（产生关于数字输出信号的脉冲）　控制数字输出信号的脉冲，默认脉冲长度为 0.2 s，也可以设置脉冲长度。

举例 1　PulseDO do_1;

说明:输出信号 do_1 产生 0.2 s 的脉冲。

举例 2　PulseDO\Plength:=1.0,do_1;

说明:信号 do_1 输出长度为 1.0 s 的脉冲,\Plength 为可选变量。

工程经验

IO 控制指令都位于指令标签"I/O"内,常用的 IO 控制指令也可以在指令标签"Common"中找到。更多 IO 控制指令的使用方法大同小异,可以参考 ABB 的《技术参考手册》。

2. 等待类指令

介绍 3 个常用的等待指令:WaitDI、WaitUntil、WaitTime。

1) WaitDI(数字输入信号等待指令)　用于数字输入信号状态的判断与等待,其可以设定最长等待时间。

举例 1　WaitDI di_1,1;

说明:等待信号 di1 的值为 1。如果为 1,则程序继续往下执行,否则等待直至超出最大设定时间。

举例 2　WaitDI di_1\MaxTime:=30;

说明:等待信号 di_1 的值为 1。如果为 1,则程序继续往下执行,如果等待时间超出 30 s,则报错停止。其中,MmaxTime:=30 为可选变量。

2) WaitUntil(条件等待指令)　用于所有信号类型和变量状态的等待,直至满足逻辑条件,其可以添加多个条件,也可以设定最长等待时间。

举例 1　WaitUntil di_l=1;

说明:等待直到信号 di_l 的值为 1,否则一直等待直到超出最大等待时间。

举例 2　WaitUntil di_1=1 AND di_2=1 OR reg1=5\MaxTime:=60;

说明:等待信号 di_1 等于 1,同时 di_2 等于 1 或 reg1 等于 5。如果等待时间超出 60 s,则报错停止。其中,\MaxTime:=60 为可选变量。

3) WaitTime(等待给定的时间)　用于等待给定的时间。该指令亦可用于等待,直至机械臂和外轴静止。

举例 1　WaitTime 0.5;

说明:程序执行等待 0.5 s。

举例 2　Wait Time\InPos,0;

说明:程序执行进入等待,直至机械臂和外轴已静止,InPos 为可选变量。

任务准备

一、调节气动二联件并检查其气压值

气动二联件是多数气动系统中不可缺少的气源装置,安装在用气设备近处,是压缩空气质量的最后保证。空气过滤减压阀可以过滤空气,同时可以调节输出压力,油雾器可以给气缸执行器增加润滑油。本任务采用的气动二联件如图 3.2.3 所示。若要调节输出压力,把压力调节旋钮向上提起,顺时针调节至 0.45 MPa,以满足负压发生器需求。调节结束后,把压力调节旋钮按下即可锁定所调压力。

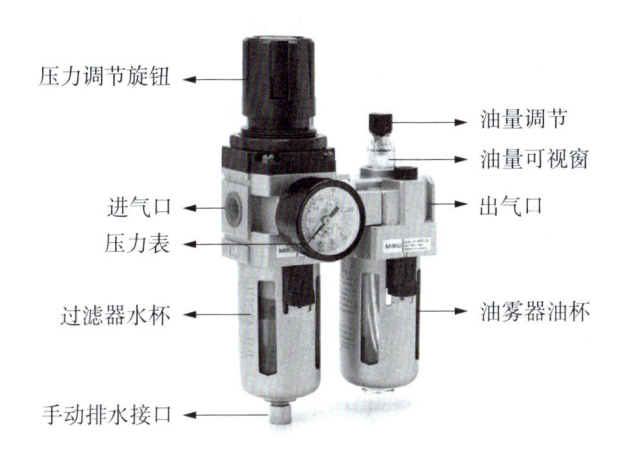

▲ 图 3.2.3　气动二联件

二、调节传感器信号灵敏度并检查信号是否正常

光电传感器安装后调节其灵敏度。当被测物体出现时传感器有信号输出,没有被测物体出现时传感器没有信号输出。灵敏度调节大可以提高检测距离,但传感器工作稳定性下降。传感器故障排查思路参考表 3.2.3。

表 3.2.3　传感器故障排查

序号	故障现象	故障原因	排查方法
1	有无工件出现传感器指示灯都不亮	传感器接线错误,内部电路烧坏	检测是否棕色线接电源正极,蓝色线接电源负极,黑色线输出接到机器人 DI 端子
		线路接触不良	检查布线
		电磁干扰	检测弱电线路是否与强电线路布置在一起,传感器线路是否远离伺服器、大功率电机

续 表

序号	故障现象	故障原因	排查方法
2	传感器指示灯一直亮，信号一直是常闭状态	选型错误	查看传感器的标签，检查是否使用的是 PNP 型传感器
		灵敏度调节过大	调低灵敏度观察故障现象是否消失
3	信号有时正常，有时不正常	传感器信号被干扰或线路存在磨损，导致接触不良	检测电磁干扰和传感器线路是否接触不良

三、有效载荷测定

硅晶板的重量无法忽略，需要建立有效载荷数据。如果没有设置正确的有效负载，或者由于更换法兰盘上的工具或工件而引起有效负载改变，可能会导致机器人的机械结构超载。只有正确的有效负载，才能使机器人以最好的方式运动。有效载荷数据"loaddata"就记录了搬运对象的质量、重心和转动惯量等数据。如果机器人不用于搬运，则"loaddata"设置就是默认的 load0。

调用 ABB 机器人的载荷测定服务例行程序 LoadIdentify 可以测定有效负载数据。运行有效载荷的 LoadIdentify 服务例行程序之前，应确保：

（1）吸盘已正确安装，且硅晶板已被吸附在吸盘上。
（2）机器人 6 轴接近水平。
（3）吸盘工具数据已正确创建且被使用。
（4）轴 3、5 和 6 不要过于接近其相应的工作范围限制。
（5）速度设置为 100%。
（6）系统处于手动模式。

运行有效载荷测定服务程序 LoadIdentify，按照示教器屏幕提示操作，测试出的有效载荷数据如图 3.2.4 所示。单击"Yes"，可以将载荷数据更新至有效载荷数据 load1 中。

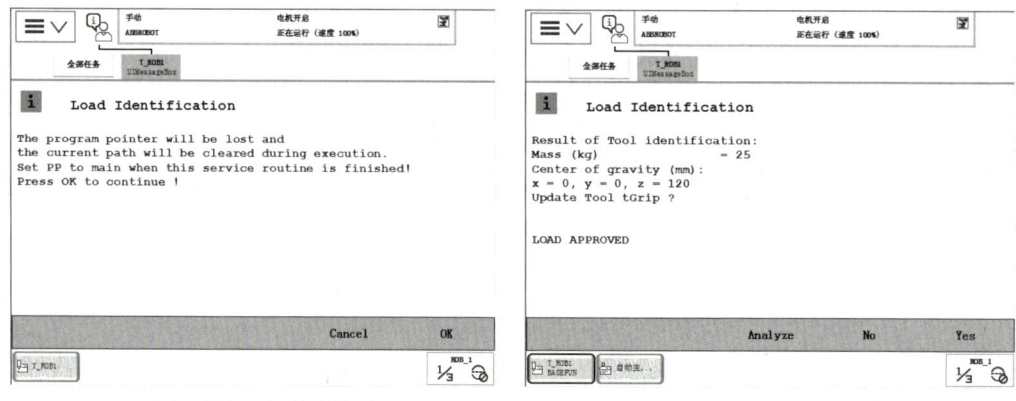

(a) LoadIdentify 启动界面　　(b) 测定结果界面

▲ 图 3.2.4　有效载荷数据测定

任务实施

搬运程序由主程序、初始化子程序、拾取硅晶板、放置硅晶板、拾取垫板、放置垫板等子程序构成,具体见表3.2.4。

表 3.2.4 搬运 RAPID 程序框架

序号	程序名称	含义	备注
1	main	主程序	程序入口
2	rInitAll	初始化程序	
3	rPickGJB	拾取硅晶板子程序	
4	rPlaceGJB	放置硅晶板子程序	
5	rPickDB	拾取垫板子程序	
6	rPlaceDB	放置垫板子程序	

1. 主程序

主程序用于控制整个流程,是程序的入口,程序代码如下:

```
PROC main()
    WaitDI di_start;       !等待系统启动信号
    rInitAll;              !调用初始化程序
    WHILE TRUE DO          !循环搬运工件
    IF diWorkInPos=1 AND diPalletInPos=1 THEN    !判断工件和托盘状态
        rPickGJB;          !调用带参数的拾取程序
        rPlaceGJB;         !调用带参数的放置程序
        rPickDB;
        rPlaceDB;
    ENDIF
    ENDWHILE
    rInitAll;              !搬运完成,调用初始化程序
ENDPROC
```

2. 初始化子程序

初始化子程序用于将机器人回到安全工作原点 HOME 点位,防止因机器人未回位就启动系统造成机械臂和工作台发生碰撞的危险。初始化程序还对信号及变量复位,具体程序如下:

```
PROCrInitAll()
    Reset diWorkInPos;     !复位工件到位信号
    Reset diPalletInPos;   !复位托盘到位信号
```

```
Reset diDBFull;        !复位垫板工位状态信号
Reset doGrip;          !复位吸盘信号
MoveAbsJ jHome,v1000,z100,MyTool\WObj:=Workobject_1;
  !机器人运动到工作原点
```

3. 拾取硅晶板子程序

拾取子程序主要用于拾取工件，动作路径包括机器人运动到拾取位和放置位中间的过渡点→拾取位正上方→拾取位→夹紧工件→拾取位正上方→过渡点。拾取硅晶板的目标点位是固定不变的。拾取硅晶板子程序内容如下：

```
PROC rPickGJB
        MoveJ pTemp,v500,z50,Mytool\WObj:=Workobject_1;
          !运动到过渡点
        MoveL Offs(pPickGJB,0,0,100),v500,z50,Mytool\WObj:=Workobject_1;
          !运动到拾取点正上方 100 mm
        MoveL pPickGJB,v100,fine,MyTool\WObj:=Workobject_1;
          !运动到拾取点
        Set doGrip;    !置位吸盘信号，吸住硅晶板
        WaitTime 2;    !吸盘吸紧工件需要一定时间，等待 2 s
        GripLoad LoadFullGJB; !加载有效载荷数据，机器人在负载状态下运行
        MoveL Offs(pPickGJB,0,0,100),v100,z50,Mytool\WObj:=Workobject_1;
          !机器人回到拾取点正上方 100 mm
ENDPROC
```

4. 放置硅晶板子程序

放置子程序主要用于放置工件，动作路径包括机器人运动到拾取位和放置位中间的过渡点→放置位正上方→放置位→松开工件→放置位正上方→过渡点。以第一层硅晶板放置位置 pPlace 为基准点，上面每层码放时的放置点位均相对于 pPlace 向上增加层高乘层数，所以在程序中可以通过一个赋值指令，在循环搬运过程中来计算每个硅晶板的放置位置，即：

pPlace_temp:=Offs(pPlace,0,0,i*80);

其中，pPlace_temp 为存储每层硅晶板放置点位的变量，pPlace 为第一层的放置基准点位，i 为当前的层数，每层的高度为硅晶板厚度 50 mm 加垫板厚度 30 mm，即 80 mm。

表 3.2.5 中罗列了在搬运 1~10 个工件时，每个工件的放置目标点位的计算过程。每个放置点位的 x、y 坐标分量没有改变，只是在高度方向（z 轴）递增。

表 3.2.5 计算硅晶板放置目标点位

序号	工件	放置位置相对于基准点偏移量	点位计算
1	工件 1	在 x、y 方向偏移 0 mm 在 z 方向偏移 0 mm	Offs(pPlace,0,0,0)
2	工件 2	在 x、y 方向偏移 0 mm 在 z 方向偏移 10 mm	Offs(pPlace,0,0,80)
3	工件 3	在 x、y 方向偏移 0 mm 在 z 方向偏移 20 mm	Offs(pPlace,0,0,160)
4	工件 4	在 x、y 方向偏移 0 mm 在 z 方向偏移 30 mm	Offs(pPlace,0,0,240)
…	…	…	…
10	工件 10	在 x、y 方向偏移 0 mm 在 z 方向偏移 100 mm	Offs(pPlace,0,0,800)

放置子程序的代码如下：

```
PROC rPlaceGJB
    pPlace_temp:=Offs(pPlace,0,0,i*80);
        !计算每次放置点位相对于基准点位的偏移量
    MoveJ pTemp,v500,z50,Mytool\WObj:=Workobject_1;
        !机器人运动到过渡点
    MoveL Offs(pPlace_temp,0,0,100),v500,z50,Mytool\WObj:=Workobject_1;    !机器人运动到放置点位正上方
    MoveL pPlace_temp,v100,fine,MyTool\WObj:=Workobject_1;
        !机器人运动到放置点位
    Reset doGrip;    !断开真空,放置工件
    WaitTime 2;      !等待 2 s
    GripLoad LoadEmpty;
        !加载空负载载荷数据,机器人将在空负载状态下运行
    MoveL Offs(pPlace_temp,0,0,100),v100,z50,Mytool\WObj:=Workobject_1;
```

5. 拾取垫板子程序

拾取垫板子程序用于拾取垫板,将垫板放置在两个硅晶板中间,起到保护的作用。动作路径包括机器人运动到拾取位和放置位中间的过渡点→拾取位正上方→拾取位→吸取垫板→拾取位正上方→过渡点。以最左端的工件为拾取基准点,因为在垫板工位是从最上方往下方拾取,所以拾取基准点位是在工位上端,通过赋值指令

pPickDB_temp:=Offs(pPickDB,0,0,-30*i)

来计算得到每次拾取垫板的位置。其中,pPickDB_temp 为每次拾取垫板的点位,pPickDB

为拾取垫板基准点，i 为循环变量，垫板的高度为 30 mm。

拾取垫板子程序如下：

```
PROC rPickGJB
    WaitDI diDBFull,1;
    pPickDB_temp:=Offs(pPickDB,0,0,-30*i);  !计算拾取点偏移量
    MoveJ pTempDB,v500,z50,Mytool\WObj:=Workobject_1;
        !运动到过渡点
    MoveL Offs(pPickDB_temp,0,0,100),v500,z50,Mytool\WObj:=Workobject_1;
        !运动到拾取点正上方 100 mm
    MoveL pPickDB_temp,v100,fine,MyTool\WObj:=Workobject_1;
        !运动到拾取点
    Set doGrip;    !置位吸盘信号，吸住硅晶板
    WaitTime 2;    !吸盘吸紧工件需要一定时间，等待 2 s
    GripLoadLoadFullDB;  !加载有效载荷数据，机器人在负载状态下运行
    MoveL Offs(pPickDB_temp,0,0,100),v100,z50,Mytool\WObj:=Workobject_1;
```

6. 放置垫板子程序

放置垫板子程序用于放置垫板，动作路径包括机器人运动到拾取位和放置位中间的过渡点→放置位正上方→放置位→松开垫板→放置位正上方→过渡点。以第一层垫板放置点位 pPlaceDB 为基准点，上面每层码放时的放置点位均相对于 pPlaceDB 向上增加层高乘层数，所以在程序中可以通过一个赋值指令，在循环搬运过程中来计算每个硅晶板的放置位置，即：

```
pPlaceDB_temp:=Offs(pPlaceDB,0,0,i*80);
```

其中，pPlace_temp 为存储每层硅晶板放置点位的变量，pPlace 为第一层的放置基准点位，i 为当前的层数，每层递增的高度为垫板高度 50 mm 加上硅晶板的高度 30 mm，即 80 mm。放置子程序的代码如下：

```
PROC rPlaceDB
    pPlaceDB_temp:=Offs(pPlaceDB,0,0,i*80);
        !计算垫板放置点相对于基准点的偏移量
    MoveJ pTempDB,v500,z50,Mytool\WObj:=Workobject_1;
        !机器人运动到过渡点
    MoveL Offs(pPlaceDB_temp,0,0,100),v500,z50,Mytool\WObj:=Workobject_1;   !机器人运动到放置点位正上方
```

MoveL pPlaceDB_temp,v100,fine,MyTool\WObj:=Workobject_1;
              !机器人运动到放置点位
Reset doGrip;!断开真空,放置工件
WaitTime 2;   !等待 2 s
GripLoad LoadEmpty;
              !加载空负载载荷数据,机器人将在空负载状态下运行
MoveL Offs(pPlaceDB_temp,0,0,100),v100,z50,Mytool\WObj:=Workobject_1;

任务评价

完成本任务的操作后,根据考证要点,请你按照下表检查自己是否掌握了考证要求掌握的知识点。

序号	评分标准	是/否	备注
1	能够根据搬运工作站布局设计动作规划(10 分)		
2	能够根据任务要求设计工艺流程(15 分)		
3	能够根据要求进行 IO 信号规划及接线(20 分)		
4	能够完成程序的编写和信号的配置(30 分)		
5	能够安装传感器并进行故障排除(15 分)		
6	能够正确调节气路压力(10 分)		
综 合 评 价			

能力拓展

ABB 机器人使用标准 IO 板接口,需接入外部直流电源,机器人输入的公共端是 0,输出的公共端是 24 V,在接线时不管是输入输出接线都形成一个回路。接线时一定要断电接线,接线完成以后要检查接线无误。这样才可以确保通电安全。

任务三　工业机器人搬运程序运行调试及优化

学习目标

1. 能根据工作实际，调整程序和优化工作路径。
2. 能够从机器人功率出发调整工业机器人运行速度。
3. 能够设定触发中断程序，提高工作站安全系数。

任务描述

天泰太阳能板制造公司的硅晶板生产线引入了工业机器人单元之后，降低了人工成本，提高了工作效率。但随着订单数量的增多，生产线的产能逐渐无法满足企业生产需求。同时在前期的生产过程中也发现机器人运行路径存在一些安全隐患。需要你提升工业机器人系统运行安全性，选择更加合理的机器人运行速度，以寻求在降低机器人功耗和提高系统生产节拍之间的平衡点。

任务分析

一、调整搬运路径中的转角半径，提高生产节拍

在之前编写的搬运程序中，工业机器人的转角半径都使用 fine。目标点位机器人速度降为 0，增加了机器人启动和制动的时间，生产效率较低。由前期现场运行情况得知，可以将过渡点处的转角半径由 fine 调整成某一数值，这样机器人在过渡点不会停顿，机器人动作会更加柔顺。在虚拟软件中验证，转角半径为 fine 时，一个搬运周期的工作时间大约为 14.5 s；将过渡点处转角半径调整为 z10 后，一个周期的搬运时间减少到 12.3 s，工作效率提高了 15.2%。

二、优化工业机器人 TCP 速度

机器人的 TCP 速度是影响整个生产线节拍的关键因素。速度、生产时间以及路径的优化多数是基于运动学和动力学模型，利用"RobotStudio"中的控制指令和信号分析功能，可以动态改变系统参数，以分析和优化 TCP 速度。为观察机器人 TCP 速度的变化，设定机器人的最大速度分别为 800 mm/s 和 1500 mm/s，并限定加速度。

比较不同速度可以看出，如图 3.3.1 所示，降低机器人的 TCP 速度会导致机器人搬运时间的增加，但增加的时间并不多，TCP 速度为 800 mm/s 时仅仅比速度为 1500 mm/s 延长了 1.1 s。但降低 TCP 速度后，其轨迹曲线更加平滑，很少有速度急剧变化的现象，说明机器

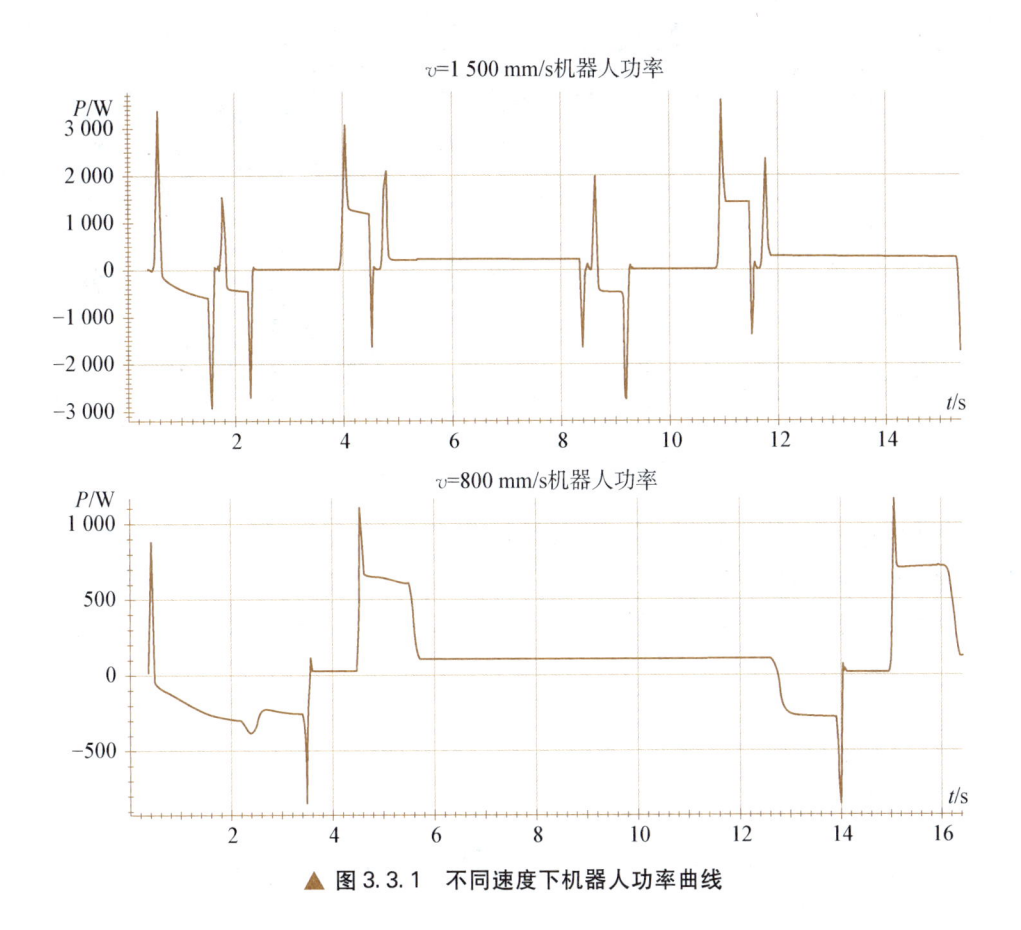

图 3.3.1　不同速度下机器人功率曲线

人的运行更加平稳,机器人搬运的动作更加柔顺。在优化生产线工艺节拍时,根据实际生产要求,将 TCP 速度控制在合理的范围之内,不仅可以最大限度地保证机器人的正常工作,还可以有效地延长机器人的使用寿命和减速器的使用期限,从而提高生产效率。

三、机器人复位至工作原点动作优化

在系统复位程序中,仅仅是将工业机器人运动至关节轴角度位置为(0,0,0,0,90,0)处。由于工作站现场环境比较复杂,有输送带、工件、垫板、托盘等物品,机器人在复位过程中很容易和其他物体发生碰撞。可以在工业机器人复位至工作原点时进行动作优化,将机器人 TCP 首先沿着 Z 轴垂直升高至工作原点的高度,然后再水平运动到工作原点,这样会提高机器人回工作原点的安全性,如图 3.3.2 所示。

四、提高工作系统紧急响应能力

在机器人执行搬运硅晶板的过程中,若出现需要紧急处理的事件,可以通过触发中断程序来暂停当前程序的执行,并使程序指针进入中断程序,执行中断程序指令,再跳转回原程序继续执行后续的内容。中断程序(TRAP)常用于出错处理、外部信号响应等实时响应要求较高的场合。

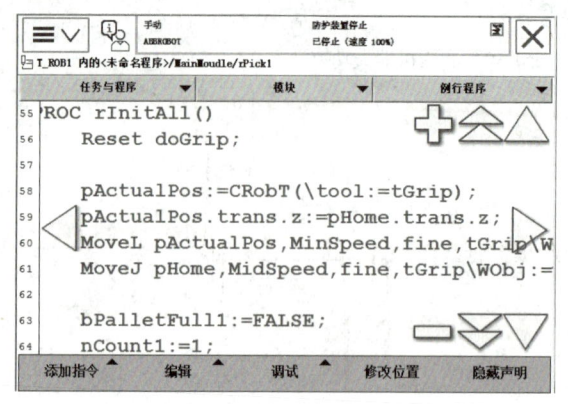

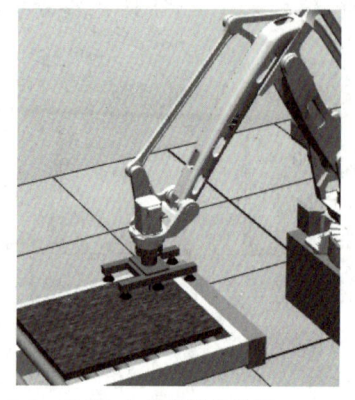

(a) 初始化程序代码　　　　　　　(b) 初始化路径效果

▲ 图 3.3.2　机器人初始化路径优化

RAPID 语言提供的中断程序触发方式主要有信号触发、定时触发、错误触发、消息队列触发、位置触发、变量触发等 6 种。其中，信号触发中断主要用于处理因外部信号响应延时而产生的系统节拍异常。触发中断的指令只需要执行一次，一般在初始化程序中添加中断指令。

任务准备

表 3.3.1 中介绍了几种常用的中断指令。

表 3.3.1　中断指令

指令名称	指令集	指令说明
CONNECT	Interrupts	连接一个中断标识符到中断程序
ISignalDI	Interrupts	使用一个数字输入信号触发中断程序
ISignalDO	Interrupts	使用一个数字输出信号触发中断程序
ISignalGI	Interrupts	使用一个组输入信号触发中断程序
ISignalGO	Interrupts	使用一个组输出信号触发中断程序
ISignalAI	Interrupts	使用一个模拟量输入信号触发中断程序
ISignalAO	Interrupts	使用一个模拟量输出信号触发中断程序
ITimer	Interrupts	计时器中断
IPers	Interrupts	使用一个可变量触发中断程序
IError	Interrupts	当一个错误发生时触发中断程序
IDelete	Interrupts	取消中断连接
ISleep	Interrupts	中断睡眠指令
IWatch	Interrupts	激活一个中断
IDisable	Interrupts	禁用所有中断
IEnable	Interrupts	激活所有中断

任务三 工业机器人搬运程序运行调试及优化

1. 几种常用中断控制指令

（1）CONNECT　中断连接指令。

功能：将中断标识符与中断程序连接。

举例　CONNECT intno1 WITH tMonitorDI1；

将中断标识符 intno1 与中断例行程序 tMonitorDI1 连接。

（2）IDelete　取消中断连接指令。

功能：将中断标识符与中断程序的连接解除，如果需要再次使用该中断标识符则需要重新用 CONNECT 连接。

在以下情况下，中断连接将自动清除：

① 重新载入新的程序。

② 程序指针被移到任意一个例行程序的第一行。

举例　IDelete intno1；

（3）ISignalDI　使用数字输入信号触发中断指令。

格式：IsignalDI，信号名，信号值，中断标识符；

功能：启用时，中断程序被触发一次后失效；不启用时，中断功能持续有效，只有在程序重置或运行 IDelete 后才失效。

举例　ISignalDI di1，1，intno1；

2. 建立中断程序的步骤

中断程序的创建过程包括中断程序的定义、中断标识符与中断程序的绑定、设置中断触发类型 3 个步骤。

（1）定义中断程序　定义一个中断程序，并在中断程序内部添加触发中断时需要执行的语句，如图 3.3.3(a、b)所示。

（2）中断标识符与中断程序的绑定　定义一个中断标识符，并将标识符与指定的中断程序绑定，如图 3.3.3(c～f)所示。

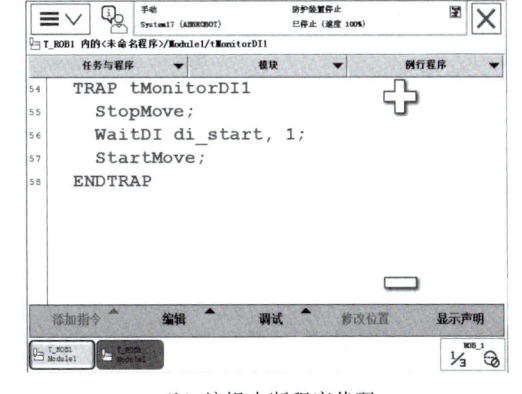

(a) 新建中断例行程序　　　　　　　　　　(b) 编辑中断程序代码

(c) 添加 IDelete 指令　　　　　　　　　(d) 创建中断标识符 intno1

(e) 添加 CONNECT 指令　　　　　　　　(f) 连接中断程序

(g) 创建中断触发指令　　　　　　　　　(h) 完成中断程序的编写

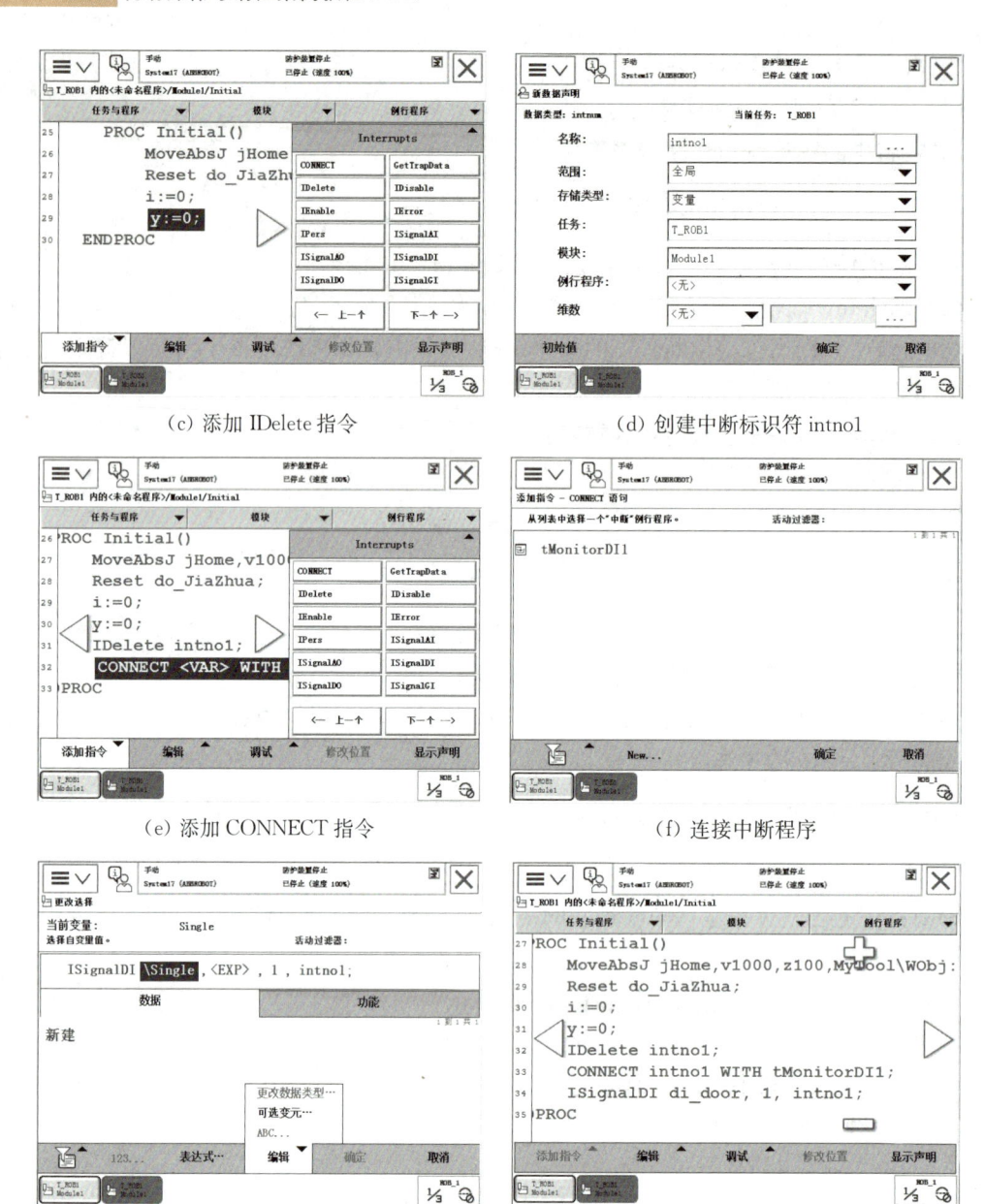

▲ 图 3.3.3　中断程序创建过程

代码中 CONNECT intno1 WITH tMonitorDI1；就是将标识符 intno1 与指定的中断程序 tMonitorDI1 进行绑定。

（3）设置中断触发类型　　如图 3.3.3（g、b），设置触发中断的类型。ABB 机器人提供了信号触发、定时触发、错误触发、消息队列触发、位置触发和变量触发 6 种中断触发类型，本任务将以数字输入信号触发类型触发。代码中 ISignalDI di_Door,1,intno1；就是用数字输入信号 di_Door 来触发中断。

任务三 工业机器人搬运程序运行调试及优化

任务实施

一、优化初始化子程序

在初始化子程序中添加中断触发指令，以实现系统的紧急响应。优化机器人返回工作原点动作路径，具体程序如下：

```
PROCrInitAll()
    Reset diWorkInPos;        !复位工件到位信号
    Reset diPalletInPos;      !复位托盘到位信号
    Reset diDBFull;           !复位垫板工位状态信号
    Reset doGrip;             !复位吸盘信号
    pActualPos:=CRobT(\tool:=MyTool);
    pActualPos.trans.z:=pHome.trans.z;
    MoveL pActualPos,MinSpeed,fine,tGrip\WObj:=Workobject_1;
    MoveAbsJ Home,v1000,z100,MyTool\WObj:=Workobject_1;
                              !机器人运动到工作原点
    IDelete intno1;           !取消中断
    CONNECT intno1 WITH tMonitorDI1;   !连接中断
    ISignalDI di_Door,1,intno1;        !信号触发中断
    ISleep intno1;            !中断睡眠
ENDPROC
```

二、优化搬运例行程序

根据前期分析，将工业机器人搬运速度调整至 500 mm/s，在运动至过渡点的目标点位，转角半径调整为 z50，以提高机器人工作效率和工作柔顺性。程序如下：

```
PROC rPickGJB
    MoveJ pTemp,v500,z50,Mytool\WObj:=Workobject_1;
        !运动到过渡点
    MoveL Offs(pPickGJB,0,0,100),v500,z50,Mytool\WObj:=Workobject_1;
        !运动到拾取点正上方 100 mm
    MoveL pPickGJB,v100,fine,MyTool\WObj:=Workobject_1;
        !运动到拾取点
    Set doGrip;   !置位吸盘信号,吸住硅晶板
    WaitTime 2;   !吸盘吸紧工件需要一定时间,等待 2 s
    GripLoad LoadFullGJB;  !加载有效载荷数据,机器人在负载状态下运行
```

```
        MoveL Offs(pPickGJB,0,0,100),v100,z50,Mytool\WObj:=Workobject_1;
        !机器人回到拾取点正上方 100 mm
ENDPROC
```

三、中断程序

中断程序如下：

```
TRAP tMonitorDI1    !定义中断程序
    StopMove;         !机器人停止
    WaitDI  di_start,1;  !等待信号
    StartMove;        !机器人启动
ENDTRAP
```

任务评价

完成本任务的操作后，根据考证要点，请你按照下表检查自己是否掌握了考证要求掌握的知识点。

序号	评分标准	是/否	备注
1	能够合理修改运动程序指令以提高节拍(15 分)		
2	能够合理设置机器人工作原点(10 分)		
3	能够合理选择机器人的运行速度(10 分)		
4	能够根据要求进行 IO 信号配置(20 分)		
5	能够完成中断程序的编程与调试(45 分)		
	综 合 评 价		

知识链接

在运行程序时，ABB 机器人会提示"50024 转角路径故障"警示信息。这是因为机器人预读下一条运动指令，以便做出转角动作。如果运动语句为最后一句指令，且没有使用 fine，此时由于机器人无法读取到下一条运动指令，所以不能计算转弯效果，即出现上述警告。但这并不影响机器人的运行，机器人会以 fine 效果运行一句运动指令。可以添加系统内置 CornerPathWarning 指令来取消该提示。

任务四　工业机器人机床上下料的现场操作与编程

任务四　工业机器人机床上下料的现场操作与编程

学习目标

1. 能够根据工作任务布局上下料工作站，设计工艺流程。
2. 能够为多个工作任务编制程序，通过流程控制指令实现顺序优先级。
3. 能够配置工作站 IO 信号并通过程序控制和外围设备通信。

任务描述

天泰公司采用数控车床来生产硅晶板侧边压条。数控车床（CNC）加工程序编辑好之后不需要过多的人工干预就可以重复加工。数控加工上下料环节是人工来完成的，技术含量不高，工作枯燥乏味。随着订单数量的增多，工作强度大，人员流动较大，良品率下降，导致企业效益下滑。通过调研考察，公司决定在数控车间上线工业机器人来实现车床的上下料，取代人工作业，降低企业用人成本，提高生产效率。工程部指派你来完成数控车间机器人上下料工作站的技术改造。

任务分析

一、工业机器人上下料工作站布局

数控车床加工会持续一段时间，机器人在一对一的上下料作业时，等待时间较长，无法充分发挥机器人的工作效率。采用一台工业机器人给两台数控车床上下料，在两台数控车床中交替上下料，减少等待时间，提高机器人效率。

机器人上下料工作站布局，如图 3.4.1 所示。将两台数控车床及供料台布局在机器人

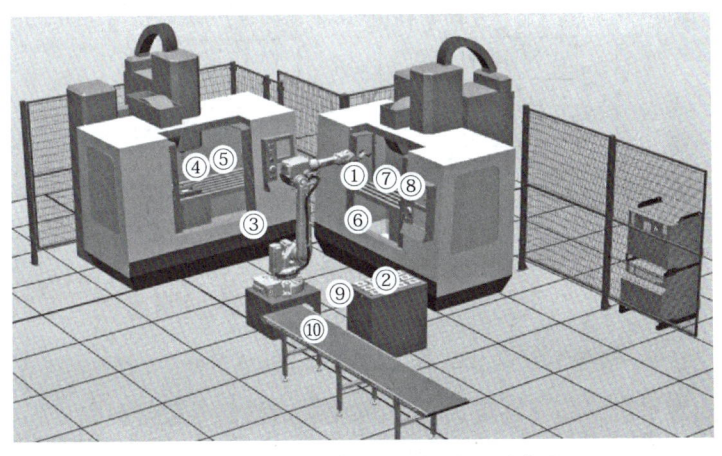

▲ 图 3.4.1　机器人上下料工作站布局

的工作范围以内，且尽可能保证机器人以较小的关节移动距离完成两个数控车床间的上下料，不会出现关节超限报警。

二、上下料控制流程设计

上下料控制流程如图 3.4.2 所示。

（1）系统初始化，机器人回到安全原点位置　出于安全考虑，机器人要先回到安全原点才能工作。如果机器人正在机床取料则停止，重新启动时要先退出机床加工位置。

（2）判断供料台是否有料　根据供料台的到位信号来判断是否有料，有料机器人才开始工作，否则一直处于等待状态。

（3）判断是 CNC1 还是 CNC2 可以上料　机器人首先判断是哪台 CNC 已完成加工，对已完成加工的 CNC 进行取料及上料操作。若两台 CNC 都完成了数控加工，则按照从右到左的顺序上下料。在上料时还需判断机床是否有工件在三爪卡盘上待取走。若有，则先取料后放料。

（4）上料完成后重复判断并执行　从上料后开始判断 CNC 是否完成加工，判断的依据是机器人收到机床发来的信号。在两台机器人在同时工作时，机器人取料后等待先加工完的 CNC 上下料。

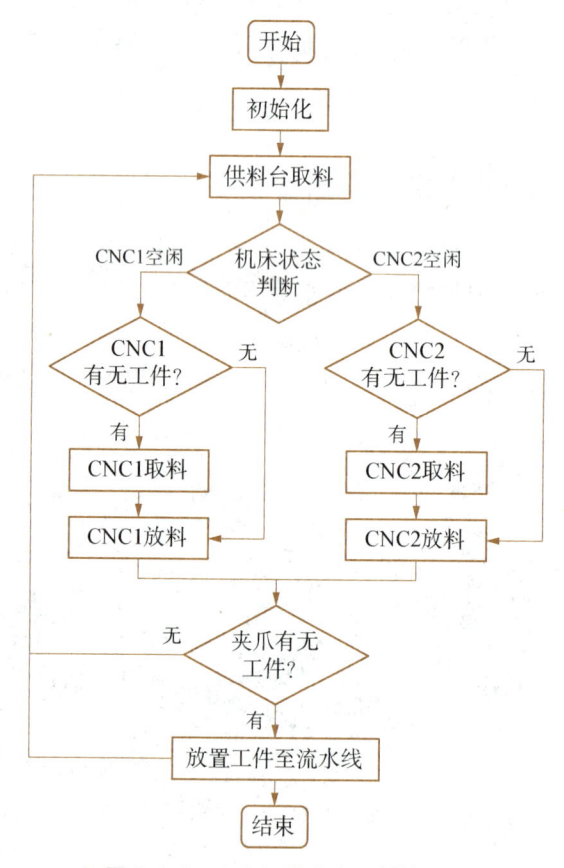

▲ 图 3.4.2　工业机器人上下料控制流程

三、机器人上下料 IO 信号配置

根据工作站的实际工作需要配置对应的 IO 板卡,本任务采用 DSQC652 标准信号板。机器人法兰盘安装有两个夹爪头的夹爪组合工具,用于在上料和下料之间快速切换。由于工作站设备较多,响应的信号也较多,需要理清数控车床 PLC 和机器人之间的信号交互关系,配置对应的输入输出信号,合理安排板卡的信号和用于系统关联的信号、设备控制的 IO 信号、硬件互锁信号。

为了提高系统安全性,数控车床周边还要安装安全光栅,以检测是否有人非法闯入工作区域。当检测到非法闯入后,机器人接收到安全光栅发送来的信号,立即停止运行。需要配置的 DI 信号见表 3.4.1,需要配置的 DO 信号见表 3.4.2。

表 3.4.1 上下料系统数字输入信号

信号名称	所属单元	地址位	说　明
DI_Start	DSQC652	0	程序开始信号
DI_close1	DSQC652	1	CNC1 安全门关闭信号
DI_clamped1	DSQC652	2	CNC1 夹具夹紧信号
DI_Working1	DSQC652	3	CNC1 有料信号
DI_close2	DSQC652	4	CNC2 安全门关闭信号
DI_clamped2	DSQC652	5	CNC2 夹具夹紧信号
DI_Working2	DSQC652	6	CNC2 有料信号
DI_Stop	DSQC652	7	程序停止信号
DI_Trap1	DSQC652	8	安全光栅 1 信号
DI_Trap2	DSQC652	9	安全光栅 2 信号

表 3.4.2 上下料系统数字输出信号

信号名称	所属单元	地址位	说　明
DO_clamp1	DSQC652	0	CNC1 夹料信号
DO_clamp2	DSQC652	1	CNC2 夹料信号
DO_SL_Gripper	DSQC652	2	上料夹爪夹紧信号
DO_XL_Gripper	DSQC652	3	下料夹爪夹紧信号
DO_OpenDoor1	DSQC652	4	CNC1 开安全门信号
DO_OpenDoor2	DSQC652	5	CNC2 开安全门信号
DO_InCNC1	DSQC652	6	机器人在 CNC1 指示信号
DO_InCNC2	DSQC652	7	机器人在 CNC2 指示信号

工业机器人与 CNC1、CNC2 的信号对接关系如图 3.4.3 所示。在接线时,可依据图示检查机器人与数控车床之间的信号接线是否正确。

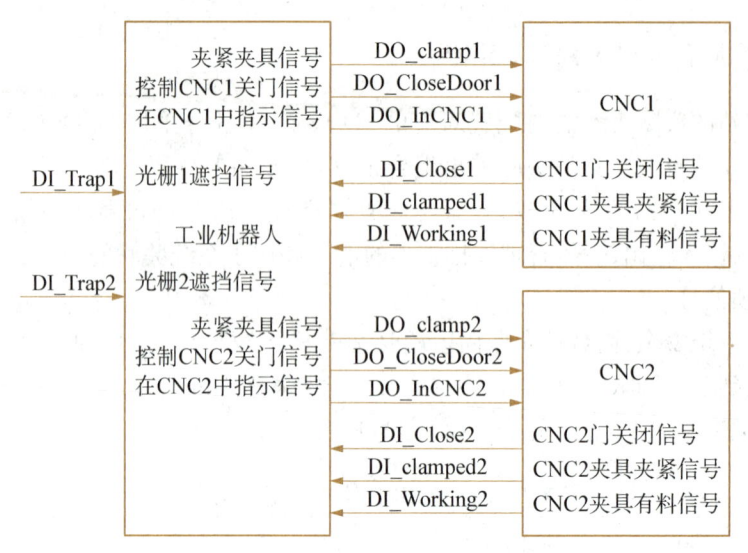

▲ 图3.4.3　机器人上下料 IO 信号接口

四、机器人上下料动作路径规划

根据上下料工作站布局和工艺流程设计，设计机器人上下料动作路径。其中，关键轨迹点位见表 3.4.3，目标点位参照图 3.4.1 所示位置。

表 3.4.3　上下料目标点位规划

序号	目标点名称	说明	序号	目标点名称	说明
①	Jhome	机器人工作原点	⑥	J_cnc2	CNC2 过渡点
②	p_pick	取料点	⑦	p_put_cnc2	CNC2 上料工作点
③	J_cnc1	CNC1 过渡点	⑧	p_take_cnc2	CNC2 下料工作点
④	p_put_cnc1	CNC1 上料工作点	⑨	J_cnc2_take	放料过渡点
⑤	p_take_cnc1	CNC1 下料工作点	⑩	p_belt_put	放料点

任务准备

一、流程控制类指令的应用

本任务主要介绍流程控制类指令中判断指令 IF 和选择指令 TEST。

1. Compace IF、IF 指令

两者都是条件判断指令，但是在使用上有很大的区别。

（1）Compact IF（如果满足条件，那么……）称为紧型条件判断指令，因为它根据判断只能执行一个指令。

该指令的使用格式为

IF<条件表达式><指令>;

举例 1　IF count_num>8 set do1;

说明:如果 count_num 的值大于 8,则置位 do1 信号。

举例 2　IF flag=TRUE　GOTO　LabA

说明:如果 flag=TRUE,则跳转至标签 LabA。

(2) IF(如果满足条件,那么……否则……)　IF 条件判断指令可以多重判断,根据不同的满足条件,执行相应的指令。该指令的使用格式为

IF<条件表达式 1>THEN
<指令 1>
ELSE IF<条件表达式 2>THEN
<指令 2>
ELSE
<指令 3>
ENDIF

举例 1　IF reg1>0　AND　reg1<10　THEN
　　　　　Set　do1;
　　　　　ELSE IF　reg1>=10　THEN
　　　　　Reset　do1;
　　　　　ELSE
　　　　　reg1:=0;
　　　　　ENDIF

说明:如果 reg1 位于 0 与 10 之间,则把 do1 置 1;如果 reg1 大于等于 10,则把 reg1 置 0;其余情况下则把 reg1 赋值为 0。

举例 2　IF　flag1=TRUE　THEN
　　　　　reg1:=reg1+1;
　　　　　Set　do1;
　　　　　ENDIF

说明:如果 flag1 等于 true,则 reg1 自增 1,同时把 do1 置 1。

2. TEST 指令

TEST(根据表达式的值……)指令可以判断表达式或数据的多个值,根据不同的值执行相应的指令,该指令的使用格式为

TEST<表达式或数据>
CASE<值 1>:
……

CASE<值2>:
……
CASE<值n>:
……
DEFAULT:
……
ENDTEST

举例1　TEST reg1
　　　　　CASE 1:
　　　　　　　MoveL　s10,v100,z50,tool1;
　　　　　CASE 2,3:
　　　　　　　MoveJ　s20,v100,z50,tool1;
　　　　　DEFAULT:
　　　　　　　stop;
　　　　　ENDTEST

说明:判断reg1的值,如果为1,则线性移动至s10点;如果为2或3,则关节运动至s20点,否则机器人停止运行。

举例2　TEST do1
　　　　　CASE 2.
　　　　　　　Routine2;
　　　　　CASE 3:
　　　　　　　Routine3;
　　　　　CASE 5
　　　　　　　Routine5;
　　　　　DEFAULT
　　　　　　　STOP;
　　　　　ENDTEST

说明:判断输出信号do1的值,如果为2,则执行例行程序routine2;如果为3,则执行例行程序routine3;如果为5,则执行例行程序routine5,否则停止运行。

工程经验

(1) TEST指令可以添加多个"CASE",但只能有一个"DEFAULT"。
(2) TEST可以判断所有数据类型,但是判断的数据必须拥有值。
(3) 如果并没有太多的选择,则可使用IF…ELSE指令。

二、区域监控 World Zone 功能实现机器人与 CNC 互锁

1. 区域监控的作用

在机器人上下料工作任务中,利用 ABB 工业机器人的 World Zone 功能实现区域监控。Word Zones 是设定一个在大地坐标系下的区域空间与 IO 信号关联。可以将 CNC 开门后的工作空间设定为监控区域。如果机器人正处于此空间,关联的 IO 信号(DO_InCNC1、DO_InCNC1)的值自动置为 1 或 0,并通过编程实现机器人与 CNC 互锁。此时禁止 CNC 工作,确保机器人安全。

2. 创建区域监控

在使用 World Zone 区域监控功能时,会用到几种数据类型,见表 3.4.4。World Zone 区域监控功能使用 WZBoxDef 指令和 WZDOSet 指令。

表 3.4.4 上下料目标点位规划

程序数据名称	程序数据注释
Pos	位置数据,不包含姿态
ShapeData	形状数据,用来表示区域的形状
wzstationary	固定的区域参数
wztemporary	临时的区域参数

(1) WZBoxDef(World Zone Box Definition) 用于在大地坐标系下设定矩形体的监控区域指令。要设定该虚拟矩形体在大地坐标系下的具体位置,只需确定矩形体的两个对角点。因为矩形体监控区域的边与大地坐标系的轴平行,所以只需设置对角点 X、Y、Z 的值即可,如图 3.4.4 所示。指令参数见表 3.4.5,WZBoxDef 指令的语法格式为

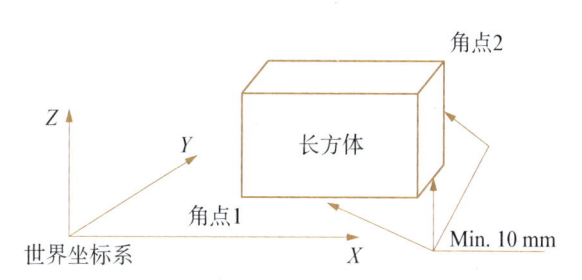

▲ 图 3.4.4 WZBoxDef 定义区域监控示意图

WZBoxDef [\Inside]|[\Outside],Shape,LowPoint,HighPoint;

表 3.4.5 WZBoxDef 指令参数

指令变量名称	说明
[\Inside]	矩形体内部值有效
[\Outside]	矩形体外部值有效,二者必选其一
Shape	形状参数
LowPoint	对角点之一
HighPoint	对角点之二

（2）WZDOSet　用于定义行动，并启用全局区域，以监控机械臂移动，通常和World Zones 指令配合使用。在执行该指令后，当机器人的工具中心点位于指定全局区域内，或正在接近全局区域时，将数字信号输出信号设置为指定值。指令参数见表 3.4.6，WZDOSet 指令的语法格式为

WZDOSet [\Temp]|[\Stat],WorldZone,[\Inside]|[\Before],Shape,Signal,SetValue;

表 3.4.6　WZDOSet 指令参数

指令变量名称	说明
[\Temp]	开关量，设定为临时的区域检测
[\Stat]	开关量，设定为固定的区域检测，二者选其一
WorldZone	wztemporary 或 wzstationary
[\Inside]	开关量，当 TCP 进入设定区域时输出信号
[\Before]	开关量，当 TCP 或指定轴无限接近设定区域时输出信号，二选其一
Shape	形状参数
Signal	输出信号名称
SetValue	输出信号设定值

在本工作任务中，通过配置 Event Routine 功能，将机器人系统信号 power on 和带有区域监控功能的例行程序 WZ_zone() 关联。只要机器人的电源开启，监控区域功能就会自动创建，以防止手动调试程序时发生安全隐患。

三、关联系统动作

将机器人系统动作和数字信号关联，当机器人触发某个动作之后，会立即触发指定的数字信号。需要创建的数字输出信号、数字输入信号和系统动作关联见表 3.4.7 和表 3.4.8。

表 3.4.7　系统动作关联 DI 信号

信号名称	地址位	系统动作	参数
DI_Star	10	Start	Continuous
DI_Stop	11	Stop	N/A
DI_StarAtMain	12	Star at Main	Continuous
DI_ResetError	13	Reset Exeution Error Signal	N/A
DI_MotorOn	14	Motors On	N/A
DI_RestE_Stop	15	Reset Emergency Stop	N/A

表 3.4.8　系统动作关联 DO 信号

信号名称	地址位	系统动作	参数 1	参数 2
DO_CycleOn	8	Cycle On	N/A	N/A
DO_Error	9	Execution Error	N/A	T_ROB1
DO_E_Stop	10	Emergency Stop	N/A	N/A

四、红外线对射光栅的安装

红外线对射光栅安装在数控机床安全门附近,由两个光栅组成,一侧是发射端,另一侧是接收端。必须保证发射端和接收端对齐,在同一个平面内。接线时注意每个光栅的电源正负极不能接反,否则会烧坏光栅线路。在工作时,两个光栅之间的多条平行红外线形成一道监控屏障,任何一条光线被外部切断,光栅都会发出信号。图 3.4.5 所示是光栅接线图,图 3.4.6 所示是光栅外形。

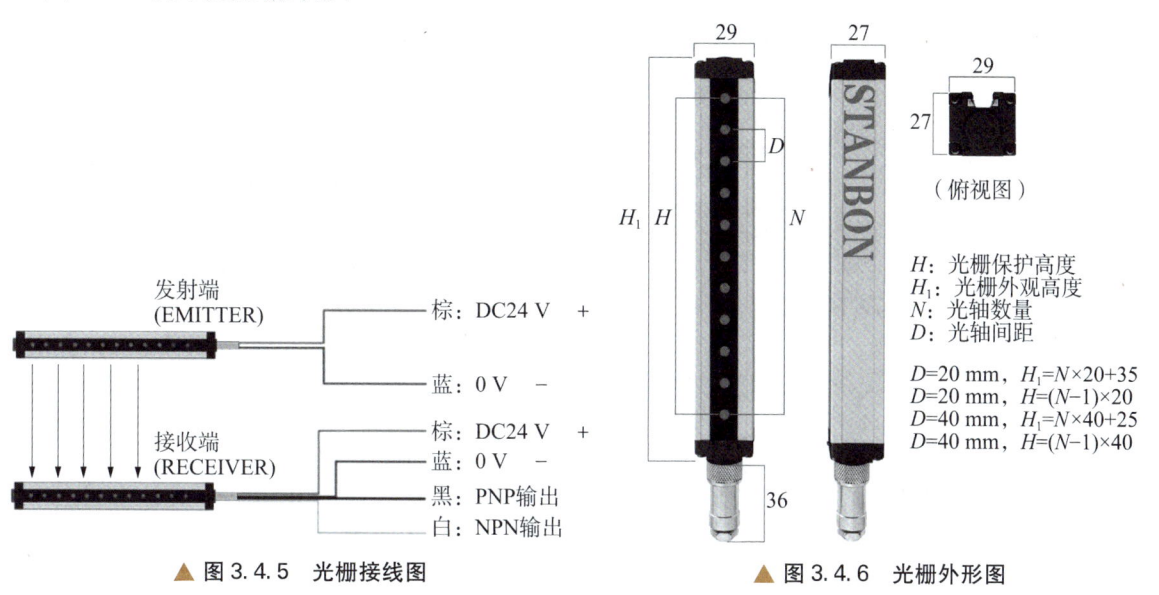

▲ 图 3.4.5 光栅接线图

▲ 图 3.4.6 光栅外形图

H:光栅保护高度
H_1:光栅外观高度
N:光轴数量
D:光轴间距

$D=20$ mm,$H_1=N\times20+35$
$D=20$ mm,$H=(N-1)\times20$
$D=40$ mm,$H_1=N\times40+25$
$D=40$ mm,$H=(N-1)\times40$

任务实施

一、主程序

主程序如下:

```
PROC main()
        InitAll;        !初始化程序
        WHILE TRUE DO
        PICK_UP;        !拾取工件
            L1:         !标签
            IF DI_close1=0 AND DI_clamped1=0 THEN   !安全门打开且夹具松开
                IF DI_Working1=1 THEN    !数控车床1内有工件
                    TAKE_CNC1;           !先取出工件
                    PUT_CNC1;            !再上料
                ELSE
```

```
                PUT_CNC1;              !直接上料
            ENDIF
        ELSEIF DI_close2＝0 AND DI_clamped2＝0 THEN  !判断机床 2 状态
            IF DI_Working2＝1 THEN      !数控车床 2 内有工件
                TAKE_CNC2;             !先取出工件
                PUT_CNC2;              !再上料
            ELSE
                PUT_CNC2;              !直接上料
            ENDIF
        ELSE
            GOTO L1;                   !若两个机床都在加工,则循环等待
        ENDIF
        PUT_BELT;                      !将工件放置于输送带
    ENDWHILE
ENDPROC
```

二、初始化程序

初始化程序如下:

```
PROC InitAll()
    Reset DO_clamp1;         !复位夹具夹紧信号 1
    Reset DO_clamp2;         !复位夹具夹紧信号 2
    Reset DO_SL_Gripper;     !复位上料夹爪信号
    Reset DO_XL_Gripper;     !复位下料夹爪信号
    Reset DO_OpenDoor1;      !复位开门信号 1
    Reset DO_OpenDoor2;      !复位开门信号 2
    Reset DO_InCNC1;         !复位 CNC1 工作信号
    Reset DO_InCNC2;         !复位 CNC2 工作信号
    nLine:＝0;               !行计数复位
    nRow:＝0;                !列计数复位
    MoveAbsJJhome\NoEOffs,v5000,fine,tool0;  !机器人运动到工作原点
ENDPROC
```

三、建立区域监控子程序

建立区域监控子程序如下:

```
PROC wz_zone()
```

```
            WZBoxDef\Inside,CNC1_shape1,CNC1_pos1,CNC1_pos2;
                !定义角点 1 位置
            WZDOSet\Stat,CNC1_wzstat1\Before,CNC1_shape1,DO_InCNC1,0;
                !启用区域监控
            WZBoxDef\Inside,CNC2_shape2,CNC2_pos1,CNC2_pos2;
                !定义角点 2 位置
            WZDOSet\Stat,CNC2_wzstat2\Before,CNC2_shape2,DO_InCNC2,0;
                !启用区域监控
            TPWrite "wz ok!";          !写屏确认
```

四、数控机床 CNC1 上料子程序

CNC1 上料子程序如下:

```
    PROC PUT_CNC1()
            MoveAbsJ J_cnc1\NoEOffs,v5000,fine,tool0;       !运动到 CNC1 过
                                                             渡点
            MoveJ Offs(p_put_cnc1,0,0,50),v2000,fine,Tool_SL;
            MoveL p_put_cnc1,v1000,fine,Tool_Yellow;        !运动到 CNC1 上
                                                             料点
            Reset DO_SL_Gripper;                            !打开夹爪
            WaitTime 1;                                     !延时 1 s
            PulseDO\PLength:=2,DO_clamp1;                   !夹具夹紧工件
            WaitDI DI_clamped1,1;                           !等待夹紧信号
            MoveL Offs(p_put_cnc1,0,0,50),v2000,fine,Tool_SL;  !机器人回位
            MoveAbsJ J_cnc1\NoEOffs,v5000,fine,tool0;       !运动到过渡点
            PulseDO DO_OpenDoor1;                           !关闭 CNC1 安全门
    ENDPROC
```

五、数控机床 CNC1 下料子程序

CNC1 下料子程序如下:

```
    PROC TACK_CNC1()
            MoveAbsJ J_cnc1\NoEOffs,v5000,fine,tool0;       !运动到 CNC1
                                                             过渡点
            MoveJ Offs(p_take_cnc1,0,0,50),v2000,fine,Tool_XL;  !运动到逼近点
            MoveL p_take_cnc1,v1000,fine,Tool_Green;        !运动到 CNC1
                                                             下料点
```

```
        Set DO_XL_Gripper;                                    !夹爪夹紧
        WaitTime 0.5;                                         !等待0.5 s
        MoveL Offs(p_take_cnc1,0,0,50),v2000,fine,Tool_XL;    !运动到逼近点
        MoveAbsJ J_cnc1\NoEOffs,v5000,fine,tool0;             !运动到CNC1过渡点
ENDPROC
```

六、数控机床 CNC2 上料子程序

CNC2 上料子程序如下：

```
PROC PUT_CNC2()
        MoveAbsJ J_cnc2\NoEOffs,v5000,fine,tool0;             !运动到CNC2过渡点

        MoveJ Offs(p_put_cnc2,0,0,50),v2000,fine,Tool_SL;
        MoveL p_put_cnc2,v1000,fine,Tool_Yellow;              !运动到CNC2上料点

        Reset DO_SL_Gripper;                                  !打开夹爪
        WaitTime 0.5;                                         !延时1 s
        PulseDO\PLength:=2,DO_clamp2;                         !夹具夹紧工件
        WaitDI DI_clamped2,1;                                 !等待夹紧信号
        MoveL Offs(p_put_cnc2,0,0,50),v2000,fine,Tool_SL;     !机器人回位
        MoveAbsJ J_cnc2\NoEOffs,v5000,fine,tool0;             !运动到过渡点
        PulseDO DO_OpenDoor2;                                 !关闭CNC2安全门
ENDPROC
```

七、数控机床 CNC2 下料子程序

CNC2 下料子程序如下：

```
PROC TACK_CNC2()
        MoveAbsJ J_cnc2\NoEOffs,v5000,fine,tool0;             !运动到CNC2过渡点

        MoveJ Offs(p_take_cnc2,0,0,50),v2000,fine,Tool_XL;    !运动到逼近点
        MoveL p_take_cnc2,v1000,fine,Tool_Green;              !运动到CNC2下料点

        Set DO_XL_Gripper;                                    !夹爪夹紧
        WaitTime 0.5;                                         !等待0.5 s
        MoveL Offs(p_take_cnc2,0,0,50),v2000,fine,Tool_XL;    !运动到逼近点
```

```
            MoveAbsJ J_cnc2\NoEOffs,v5000,fine,tool0;!运动到CNC2过渡点
    ENDPROC
```

八、机器人从供料台夹取工件子程序

夹取工件子程序如下：

```
PROC PICK_UP()
        again:
            IF nRow<=2 THEN
                IF nLine<=3 THEN
                    MoveAbsJ Jhome\NoEOffs,v5000,fine,tool0;!运动到工作原点
                    MoveJ p_pick_temp,v2000,fine,tool0;!运动到拾取过渡点
                    MoveJ Offs(p_pick,nLine*180,nRow*150,100),v2000,fine,Tool_SL;
                     MoveL Offs(p_pick,nLine*180,nRow*150,0),v1000,fine,Tool_SL;
                            !运动到拾取工作点
                    Set DO_SL_Gripper;   !闭合夹爪,夹紧工件
                    WaitTime 0.5;        !等待0.5 s
                    MoveL Offs(p_pick,nLine*180,nRow*150,100),v2000,fine,Tool_SL;
                            !返回到拾取逼近点
                    MoveAbsJ Jhome\NoEOffs,v5000,fine,tool0;  !返回到工作原点
                    incr nLine;    !行计数加1
                ELSE
                    nLine:=0;     !行计数复位
                    Incr nRow;    !列计数加1
                    GOTO again;   !循环
                ENDIF
            ELSE
                nLine:=0;         !行计数复位
                nRow:=0;          !列计数复位
            ENDIF
ENDPROC
```

九、机器人将加工完毕的工件放置到输送带上子程序

工件放到输送带上子程序如下：

```
PROC PUT_BELT()
    MoveAbsJ J_cnc2_take\NoEOffs,v5000,fine,tool0;         !运动到放料过
                                                            渡点
    MoveL Offs(p_belt_put,0,0,50),v2000,fine,Tool_XL;       !运动到放料逼
                                                            近点
    MoveL p_belt_put,v1000,fine,Tool_Green;                 !运动到放料点
    Reset DO_XL_Gripper;                                    !松开夹爪
    WaitTime 0.5;                                           !延时0.5 s
    MoveL Offs(p_belt_put,0,0,50),v2000,fine,Tool_XL;       !返回到放料逼
                                                            近点
    MoveAbsJ J_cnc2_take\NoEOffs,v5000,fine,tool0;          !返回到放料过
                                                            渡点
ENDPROC
```

任务评价

完成本任务的操作后,根据考证要点,请你按照下表检查自己是否掌握了考证要求掌握的知识点。

序号	评分标准	是/否	备注
1	能合理布局工作站并设计工艺流程(10分)		
2	能正确使用IF判断指令表达程序逻辑(15分)		
3	能够正确使用TEST选择指令(15分)		
4	能够对IO信号进行配置并编程控制(15分)		
5	能够对上下料各例行程序进行正确编程(30分)		
6	能够调试上下料工作站并优化程序(15分)		
综 合 评 价			

任务训练

1. 如果夹爪工具在夹持工件过程中没有夹取成功,机器人需再次动作重新夹取,如何修改程序来实现该功能?

2. 如果需要在上下料过程中增加统计工件数量的功能,并在示教器界面显示出来,该如何实现?

项目四

工业机器人装配应用编程

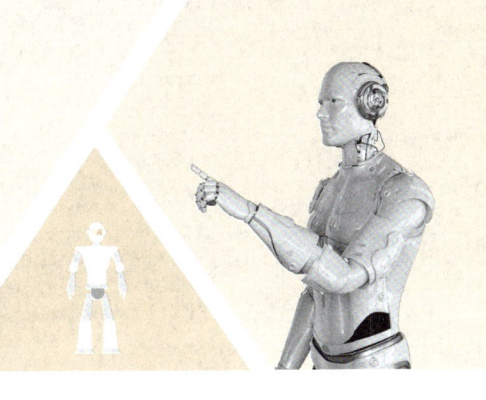

项目情景

人工装配机械产品工作劳动强度大,生产效率低,难以控制成本。随着招工难、人力成本增加、订单个性化等问题的凸显,越来越多的企业开始升级改造总装车间,实现装配工作的半自动化、全自动。随着工业机器人销售价格不断降低,越来越多企业在自动化升级改造过程中会选用工业机器人。

为提高生产效率,国内大型舞台设备生产商风云电子科技有限公司决定分阶段自主改造总装车间。项目部根据总装车间情况,决定第一期工程采用ABB工业机器人改造舞台灯旋转控制步进电机组装配工作站。按照项目分工,制造部负责机器人工作站的施工和现场改造,工装部负责夹具设计和加工。你作为制造部技术员兼项目组成员,负责工作站整体布置、机器人装配任务的编程调试和工作站自动运行设置。

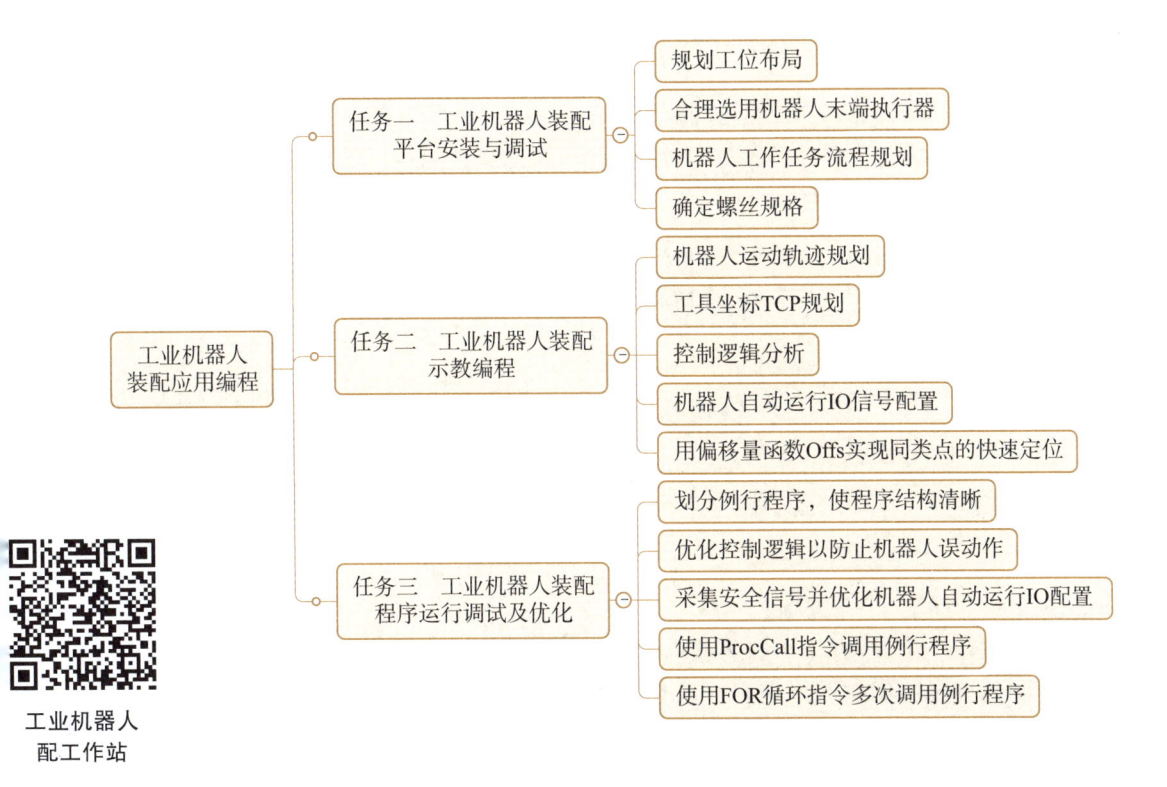

- 工业机器人装配应用编程
  - 任务一 工业机器人装配平台安装与调试
    - 规划工位布局
    - 合理选用机器人末端执行器
    - 机器人工作任务流程规划
    - 确定螺丝规格
  - 任务二 工业机器人装配示教编程
    - 机器人运动轨迹规划
    - 工具坐标TCP规划
    - 控制逻辑分析
    - 机器人自动运行IO信号配置
    - 用偏移量函数Offs实现同类点的快速定位
  - 任务三 工业机器人装配程序运行调试及优化
    - 划分例行程序,使程序结构清晰
    - 优化控制逻辑以防止机器人误动作
    - 采集安全信号并优化机器人自动运行IO配置
    - 使用ProcCall指令调用例行程序
    - 使用FOR循环指令多次调用例行程序

工业机器人配工作站

任务一　工业机器人装配平台安装与调试

学习目标

1. 能根据产品安装要求测绘安装尺寸图。
2. 学会选择机器人末端执行器,使用快换接头实现夹具快速更换。
3. 能以提高生产效率为出发点,规划工作站内每个部件的安装位置。

任务描述

改造前,舞台灯旋转控制步进电机组装配工位需要 2 位工人,一人负责上下料,另一人负责装配。考虑改造成本,半自动化设计,保留上下料的工人,装配任务由 ABB 工业机器人代替完成。该步进电机组装配工作是将两个步进电机以 8 颗螺丝固定在一块黑色塑料板上,电机接线端口统一朝向塑料板长边的同一方向。

ABB 工业机器人、自动送螺丝机、工作台、步进电机、裁剪好的塑料板等施工过程用到的设备、零部件,均已由采购部采购完成。作为制造部技术员,你要负责装配工作站各部件的整体布局及安装调试,选择合适的工装夹具及装配用螺丝,测绘装配产品安装尺寸图。

任务分析

一、规划工位布局

在机器人工作布局中,要考虑夹具库、原料、产品、配件放置的位置,缩短机器人运动的路径以提高运动效率,工作台上的原料(步进电机、塑料板)和装配成品要在机器人可以到达的范围。另一方面,由于该工位并没有实现全自动化,存在上下料工人工位,工业机器人装配平台布局上,不但要确保机器人安全、高效运行,更要确保上下料工人安全、方便操作且不影响机器人运动。只有这样,才能使工业机器人装配平台正常运行。

工业机器人装配平台的平面设计应当保证零件的装配路线最短,工业机器人工作便利,生产工人操作方便,最有效地利用场地面积,并考虑工业机器人装配工具与工件之间的相互衔接。为满足这些要求,结合上下料工人一次上下料时间,决定设置 2 个装配位,工业机器人在一次装配任务中完成 2 套电机组装配。布局如图 4.1.1 所示,A 位置是上下料工人的工位。

二、合理选用机器人末端执行器

工业机器人的末端执行器也称为机器人夹具,指安装在机器人腕部直接用于各种作业的机构。根据应用场景的不同,末端执行器也不一样,如机械手爪、真空吸盘、电磁吸盘等。

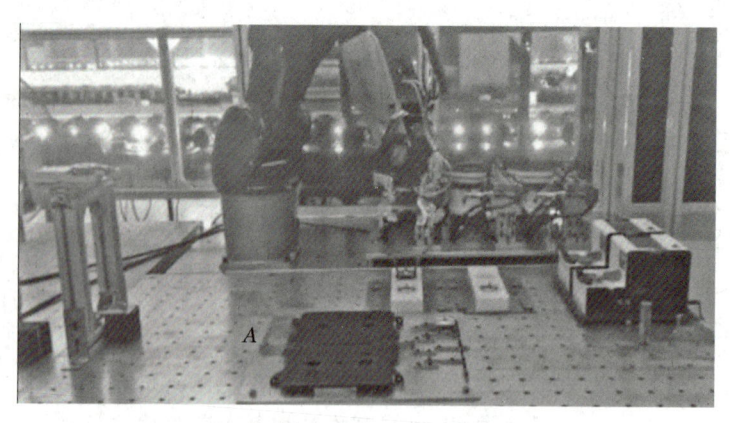

▲ 图 4.1.1　工位布局

在本装配任务中，工件包括电机、塑料板和螺丝。由于电机是规则的方正工件，可以选用夹爪实现电机的搬运；塑料板质量轻，可以考虑用吸盘把塑料板放到电机上；螺钉的吸取、拧紧需要用到专用的气动螺丝刀工具。整个装配任务中需要用到 3 种不同的工具，为了实现机器人末端执行器的快速更换，需要用到气动快换接头。常见的夹爪、吸盘如图 4.1.2 所示。

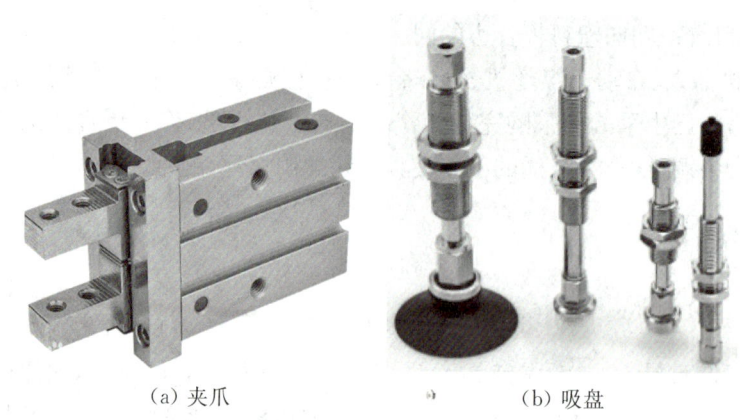

(a) 夹爪　　　　　　　　(b) 吸盘

▲ 图 4.1.2　工作站用到的机器人工具

在一次装配任务中，机器人末端执行器的更换次数往往影响机器人工作效率及生产节拍。末端执行器上安装多类工具，可以节省末端执行器的更换次数，提高生产效率。制造部技术员提供了 3 种末端执行器的选用方案。

1. 每种工具独立成为机器人夹具

机器人法兰安装统一规格的快换接头公头，用 3 个快换接头的母头分别装上夹爪、吸盘、螺丝刀。在装配过程中，机器人先用夹爪把电机搬到装配位，再用吸盘把塑料板放到电机上，最后更换螺丝刀取螺丝和拧紧螺丝。这样，机器人需要在夹具库更换两次机器人夹具才能完成一次装配，较多的时间用于更换机器人夹具，执行效率低。

2. 夹爪和吸盘组合为机器人夹具

原料区放有电机和塑料板，距离较近。机器人取电机和取塑料板，除逼近点、工作点不

同外，中间路径可以相同。如果把夹爪和吸盘组合为双头夹具，机器人取完电机后只要旋转第 6 轴一定角度，就能变成用吸盘去吸塑料板，可以少更换一次机器人夹具。而自动螺丝机跟原料区不在同一位置，因此把气动螺丝刀装在快换接头上作为一个独立的夹具。此方案中，机器人在完成一次装配工作只需到夹具库换一次夹具，缩短了机器人夹具更换时间，有助于提高生产效率。

3. 3 种工具组合为机器人夹具

把 3 种工具组合成一款夹具，能省去快换器。机器人完成一次装配工作不需要更换机器人夹具，节省辅助时间，执行效率更高。但吸盘、手爪、快换接头都带有气管，机器人要旋转 3 个不同的角度更换工具，容易导致气管扭曲过大，而且每种工具的长度、体积不同，机器人示教定点比较困难，运动起来十分笨重。

通过对方案的比较，第 2 种方案既能减少一次更换机器人夹具，同时夹具不会过于笨重，不影响机器人编程示教定点，所以选择此方案。

三、机器人工作任务流程规划

在工作布局及机器人末端执行器确定后，机器人装配工作的动作流程也就基本确定了。机器人执行一次装配的过程为：机器人在原点→用夹爪将电机 1、2 分别从上料配位搬到装配位 1、2→用夹爪将电机 3、4 分别从上料配位搬到装配位 3、4→用吸盘将塑料板 1 从上料位搬到装配位→用吸盘将塑料板 2 从上料位搬到装配位→到夹具库更换夹具（放下夹爪和吸盘双头夹具，更换气动螺丝刀）→到自动送螺丝机依次把 16 颗螺丝装到电机和塑料板的固定孔上——机器人到夹具库更换夹具（放下气动螺丝刀，更换夹爪和吸盘双头夹具）→机器人回原点。

四、确定螺丝规格

电机及其尺寸如图 4.1.3 所示，根据螺丝孔的规格，选用 M5 的平头螺丝。表 4.1.1 是国标中平头螺丝的规格，可以查到各类标准的螺丝规格。气动螺丝刀要根据螺丝的公称直径来匹配。气动螺丝刀的扭力往往要根据经验调试，要调节到螺丝上紧不打滑，且不因太紧而损坏螺纹。

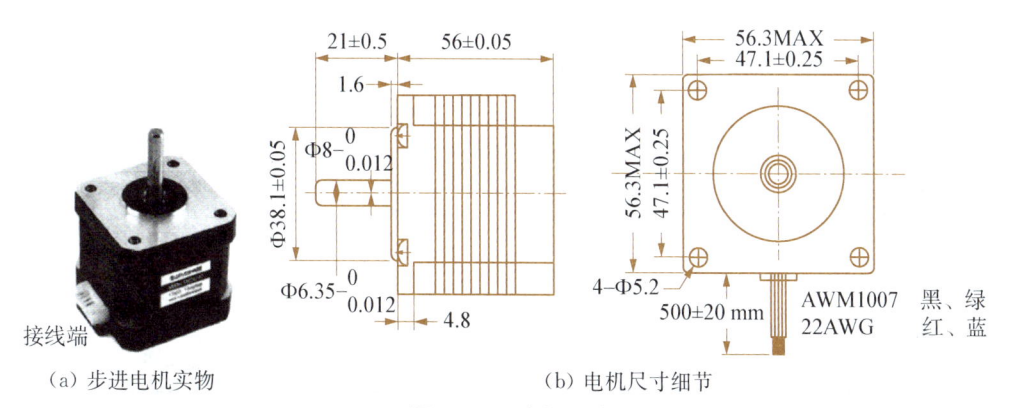

(a) 步进电机实物　　(b) 电机尺寸细节

▲ 图 4.1.3　电机尺寸图

表 4.1.1　国标中平头螺丝的规格　　　　　　　　　　　　　　　　　　单位：mm

公称直径 d	螺距 P	K				S		
		A		B		max	min	
		max	min	max	min		A	B
M1.6	0.35	1.22	0.9	/	/	3.2	3.02	/
M2	0.4	1.52	1.28	/	/	4	3.82	/
M2.5	0.45	1.82	1.58	/	/	5	4.82	/
M3	0.5	2.12	1.88	/	/	5.5	5.32	/
M3.5	0.6	2.52	2.28	/	/	6	5.82	/
M4	0.7	2.92	2.68	3	2.8	7	6.78	6.64
M5	0.8	3.65	3.35	3.74	3.26	8	7.78	7.64
M6	1	4.15	3.85	4.24	3.76	10	9.78	9.64
M7	1	4.95	4.65	5.045	4.56	11	10.73	10.57
M8	1.25	5.45	5.15	5.54	5.06	13	12.73	12.57
M10	1.5	6.56	6.22	6.69	6.11	17	16.73	16.57
M12	1.75	7.68	7.32	7.79	7.21	19	18.67	18.48

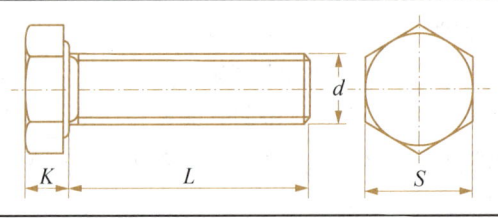

任务准备

1. 安装工具准备

机器人工作布局已经确定，为后续工业机器人编程调试做准备，要将夹具库支架、上下料料盘、装配用的定位工装等部件安装到工作台上，快换头安装到机器人第 6 轴末端。可能用到的安装工具清单见表 4.1.2，这样在安装及后续调试过程中，可以提高安装速度，尽快投产。

表 4.1.2　工具准备

工具名称	用途	工具名称	用途
直角尺	工件尺寸量度	万用表	检测电路故障
游标卡尺	工件尺寸测量	画图板	辅助制图
千分尺	螺丝直径测量	铅笔、橡皮	记录、制图
内六角套件	装配夹具	毛刷	清洁平台
一字螺钉旋具	装配夹具	活扳手	拧紧螺母
十字螺钉旋具	装配夹具	尖嘴钳	辅助安装

2. 安装气压检测器

快换接头是用气压控制的,气压不足会导致整个机器人夹具掉落,损坏设备和工件。为避免掉落,需要安装气压检测保护装置,当气压不足时机器人不能启动。图4.1.4所示是一款SMC压力开关,可以把检测出的压力转换为4~20 mA电信号输出给控制柜。

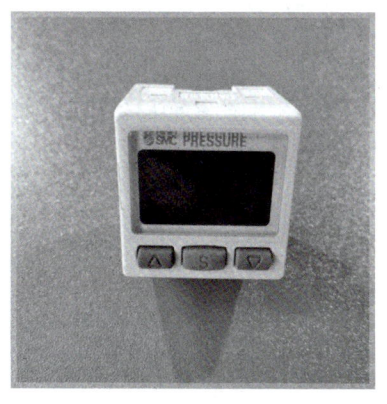

▲ 图4.1.4 真空压力开关

任务实施

1. 规范安装各部件

夹具库支架、上下料料盘、装配用的定位工装、快换接头及机器人夹具等,安装是否正确、可靠、迅速和方便,不仅会影响机器人程序装调速度,也会影响产品装配质量和生产率。各部件要按照规范安装。

(1) 严禁工作站通电情况下安装部件。

(2) 穿戴好安全防护鞋、帽和工作服,做好人身安全准备。

(3) 文明规范操作,不要强制搬动、悬吊,或骑坐在机器人本体上;不要依靠在工业机器人或其他控制柜上;不要随意按动开关或者按钮,防止机器人发生意想不到的动作,造成人员伤害或者设备损害。

(4) 各部件安装要牢固稳定,不能强行安装导致部件变形。

(5) 各部件不能直接干涉,会影响机器人动作或装夹工件。

2. 测绘产品安装尺寸图

根据工艺要求和电机、塑料板的尺寸,现场测量后,绘制装配后的成品平面图,如图4.1.5所示。

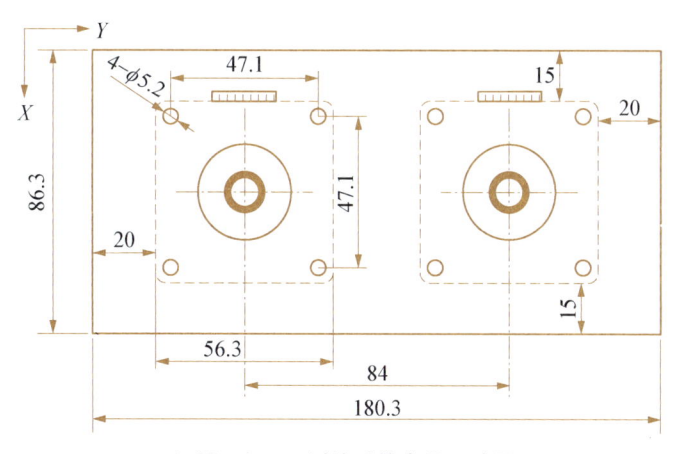

▲ 图4.1.5 测绘后的产品尺寸图

任务评价

完成本任务的操作后,根据考证考点,请你按下表检查自己是否学会了考证必须掌握的内容。

序号	评分标准	是/否	备注
1	能根据产品安装要求测绘安装储存图(20分)		
2	正确选择多头夹具、快换工具,实现工具的快速更换(30分)		
3	为提高生产效率,合理规划每个部件的安装位置(30分)		
4	安全文明生产(20分)		
	综 合 评 价		

任务二 工业机器人装配示教编程

学习目标

1. 能根据产品安装尺寸图确定偏移量指令的偏移值。
2. 能根据装配要求,使用不同的夹具完成产品装配。
3. 能根据实际任务规划最优工作路径,确定轨迹点。

任务描述

在完成前期工作站整体布局和安装后,着手工作站的编程调试。为规范操作,积累日后改造的经验,制造部主管要求你合理规划机器人运动轨迹,不留多余过渡点,以提高生产效率,月末在部门例会上作施工工作汇报。请你画出示教点的轨迹示意图、程序框架,完成机器人装配程序的编写和调试。

任务分析

一、机器人运动轨迹规划

根据任务的特点,从缩短运动路径、减少示教点数出发,规划运动轨迹如图4.2.1所示,各定点说明见表4.2.1。

任务二　工业机器人装配示教编程

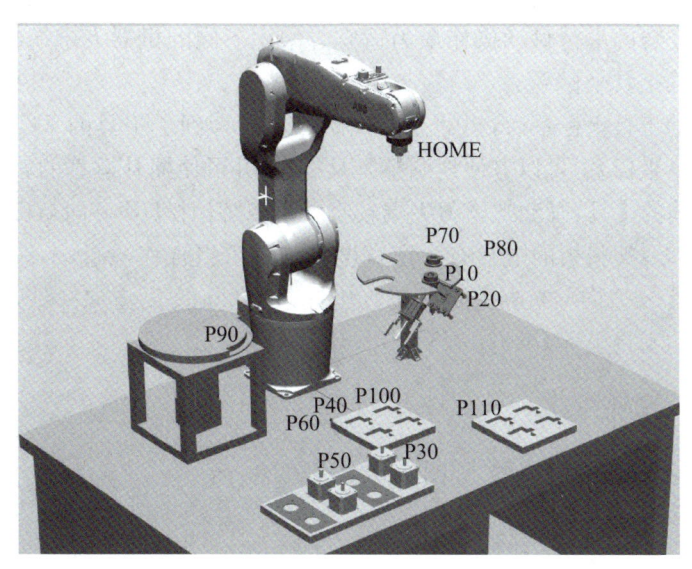

▲ 图 4.2.1　运动轨迹规划

表 4.2.1　电机组装配示教点位

序号	位置名称	数据类型	功 能 说 明
1	HOME	jointtarget	机器人原始点
2	P10	robtarget	双头夹具（松开/夹取）工作点
3	P20	robtarget	双头夹具夹取后取出点
4	P30	robtarget	电机1夹取工作点
5	P40	robtarget	电机1放置工作点
6	P50	robtarget	塑料板1吸取工作点
7	P60	robtarget	塑料板1放置工作点/电机组1吸取工作点
8	P70	robtarget	螺丝刀夹具（松开/夹取）工作点
9	P80	robtarget	螺丝刀夹具夹取后取出点
10	P90	robtarget	夹取螺钉工作点
11	P100	robtarget	第一台机安装螺钉的工作点
12	P110	robtarget	电机组1成品放置工作点

二、工具坐标 TCP 规划

工具坐标系是原点安装在机器人末端的工具中心点（TCP）的坐标系，是基坐标系通过旋转及位移变化而来。ABB 机器人在手腕处有一个预定义的工具坐标系，该坐标系称为 tool0。工具坐标数据用于描述安装在机器人第 6 轴上的工具坐标 TCP、质量、重心等参数，影响机器人的控制算法（例如计算加速度）、速度和加速度监控、力矩监控、碰撞监控、能量监控等。

工具坐标的移动以工具的有效方向为基准，与机器人的位置、姿势无关，所以相对于工

件而不改变工具姿势的平行移动操作最为适宜。采用不同的机器人末端执行器（工具），往往需要建立相应的工具坐标系。

在建立相应的工具坐标系后，机器人的控制点也转移到了工具的 TCP 点上。示教时，切换到相应的工具坐标系，可以方便地调整工具姿态，并可使插补运算的轨迹更为精确。本工作站有 3 个不同的工具，气动螺丝刀尖端较小，拧紧螺钉时其 Z 方向与机器人的 Z 方向相同，采用四点法示教；塑料板的吸盘有一定宽度且与手爪组合在一起，不易示教。夹取电机或吸取塑料板时其 Z 方向与机器人默认工具坐标系 tool0 的 Z 方向一致，故直接采用系统默认的法兰中心的工具坐标 tool0。

三、控制逻辑分析

根据工艺要求，梳理控制流程，如图 4.2.2 所示。

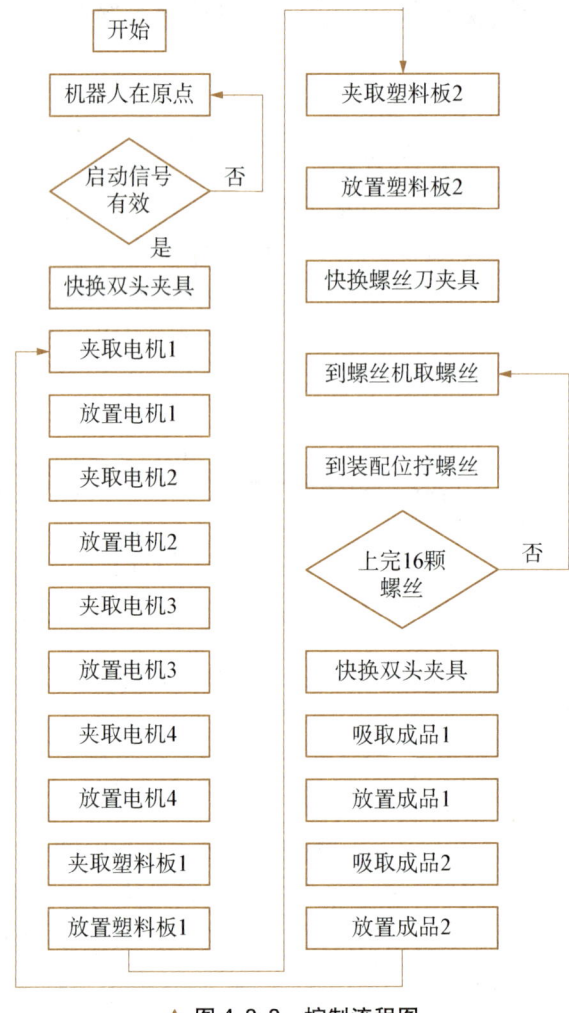

▲ 图 4.2.2　控制流程图

四、机器人自动运行 IO 信号配置

在螺丝振动盘的光电传感器检测螺丝到位后,机器人执行取螺丝的动作。快换接头采用 24 V 电磁阀,以控制锁紧与松开两种状态。

ABB 工业机器人的数字量信号输入或输出由标准 IO 信号板完成。标准 IO 信号板安装在机器人控制柜中,本任务采用标准 IO 信号板 DSQC652。要完成机器人系统与外界输入/输出(IO)信号交换,除了在硬件上正确连接 IO 信号板(总线地址的配置及电气接线)外,在示教器中也需要配置连接 IO 板的类型及信号。电机组装配输入输出信号见表 4.2.2。

表 4.2.2　电机组装配输入输出信号表

输入信号	功能说明	输出信号	功能说明
di_screw_inpos	螺钉到位信号	do_sucker	吸盘工具开闭
		do_gripper	夹爪开闭
		do_tool_change	快换接头锁紧松开
		do_screw_install	安装螺丝信号

五、用偏移量函数 Offs 实现同类点的快速定位

由于安装孔、电机之间、塑料板之间的水平和垂直尺寸都是规则的直线尺寸,相应位置只要示教一个点,就可以用偏移量指令让机器人运动到其他点,减少示教点数目,提高示教编程效率,同时也可以提高运动准确性。

Offs 函数可以实现基于工件坐标系下的平移。在程序编辑器运动指令"更改选择"界面中,选中位置数据后,单击"功能"栏可选择"Offs"函数,如图 4.2.3 所示。

在 Offs 的参数选择界面中,4 个参数依次对应偏移量参考点、X 轴方向偏移量、Y 轴方向偏移量、Z 轴方向偏移量,如图 4.2.4 所示。

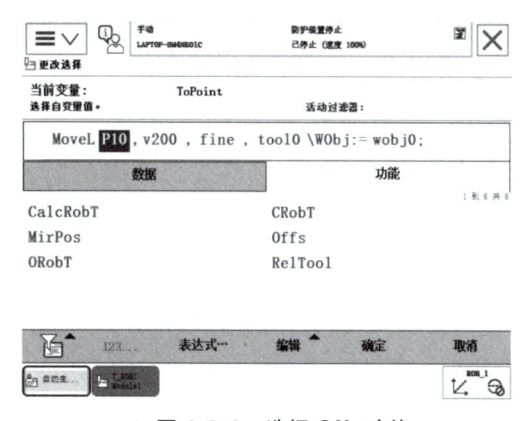

▲ 图 4.2.3　选择 Offs 功能　　▲ 图 4.2.4　Offs 函数参数

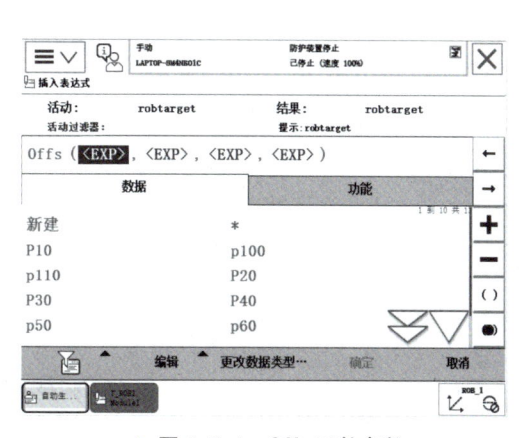

以电机1夹取点、放置点为偏移参考点，通过Offs函数实现电机2、电机3、电机4的夹取及放置。上料底盘尺寸如图4.2.5所示。

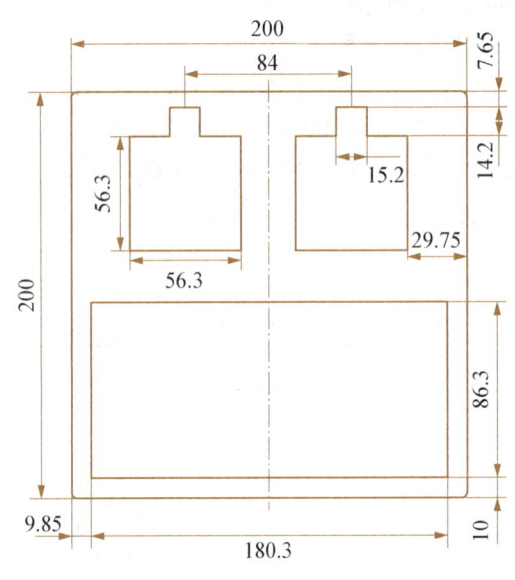

▲ 图4.2.5　上料底盘尺寸图

用偏移量函数实现螺丝装配定位。在电机1的第一个螺丝定位P100后，其他点可以在其基础上实现偏移定位。螺钉间隔尺寸见图4.1.5。

任务准备

四点法标定气动螺丝刀工具坐标系

▲ 图4.2.6　示教工具坐标系所用的固定参考点

设定工具坐标

1. 示教工具坐标采用的尖细辅助工具

示教工具坐标系中，在机器人工作空间内找一个精确尖锐的固定点作为参考点，如图4.2.6所示。确定工具上的参考点，手动操纵机器人，至少用4种不同的工具姿态，使机器人工具上的参考点尽可能与固定点接触。通过4个位置点的位置数据，机器人可以自动计算TCP的位置，并将TCP的位姿数据保存在tooldata程序数据中，供程序调用。TCP的设定方法包括：

（1）N（3≤N≤9）点法　机器人的TCP通过N种不同的姿态同参考点接触，得出多组解，计算得出当前TCP与机器人安装法兰中心点（tool0）位置，其坐标系方向与tool0一致。

（2）TCP和Z法　在N点法基础上，增加Z点与

参考点的连线为坐标系 Z 轴的方向,改变了 tool0 的 Z 方向。

(3) TCP 和 Z、X 法　在 N 点法基础上,增加 X 点与参考点的连线为坐标系 X 轴的方向,Z 点与参考点的连线为坐标系 Z 轴的方向,改变了 tool0 的 X 和 Z 方向。

2. 设定气动螺丝刀工具坐标 tool1

步骤如下:

步骤 1:点击屏幕左上角进入主菜单,点击"手动操纵"→进入图 4.2.7(a)所示手动操纵界面→确认工具坐标为 tool0→单击"tool0",进入图 4.2.7(b)所示界面。

步骤 2:点击"新建",进入图 4.2.7(c)所示界面→建立工具数据 tool1,点击【确定】→进入图 4.2.7(d)所示界面,单击"tool1",点击"编辑"→"定义"。

步骤 3:进入图 4.2.7(e)所示界面→选择方法为"TCP(默认方向)",点数"4"→手动操纵机器人,将机器人工具参考点以第一姿态与固定点刚好接触,如图 4.2.7(f)所示→单击"点 1"→在图 4.2.7(g)中点击"修改位置",记录第一个坐标点的位置。

步骤 4:

① 切换运动模式为重定位,使机器人法兰盘沿默认工具坐标系 tool0 的 Y 轴方向旋转一定角度。

② 切换运动模式为线性运动后移动机器人,使机器人工具参考点以第二姿态与固定点刚好接触,如图 4.2.7(h)所示→单击"点 2"→在图 4.2.7(i)中点击"修改位置",记录第二个坐标点的位置。

步骤 5:

① 切换运动模式为重定位,使机器人法兰盘沿 tool0 的 X 轴方向旋转一定角度。

② 切换运动模式为线性后移动机器人,使机器人工具参考点以第三姿态与固定点刚好接触,如图 4.2.7(j)所示→单击"点 3"→在图 4.2.7(k)中点击"修改位置",记录第三个坐标点的位置。

步骤 6:

① 切换运动模式为重定位,使机器人法兰盘沿 tool0 的 X 轴方向旋转一定角度。

② 切换运动模式为线性后移动机器人,使机器人工具参考点以第四姿态与固定点刚好接触,如图 4.2.7(m)所示→单击"点 4"→在图 4.2.7(n)中点击"修改位置",记录第四个坐标点的位置。

步骤 7:单击【确定】进入图 4.2.7(o)所示界面,完成 TCP 点定义。机器人自动计算 TCP 的标定误差,当平均误差在 0.5 mm 以内时,才可单击【确定】进入下一步,否则需要重新标定 TCP。

步骤 8:进入图 4.2.7(p)所示界面,单击"tool1"→单击"编辑"→"更改值…",对新建的工具 tool1 定义其重量、重心的编辑更改值→向下翻页,如图 4.2.7(q)所示,找到"mass",其含义为对应工具的质量,单位为 kg;x、y、z 数值是工具重心基于 tool0 的偏移量,单位为 mm,根据实际测量数据填写→单击【确定】,就完成了 TCP 标定。

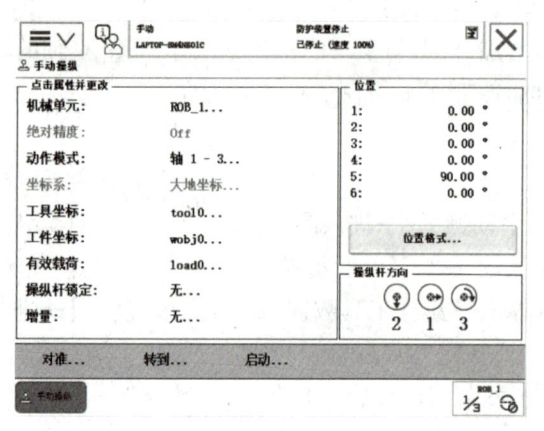

（a）手动操纵界面

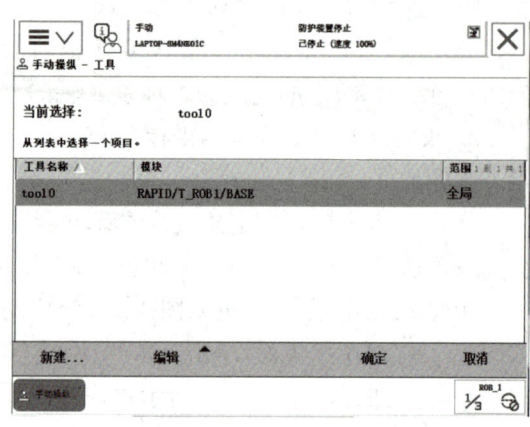

（b）工具数据界面

（c）工具坐标创建界面

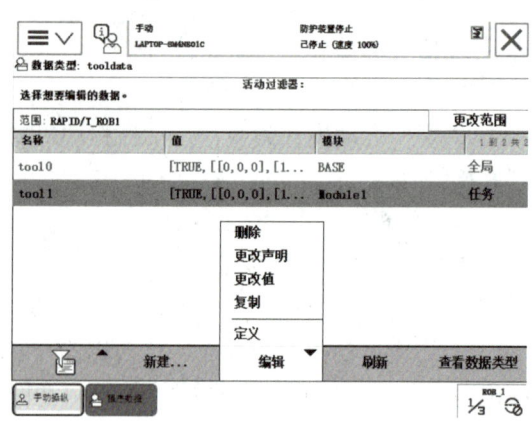

（d）工具坐标数据定义进入路径

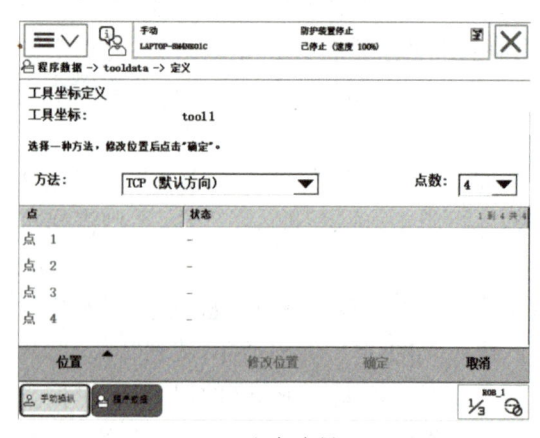

（e）tool1 标定界面

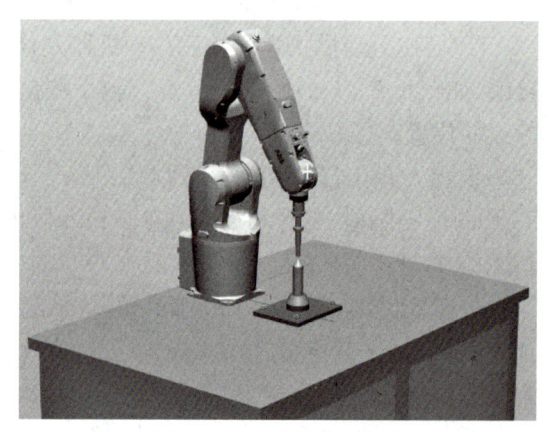

（f）第一个姿态

任务二　工业机器人装配示教编程

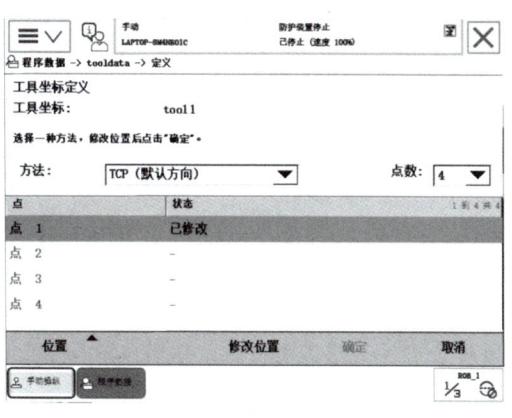

(g) 第一点记录后

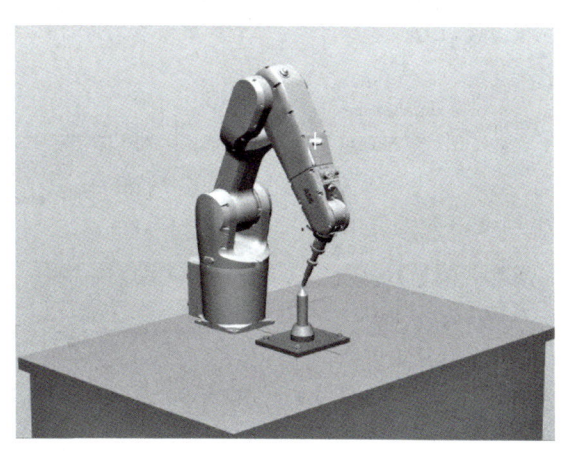

(h) 第二个姿态

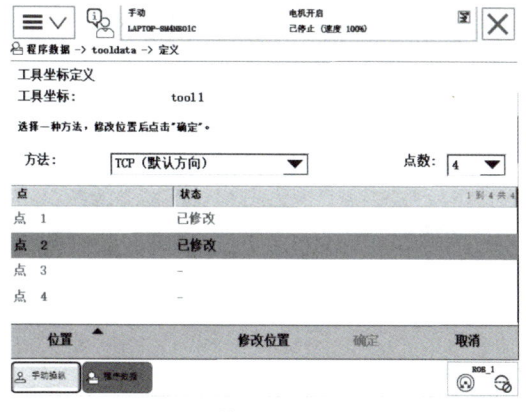

(i) 第二点记录后

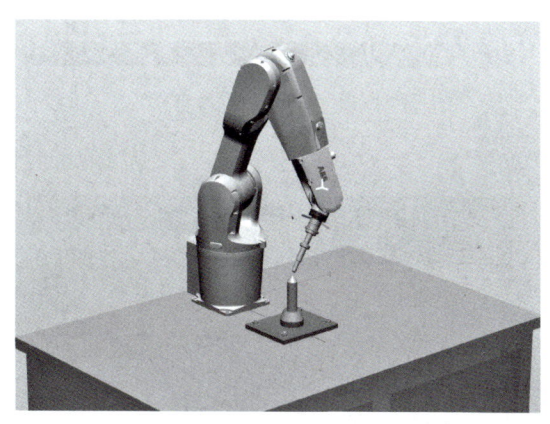

(j) 第三个姿态

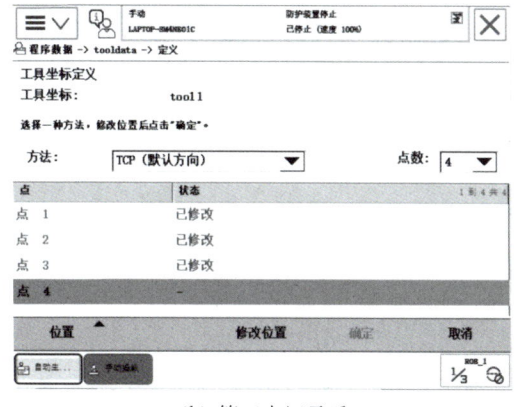

(k) 第三点记录后

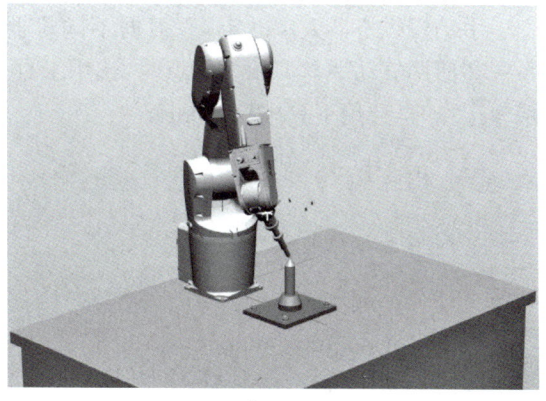

(m) 第四个姿态

4-15

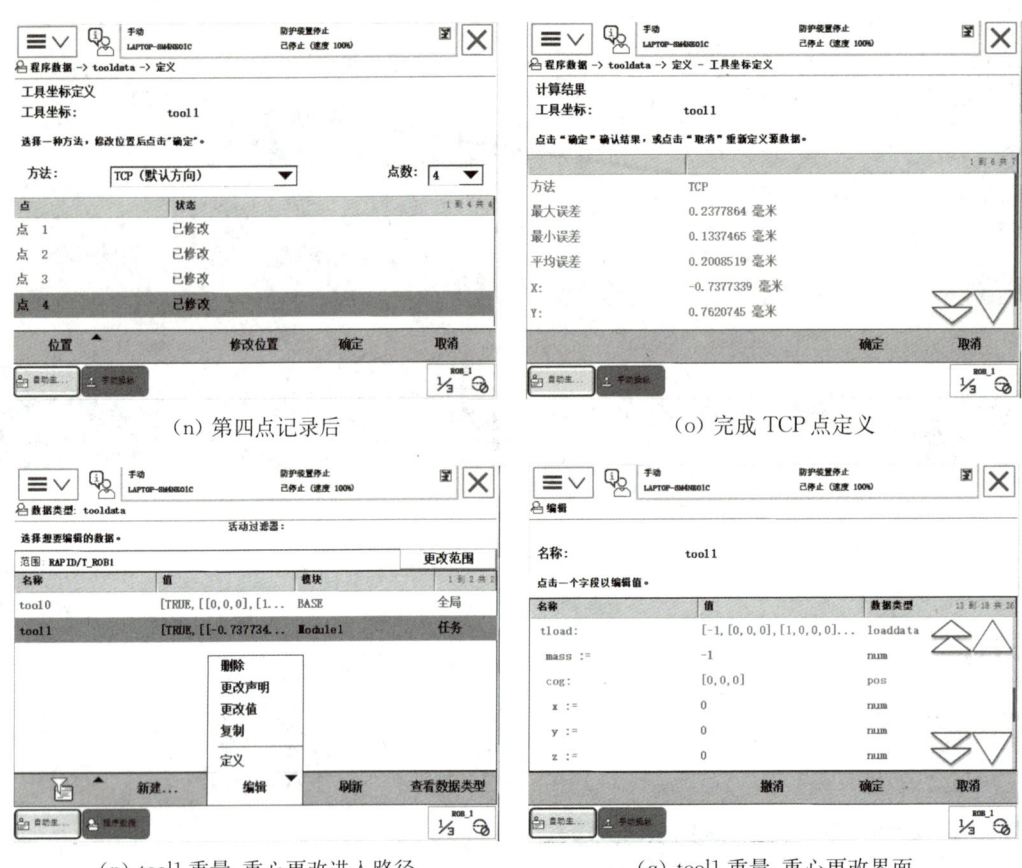

（n）第四点记录后　　　　　　　　　　（o）完成 TCP 点定义

（p）tool1 重量、重心更改进入路径　　　（q）tool1 重量、重心更改界面

▲ 图 4.2.7　TCP 设定步骤

任务实施

一、示教定点时工具坐标系的切换

手动操纵机器人示教定点，根据不同机器人末端执行器（工具），切换相应的工具坐标系。在使用气动螺丝刀示教定点时，选用工具坐标 Tool1；在使用吸盘和夹爪的二合一夹具示教定点时，选用工具坐标 Tool0。

二、程序编写

主程序 main 如下：

```
PROC main()
    Reset do_tool_change;                       复位快换接头
    Reset do_gripper;                           复位夹爪
    Reset do_sucker;                            复位吸盘
    MoveAbsJ HOME,v200,fine,tool0;              运动至原点位置
```

取双头夹具

MoveL Offs(p10,0,0,30),v200,fine,tool0;	运动至双头夹具(松开/夹取)工作点上方 30 mm
MoveL P10,v200,fine,tool0;	运动至双头夹具(松开/夹取)工作点
WaitTime 1;	延时 1 s
Set do_tool_change;	快换接头锁紧信号
MoveL Offs(p10,0,0,7),v200,fine,tool0;	运动至双头夹具(松开/夹取)工作点上方 7 mm
MoveL P20,v200,fine,tool0;	运动至夹具支架双头夹具外侧点
WHILE TRUE DO	循环装配

夹取电机 1

MoveL Offs(p30,0,0,150),v200,fine,tool0;	运动至电机 1 夹取工作点上方 150 mm
MoveL P30,v200,fine,tool0;	运动至电机 1 夹取工作点
set do_gripper;	夹爪闭合
MoveL Offs(p30,0,0,150),v200,fine,tool0;	运动至电机 1 夹取工作点上方 150 mm

放置电机 1

MoveL Offs(p40,0,0,100),v200,fine,tool0;	运动至电机 1 放置工作点上方 100 mm
MoveL P40,v200,fine,tool0;	运动至电机 1 放置工作点
Reset do_gripper;	夹爪张开
MoveL Offs(p40,0,0,100),v200,fine,tool0;	运动至电机 1 放置工作点上方 100 mm

夹取电机 2

MoveL offs(P30,84,0,150),v200,fine,tool0;	运动至电机 2 夹取工作点上方 150 mm
MoveL offs(P30,84,0,0),v200,fine,tool0;	运动至电机 2 夹取工作点
set do_gripper;	夹爪闭合
MoveL offs(P30,84,0,150),v200,fine,tool0;	运动至电机 2 夹取工作点上方 150 mm

放置电机 2

MoveL offs(P40,84,0,100),v200,fine,tool0;	运动至电机 2 放置工作点上方 100 mm

MoveL offs(P40,84,0,0),v200,fine,tool0; Reset do_gripper; MoveL offs(P40,84,0,100),v200,fine,tool0;	运动至电机2放置工作点 夹爪张开 运动至电机2放置工作点上方100 mm

夹取电机3

MoveL Offs(p30,0,−200,150),v200,fine,tool0;	运动至电机3夹取工作点上方150 mm
MoveL offs(P30,0,−200,0),v200,fine,tool0; set do_gripper;	运动至电机3夹取工作点 夹爪闭合
MoveL Offs(p30,0,−200,150),v200,fine,tool0;	运动至电机3夹取工作点上方150 mm

放置电机3

MoveL Offs(p40,0,100,100),v200,fine,tool0;	运动至电机3放置工作点上方100 mm
MoveL Offs(p40,0,100,0),v200,fine,tool0; Reset do_gripper;	运动至电机3放置工作点 夹爪张开
MoveL Offs(p40,0,100,100),v200,fine,tool0;	运动至电机3放置工作点上方100 mm

夹取电机4

MoveL Offs(p30,84,−200,150),v200,fine,tool0;	运动至电机4夹取工作点上方150 mm
MoveL offs(P30,84,−200,0),v200,fine,tool0; set do_gripper;	运动至电机4夹取工作点 夹爪闭合
MoveL Offs(p30,84,−200,150),v200,fine,tool0;	运动至电机4夹取工作点上方150 mm

放置电机4

MoveL Offs(p40,84,100,100),v200,fine,tool0;	运动至电机4放置工作点上方100 mm
MoveL Offs(p40,84,100,0),v200,fine,tool0; Reset do_gripper;	运动至电机4放置工作点 夹爪张开
MoveL Offs(p40,84,100,100),v200,fine,tool0;	运动至电机4放置工作点上方100 mm

吸取塑料板1

MoveJ Offs(P50,0,0,300),v200,fine,tool0;	运动至塑料板1吸取工作点上方300 mm
MoveL P50,v200,fine,tool0;	运动至塑料板1吸取工作点

```
    set do_sucker;                              吸取塑料板信号
    MoveL Offs(P50,0,0,100),v200,fine,tool0;    运动至塑料板1吸取工作点上方
                                                100 mm
放置塑料板1
    MoveL Offs(P60,0,0,100),v200,fine,tool0;    运动至塑料板1放置工作点上方
                                                100 mm
    MoveL P60,v200,fine,tool0;                  运动至塑料板1放置工作点
    Reset do_sucker;                            放置塑料板信号
    MoveL Offs(P60,0,0,100),v200,fine,tool0;    运动至塑料板1放置工作点上方
                                                100 mm
吸取塑料板2
    MoveL Offs(P50,0,-200,100),v200,fine,tool0; 运动至塑料板2吸取工作点上方
                                                100 mm
    MoveL Offs(P50,0,-200,0),v200,fine,tool0;   运动至塑料板2吸取工作点
    set do_sucker;                              吸取塑料板信号
    MoveL Offs(P50,0,-200,100),v200,fine,tool0; 运动至塑料板2吸取工作点上方
                                                100 mm
放置塑料板2
    MoveL Offs(P60,0,100,100),v200,fine,tool0;  运动至塑料板2放置工作点上方
                                                100 mm
    MoveJ Offs(P60,0,100,0),v200,fine,tool0;    运动至塑料板2放置工作点
    Reset do_sucker;                            放置塑料板信号
    MoveL Offs(P60,0,100,100),v200,fine,tool0;  运动至塑料板2放置工作点上方
                                                100 mm
放双头夹具
    MoveJ P20,v200,fine,tool0;                  运动至夹具支架双头夹具外侧点
    MoveL Offs(p10,0,0,7),v200,fine,tool0;      运动至双头夹具(松开/夹取)工
                                                作点上方7 mm
    MoveL P10,v200,fine,tool0;                  运动至双头夹具(松开/夹取)工作点
    WaitTime 1;                                 延时1 s
    Reset do_tool_change;                       快换接头松开
    MoveL Offs(p10,0,0,30),v200,fine,tool0;     运动至双头夹具(松开/夹取)工作
                                                点上方30 mm
取螺丝刀夹具
    MoveL Offs(p70,0,0,30),v200,fine,tool0;     运动至螺丝刀夹具(松开/夹取)工
                                                作点上方30 mm
```

MoveL p70,v200,fine,tool0;	运动至螺丝刀夹具(松开/夹取)工作点
WaitTime 1;	延时1 s
Set do_tool_change;	快换接头锁紧
MoveL Offs(p70,0,0,7),v200,fine,tool0;	运动至螺丝刀夹具(松开/夹取)工作点上方7 mm
MoveL p80,v200,fine,tool0;	运动至夹具支架螺丝刀夹具(松开/夹取)外侧点
MoveLoffs(p80,0,0,300),v200,fine,tool0;	运动至夹具支架螺丝刀夹具(松开/夹取)外侧点上方

安装电机组1螺钉1

WaitDI di_screw_inpos,1;	等待螺钉到位信号
MoveL offs(p90,0,0,200),v200,fine,tool1;	运动至夹取螺钉工作点上方200 mm
MoveL p90,v200,fine,tool1;	运动至夹取螺钉工作点
WaitTime 0.5;	延时0.5 s
MoveL offs(p100,0,0,200),v200,fine,tool1;	运动至螺钉1的工作点上方200 mm
MoveL p100,v200,fine,tool1;	运动至安装螺钉1的工作点
set do_screw_install;	安装螺钉信号
WaitTime 1;	等待安装螺钉1 s
Reset do_screw_install;	螺钉安装完成信号
MoveL offs(p100,0,0,200),v200,fine,tool1;	运动至安装螺钉1的工作点上方200 mm

安装电机组1螺钉2

WaitDI di_screw_inpos,1;	等待螺钉到位信号
MoveL offs(p90,0,0,200),v200,fine,tool1;	运动至夹取螺钉工作点上方200 mm
MoveL p90,v200,fine,tool1;	运动至夹取螺钉工作点
WaitTime 0.5;	延时0.5 s
MoveL offs(p100,47.1,0,200),v200,fine,tool1;	运动至安装螺钉2的工作点上方200 mm
MoveL offs(p100,47.1,0,0),v200,fine,tool1;	运动至安装螺钉2的工作点
set do_screw_install;	安装螺钉信号
WaitTime 1;	等待安装螺钉1 s
Reset do_screw_install;	螺钉安装完成信号
MoveL offs(p100,47.1,0,200),v200,fine,tool1;	运动至安装螺钉2的工作点上方200 mm

安装电机组 1 螺钉 3
WaitDI di_screw_inpos,1;   等待螺钉到位信号
MoveL offs(p90,0,0,200),v200,fine,tool1;   运动至夹取螺钉工作点上方 200 mm

MoveL p90,v200,fine,tool1;   运动至夹取螺钉工作点
WaitTime 0.5;   延时 0.5 s
MoveL offs(p100,47.1,-47.1,200),v200,fine,tool1;   运动至安装螺钉 3 的工作点上方 200 mm

MoveL offs(p100,47.1,-47.1,0),v200,fine,tool1;   运动至安装螺钉 3 的工作点
set do_screw_install;   安装螺钉信号
WaitTime 1;   等待安装螺钉 1 s
Reset do_screw_install;   螺钉安装完成信号
MoveL offs(p100,47.1,-47.1,200),v200,fine,tool1;   运动至安装螺钉 3 的工作点上方 200 mm

安装电机组 1 螺钉 4
WaitDI di_screw_inpos,1;
MoveL offs(p90,0,0,200),v200,fine,tool1;
MoveL p90,v200,fine,tool1;
WaitTime 0.5;
MoveL offs(p100,0,-47.1,200),v200,fine,tool1;
MoveL offs(p100,0,-47.1,0),v200,fine,tool1;
set do_screw_install;
WaitTime 1;
Reset do_screw_install;
MoveL offs(p100,0,-47.1,200),v200,fine,tool1;

安装电机组 1 螺钉 5
WaitDI di_screw_inpos,1;
MoveL offs(p90,0,0,200),v200,fine,tool1;
MoveL p90,v200,fine,tool1;
WaitTime 0.5;
MoveL offs(p100,84,0,200),v200,fine,tool1;
MoveL offs(p100,84,0,0),v200,fine,tool1;
set do_screw_install;
WaitTime 1;
Reset do_screw_install;
MoveL offs(p100,84,0,200),v200,fine,tool1;

安装电机组 1 螺钉 6
WaitDI di_screw_inpos,1;
MoveL offs(p90,0,0,200),v200,fine,tool1;
MoveL p90,v200,fine,tool1;
WaitTime 0.5;
MoveL offs(p100,131.1,0,200),v200,fine,tool1;
MoveL offs(p100,131.1,0,0),v200,fine,tool1;
set do_screw_install;
WaitTime 1;
Reset do_screw_install;
MoveL offs(p100,131.1,0,200),v200,fine,tool1;

安装电机组 1 螺钉 7
WaitDI di_screw_inpos,1;
MoveL offs(p90,0,0,200),v200,fine,tool1;
MoveL p90,v200,fine,tool1;
WaitTime 0.5;
MoveL offs(p100,131.1,－47.1,200),v200,fine,tool1;
MoveL offs(p100,131.1,－47.1,0),v200,fine,tool1;
set do_screw_install;
WaitTime 1;
Reset do_screw_install;
MoveL offs(p100,131.1,－47.1,200),v200,fine,tool1;

安装电机组 1 螺钉 8
WaitDI di_screw_inpos,1;
MoveL offs(p90,0,0,200),v200,fine,tool1;
MoveL p90,v200,fine,tool1;
WaitTime 0.5;
MoveL offs(p100,84,－47.1,200),v200,fine,tool1;
MoveL offs(p100,84,－47.1,0),v200,fine,tool1;
set do_screw_install;
WaitTime 1;
Reset do_screw_install;
MoveL offs(p100,84,－47.1,200),v200,fine,tool1;

安装电机组 2 螺钉 1
WaitDI di_screw_inpos,1;   等待螺钉到位信号
MoveL offs(p90,0,0,200),v200,fine,tool1;   运动至夹取螺钉工作点上方 200 mm

MoveL p90,v200,fine,tool1;   运动至夹取螺钉工作点
WaitTime 0.5;   延时 0.5 s
MoveL offs(p100,0,100,200),v200,fine,tool1;   运动至螺钉 1 的工作点上方 200 mm

MoveL offs(p100,0,100,0),v200,fine,tool1;   运动至安装螺钉 1 的工作点
set do_screw_install;   安装螺钉信号
WaitTime 1;   等待安装螺钉 1 s
Reset do_screw_install;   螺钉安装完成信号
MoveL offs(p100,0,100,200),v200,fine,tool1;   运动至安装螺钉 1 的工作点上方 200 mm

安装电机组 2 螺钉 2
WaitDI di_screw_inpos,1;   等待螺钉到位信号
MoveL offs(p90,0,0,200),v200,fine,tool1;   运动至夹取螺钉工作点上方 200 mm

MoveL p90,v200,fine,tool1;   运动至夹取螺钉工作点
WaitTime 0.5;   延时 0.5 s
MoveL offs(p100,47.1,100,200),v200,fine,tool1;   运动至安装螺钉 2 的工作点上方 200 mm

MoveL offs(p100,47.1,100,0),v200,fine,tool1;   运动至安装螺钉 2 的工作点
set do_screw_install;   安装螺钉信号
WaitTime 1;   等待安装螺钉 1 s
Reset do_screw_install;   螺钉安装完成信号
MoveL offs(p100,47.1,100,200),v200,fine,tool1;   运动至安装螺钉 2 的工作点上方 200 mm

安装电机组 2 螺钉 3
WaitDI di_screw_inpos,1;   等待螺钉到位信号
MoveL offs(p90,0,0,200),v200,fine,tool1;   运动至夹取螺钉工作点上方 200 mm

MoveL p90,v200,fine,tool1;   运动至夹取螺钉工作点
WaitTime 0.5;   延时 0.5 s
MoveL offs(p100,47.1,52.9,200),v200,fine,tool1;   运动至安装螺钉 3 的工作点上方 200 mm

MoveL offs(p100,47.1,52.9,0),v200,fine,tool1;	运动至安装螺钉3的工作点
set do_screw_install;	安装螺钉信号
WaitTime 1;	等待安装螺钉1s
Reset do_screw_install;	螺钉安装完成信号
MoveL offs(p100,47.1,52.9,200),v200,fine,tool1;	运动至安装螺钉3的工作点上方200 mm

安装电机组2螺钉4

WaitDI di_screw_inpos,1;
MoveL offs(p90,0,0,200),v200,fine,tool1;
MoveL p90,v200,fine,tool1;
WaitTime 0.5;
MoveL offs(p100,0,52.9,200),v200,fine,tool1;
MoveL offs(p100,0,52.9,0),v200,fine,tool1;
set do_screw_install;
WaitTime 1;
Reset do_screw_install;
MoveL offs(p100,0,52.9,200),v200,fine,tool1;

安装电机组2螺钉5

WaitDI di_screw_inpos,1;
MoveL offs(p90,0,0,200),v200,fine,tool1;
MoveL p90,v200,fine,tool1;
WaitTime 0.5;
MoveL offs(p100,84,100,200),v200,fine,tool1;
MoveL offs(p100,84,100,0),v200,fine,tool1;
set do_screw_install;
WaitTime 1;
Reset do_screw_install;
MoveL offs(p100,84,100,200),v200,fine,tool1;

安装电机组2螺钉6

WaitDI di_screw_inpos,1;
MoveL offs(p90,0,0,200),v200,fine,tool1;
MoveL p90,v200,fine,tool1;
WaitTime 0.5;
MoveL offs(p100,131.1,100,200),v200,fine,tool1;

MoveL offs(p100,131.1,100,0),v200,fine,tool1;
set do_screw_install;
WaitTime 1;
Reset do_screw_install;
MoveL offs(p100,131.1,100,200),v200,fine,tool1;

安装电机组 2 螺钉 7
WaitDI di_screw_inpos,1;
MoveL offs(p90,0,0,200),v200,fine,tool1;
MoveL p90,v200,fine,tool1;
WaitTime 0.5;
MoveL offs(p100,131.1,52.9,200),v200,fine,tool1;
MoveL offs(p100,131.1,52.9,0),v200,fine,tool1;
set do_screw_install;
WaitTime 1;
Reset do_screw_install;
MoveL offs(p100,131.1,52.9,200),v200,fine,tool1;

安装电机组 2 螺钉 8
WaitDI di_screw_inpos,1;
MoveL offs(p90,0,0,200),v200,fine,tool1;
MoveL p90,v200,fine,tool1;
WaitTime 0.5;
MoveL offs(p100,84,52.9,200),v200,fine,tool1;
MoveL offs(p100,84,52.9,0),v200,fine,tool1;
set do_screw_install;
WaitTime 1;
Reset do_screw_install;
MoveL offs(p100,84,52.9,200),v200,fine,tool1;

放螺丝刀夹具

MoveLoffs(p80,0,0,300),v200,fine,tool0;	运动至夹具支架螺丝刀夹具(松开/夹取)外侧点上方
MoveL p80,v200,fine,tool0;	运动至夹具支架螺丝刀夹具(松开/夹取)外侧点
MoveL Offs(p70,0,0,7),v200,fine,tool0;	运动至螺丝刀夹具(松开/夹取)工作点上方 7 mm

MoveL p70,v200,fine,tool0;	运动至螺丝刀夹具（松开/夹取）工作点
WaitTime 1;	延时 1 s
Reset do_tool_change;	快换接头松开
MoveL Offs(p70,0,0,30),v200,fine,tool0;	运动至螺丝刀夹具（松开/夹取）工作点上方 30 mm

取双头夹具

MoveL Offs(p10,0,0,30),v200,fine,tool0;	运动至双头夹具（松开/夹取）工作点上方 30 mm
MoveL P10,v200,fine,tool0;	运动至双头夹具（松开/夹取）工作点
WaitTime 1;	延时 1 s
Set do_tool_change;	快换接头锁紧
MoveL Offs(p10,0,0,7),v200,fine,tool0;	运动至双头夹具（松开/夹取）工作点上方 7 mm
MoveL P20,v200,fine,tool0;	运动至夹具支架双头夹具外侧点

搬运电机组 1 至成品位

MoveJ Offs(P60,0,0,100),v200,fine,tool0;	运动至电机组 1 吸取工作点上方 100 mm
MoveL P60,v200,fine,tool0;	运动至电机组 1 吸取工作点
set do_sucker;	吸取电机组 1 成品信号
WaitTime 0.5;	延时 0.5 s
MoveL Offs(P60,0,0,100),v200,fine,tool0;	运动至电机组 1 吸取工作点上方 100 mm
MoveL Offs(P110,0,0,100),v200,fine,tool0;	运动至电机组 1 成品放置工作点上方 100 mm
MoveL P110,v200,fine,tool0;	运动至电机组 1 成品放置工作点
Reset do_sucker;	放置电机组 1 成品信号
MoveL Offs(P110,0,0,100),v200,fine,tool0;	运动至电机组 1 成品放置工作点上方 100 mm

搬运电机组 2 至成品位

MoveL Offs(P60,0,100,100),v200,fine,tool0;	运动至电机组 2 吸取工作点上方 100 mm
MoveL Offs(P60,0,100,0),v200,fine,tool0;	运动至电机组 2 吸取工作点

任务三 工业机器人装配程序运行与调试及优化

set do_sucker;	吸取电机组2成品信号
WaitTime 0.5;	延时0.5 s
MoveL Offs(P60,0,100,100),v200,fine,tool0;	运动至电机组2吸取工作点上方100 mm
MoveL Offs(P110,0,100,100),v200,fine,tool0;	运动至电机组2成品放置工作点上方100 mm
MoveL Offs(P110,0,100,0),v200,fine,tool0;	运动至电机组2成品放置工作点
Reset do_sucker;	放置电机组2成品信号
MoveL Offs(P110,0,100,100),v200,fine,tool0;	运动至电机组2成品放置工作点上方100 mm
ENDWHILE	循环体结束
ENDPROC	

任务评价

完成本任务的操作后,根据考证考点,请你按下表检查自己是否学会了考证必须掌握的内容。

序号	评分标准	是/否	备注
1	能根据电机图纸、上料底盘图纸确定示教过程偏移量函数用到的偏移值(10分)		
2	通过编程,控制机器人根据装配要求使用不同的工具完成产品的正确装配(20分)		
3	根据实际任务规划最优工作路径实现编程(30分)		
4	能使用Offs函数编程(20分)		
5	能使用四点法示教工具坐标系(20分)		
综 合 评 价			

任务三 工业机器人装配程序运行调试及优化

学习目标

1. 会使用模块化结构的程序思维结合子程序优化程序。

2. 会使用标准的流程图符号表达控制逻辑。
3. 在试运行的基础上，能调试机器人在全速运行下正常工作。

任务描述

在项目组周会上，针对你的陈述，项目组提出机器人程序编写过于复杂、可读性、可移植性较差的问题，要求你在原工作的基础上，提高机器人程序的可移植性。建议将各功能模块编写为例行程序，以一个主程序调用各例行程序，使程序结构清晰、可读性强。程序的设计逻辑规范应绘制成流程图，作为电子资料存档。

任务分析

一、划分例行程序，使程序结构清晰

ABB 工业机器人程序结构有 3 个层级，分别为程序、模块和例行程序。程序是描述整个任务的结构，系统一般只能加载 1 个程序运行（多任务需要系统选项支持）。程序由程序模块与系统模块组成，程序模块用来构建机器人的程序，系统模块多用于系统方面的控制。

可以根据不同的用途创建多个程序模块，每一个程序模块包含了程序数据、例行程序、中断程序和功能 4 种对象。但不一定在一个模块中都有这 4 种对象。程序模块之间的数据、例行程序、中断程序和功能可以互相调用。在 RAPID 程序中，只有一个主程序 main，并且存在于任意一个程序模块中，作为整个 RAPID 程序执行的起点。RAPID 程序架构见表 4.3.1。

表 4.3.1 RAPID 程序架构

RAPID 程序			
程序模块 1	程序模块 2	程序模块 3	系统模块
程序数据	程序数据	……	程序数据
主程序 main	例行程序	……	例行程序
例行程序	中断程序	……	中断程序
中断程序	功能	……	功能
功能		……	

在实际生产中，为了能更好地为工作任务编程，会将机器人完成一项任务的功能划分为 1 个例行程序，让整体程序结构清晰合理，更容易分析理解。任务二的程序逻辑清晰，但可读性差，给编程调试和移植带来困难。例行程序和主程序的功能规划如图 4.3.1 所示。当例行程序被调用时，程序指针会转移到该例行程序。该例行程序执行完后，程序指针会跳回主程序，继续执行下一行程序。

主程序除了调用各功能例行程序外，还要完成一些不便放入例行程序的功能，如初始化、原点复位、电机夹取放置的循环等。

任务三　工业机器人装配程序运行与调试及优化

```
电机夹取放置子程序 ─┐                              ┌─ 吸取双头夹具子程序
塑料板夹取放置子程序 ─┤ 调用例行程序（电机取放、    ├─ 放置双头夹具子程序
                    │ 塑料板取放、取和拧螺钉、    │
电机拧螺丝子程序   ─┤ 成品搬运、双头夹具取放、    ├─ 吸取螺丝刀夹具子程序
                    │ 螺丝刀夹具取放）初始化、    │
搬运成品子程序BY_CP ─┘ 原点复位、循环体            └─ 放置螺丝刀夹具子程序
```

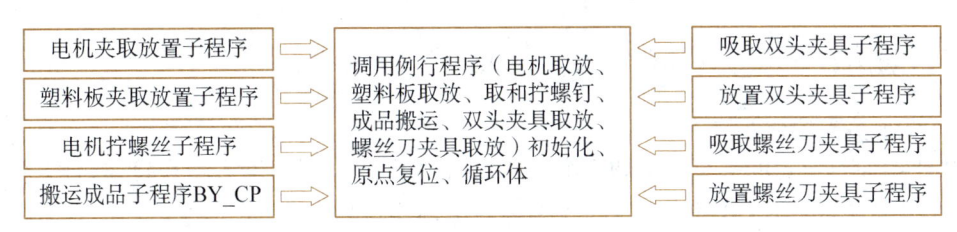

▲ 图 4.3.1　程序整体结构

二、优化控制逻辑以防止机器人误动作

为了加强控制的可靠性，防止机器人在没有料时盲目工作，在图 4.3.2 所示的控制逻辑中，给原料位置的 4 个电机和 2 个塑料板增加了检查信号。当该位置无料时，机器人原地等待，直至有料放上才开始工作。在整体结构上，按照夹取原料→放置原料执行装配→复位来规划，比任务二的逻辑更加清晰。

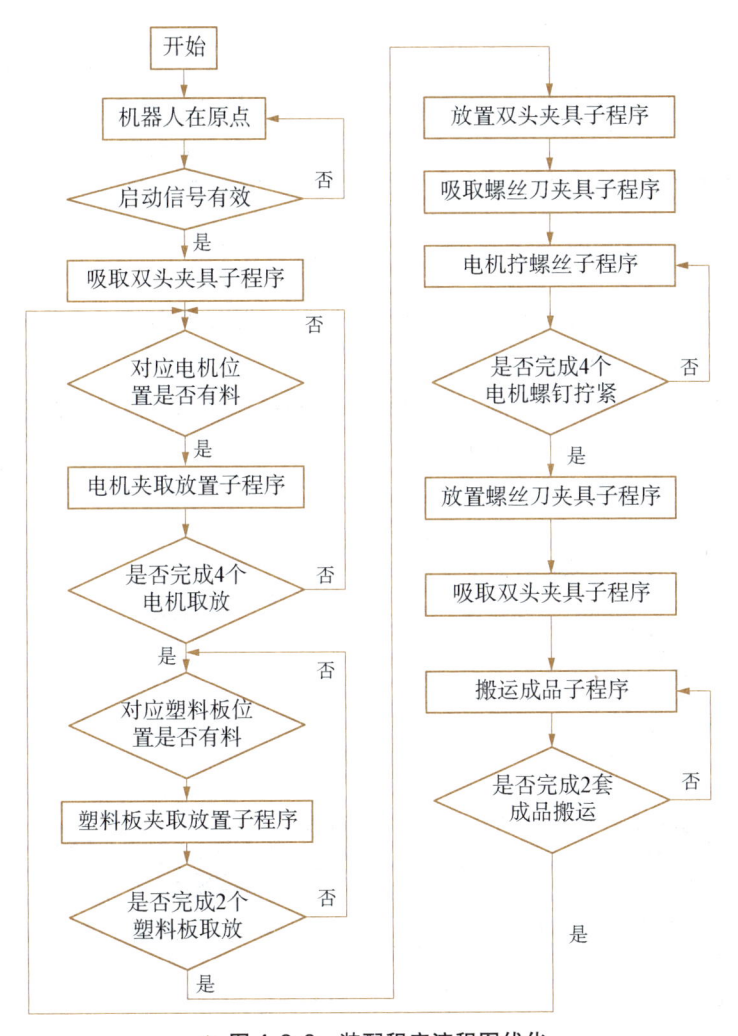

▲ 图 4.3.2　装配程序流程图优化

4-29

三、采集安全信号并优化机器人自动运行 IO 配置

1. 电机组装配输入输出

由于给原料位置的 4 个电机和 2 个塑料板增加了检查信号,输入信号较多,且电机取放子程序、塑料板取放子程序循环执行,每循环一次,检测的信号不同。决定采用 ABB 工业机器人组信号输入。电机组装配输入输出信号见表 4.3.2。

表 4.3.2 电机组装配输入输出信号表

输入信号	地址	功能说明	输出信号	地址	功能说明
Gi_materiel	0~5	电机 1 是否有料信号地址 0 电机 2 是否有料信号地址 1 电机 3 是否有料信号地址 2 电机 4 是否有料信号地址 3 塑料板 1 是否有料信号地址 4 塑料板 2 是否有料信号地址 5	do_sucker	0	吸盘工具开闭
di_screw_inpos	6	螺钉到位信号	do_gripper	1	夹爪开闭
di_rob_home	7	启动信号	do_tool_change	2	快换接头锁紧松开
			do_screw_install	3	安装螺钉信号

2. 组信号配置

步骤如下:

步骤 1:点击屏幕左上角进入主菜单,点击"控制面板",进入图 4.3.3(a)所示界面→点击"配置系统参数",进入图 4.3.3(b)所示界面。

步骤 2:点击"Signal",进入 4.3.3(c)所示界面→点击"添加",配置组输入信号,如图 4.3.3(d)所示,点击【确定】,重启示教器。

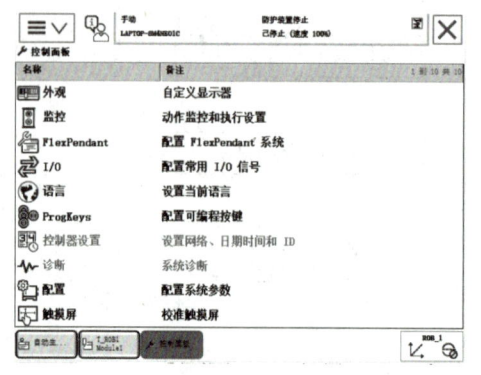

(a) 控制面板界面

(b) 配置系统参数界面

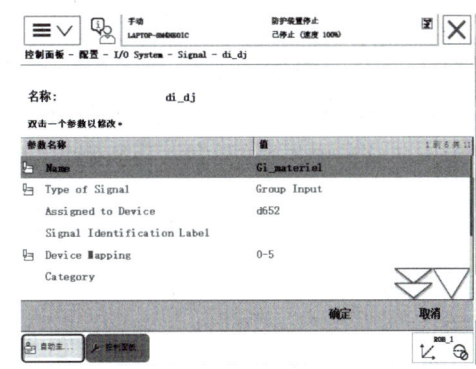

(c) 信号配置界面　　　　　　　　(d) 组输入信号配置界面

▲ 图 4.3.3　组信号配置步骤

四、使用 ProcCall 指令调用例行程序

程序模块之间的数据、例行程序、中断程序和功能可以互相调用，使用格式如下：

ProcCall Program　　Program：程序名

举例　Q_STJ；

需要注意，ProcCall 指令并不显示在程序行内，只显示被调用的程序名称。

五、使用 FOR 循环指令多次调用例行程序

FOR 是重复执行判断指令，一般用于重复执行特定次数的程序内容。FOR 指令结构见表 4.3.3。

表 4.3.3　FOR 指令结构

选项	说　明
指令结构	FOR <ID> FROM <EXP1> TO <EXP2> STEP <EXP3> DO <SMT> ENDFOR
<ID>	循环判断变量
<EXP1>	变量起始值，第一次运行时变量等于这个值
<EXP2>	变量终止值，或称为末尾值
<EXP3>	变量的步长。每运行一次 FOR 中的变量值自动加这个步长值。在默认情况下，步长 <EXP3> 是隐藏的，是可选项
<SMT>	循环程序

任务准备

一、空载运行时安全检查

机器人采用转角区半径参数作为点间的过渡，能提高执行效率，不用像 fine 结束那样，

运行到一个点就停顿一下。在任务二中转角区半径参数都采用了 fine,机器人执行效率不高。决定在本任务中进行优化,部分点采用 z50 参数。为防止全速运行时,机器人两个连续点之间的过渡半径改变而导致机器人碰撞外围设备,在全速运行前,先要撤掉夹具库中夹具架,撤走未装配的电机和塑料板,让机器人空载运行一次。

二、自动全速运行调试前的准备

(1) 检查过渡点半径的变化是否影响机器人完成装配任务。

(2) 检查是否会因为速度的提高影响定点精度。若机器人到达工作点时制动,产生较大的振动,考虑是否由于运动速度过高或工具过重引起。根据实际调试,降低速度,设置缓冲时间。

(3) 随着速度提高,机器人姿态变换。检查速度提高后是否会出现奇异点报警。机器人低速运行正常,但不代表全速运行时不会出现奇异点报警;出现奇异点时,会在示教器中看到程序指针在该点的指令处停下,重新示教该点附近的点,以解决报警。

任务实施

在一个完整工作流程中,机器人取放双头夹具各 2 次,取放螺丝刀夹具各 1 次,取放电机各 4 次,取放塑料板各 2 次,每个电机需要安装 4 颗螺丝,重复 4 次。这些重复的过程可以采取相应例行程序,在主程序中多次调用即可。

因为电机 1~4 夹取和放置位置不同,塑料板 1~2 吸取和放置位置不同,每个电机的第 1 个螺丝安装位置不同,成品 1~2 吸取和放置位置不同,所以在这些例行程序中,相应的夹取点、放置点不能为常量。应创建相应的变量,在循环体中通过偏移量函数、赋值指令确定夹取点、放置点位置数据。变量定义如下:

VAR robtargettake DJ;	每个电机夹取点
VAR robtargetput DJ;	每个电机放置点
VAR robtargettake SLB;	每个塑料板吸取点
VAR robtargetput SLB;	每个塑料板放置点
VAR robtarget install_pos;	每个电机第 1~4 个螺丝安装点
VAR robtarget install_First_pos;	每个电机第 1 个螺丝安装点
VAR robtarget putcp;	每个成品放置点

1. 安装双头夹具子程序 Q_STJ

安装双头夹具子程序如下:

PROC Q_STJ()	
MoveL Offs(p10,0,0,30),v200,z50,tool0;	运动至双头夹具(松开/夹取)工作点上方 30 mm
MoveL P10,v200,fine,tool0;	运动至双头夹具(松开/夹取)工作点

         WaitTime 1;   延时 1 s
         Set do_tool_change;   快换接头锁紧信号
         MoveL Offs(p10,0,0,7),v200,z50,tool0;   运动至双头夹具(松开/夹取)工作
                                                              点上方 7 mm

         MoveL P20,v200,z50,tool0;   运动至夹具支架双头夹具外侧点
ENDPROC

2. 拆除双头夹具子程序 F_STJ

拆除双头夹具子程序如下：

PROC F_STJ()
         MoveL P20,v200,z50,tool0;   运动至夹具支架双头夹具外侧点
         MoveL Offs(p10,0,0,7),v200,z50,tool0;   运动至双头夹具(松开/夹取)工作
                                                              点上方 7 mm

         MoveL P10,v200,fine,tool0;   运动至双头夹具(松开/夹取)工作点
         WaitTime 1;   延时 1 s
         Reset do_tool_change;   快换接头松开
         MoveL Offs(p10,0,0,30),v200,z50,tool0;   运动至双头夹具(松开/夹取)工作
                                                              点上方 30 mm

ENDPROC

3. 安装螺丝刀夹具子程序 Q_LSD

安装螺丝刀夹具子程序如下：

PROC Q_LSD()
         MoveL Offs(p70,0,0,30),v200,z50,tool0;   运动至螺丝刀夹具(松开/夹取)工
                                                              作点上方 30 mm

         MoveL p70,v200,fine,tool0;   运动至螺丝刀夹具(松开/夹取)工
                                                              作点

         WaitTime 1;   延时 1 s
         Set do_tool_change;   快换接头锁紧
         MoveL Offs(p70,0,0,7),v200,z50,tool0;   运动至螺丝刀夹具(松开/夹取)工
                                                              作点上方 7 mm

         MoveL p80,v200,z50,tool0;   运动至夹具支架螺丝刀夹具(松
                                                              开/夹取)外侧点

         MoveLoffs(p80,0,0,300),v200,z50,tool0;   运动至夹具支架螺丝刀夹具(松
                                                              开/夹取)外侧点上方

ENDPROC

4. 拆除螺丝刀夹具子程序 F_LSD

拆除螺丝刀夹具子程序如下:

PROC F_LSD()	
MoveL offs(p80,0,0,300),v200,z50,tool0;	运动至夹具支架螺丝刀夹具(松开/夹取)外侧点上方
MoveL p80,v200,z50,tool0;	运动至夹具支架螺丝刀夹具(松开/夹取)外侧点
MoveL Offs(p70,0,0,7),v200,z50,tool0;	运动至螺丝刀夹具(松开/夹取)工作点上方 7 mm
MoveL p70,v200,fine,tool0;	运动至螺丝刀夹具(松开/夹取)工作点
WaitTime 1;	延时 1 s
Reset do_tool_change;	快换接头松开
MoveL Offs(p70,0,0,30),v200,z50,tool0;	运动至螺丝刀夹具(松开/夹取)工作点上方 30 mm
ENDPROC	

5. 安装电机子程序 AZ_DJ

安装电机子程序如下:

PROC AZ_DJ()	
MoveL Offs(takeDJ,0,0,150),v200,z50,tool0;	运动至电机夹取工作点上方 150 mm
MoveL takeDJ,v200,fine,tool0;	运动至电机 1 夹取工作点
set do_gripper;	夹爪闭合
MoveL Offs(takeDJ,0,0,150),v200,z50,tool0;	运动至电机夹取工作点上方 150 mm
MoveL Offs(putDJ,0,0,100),v200,z50,tool0;	运动至电机放置工作点上方 100 mm
MoveL putDJ,v200,fine,tool0;	运动至电机放置工作点
Reset do_gripper;	夹爪张开
MoveL Offs(putDJ,0,0,100),v200,z50,tool0;	运动至电机放置工作点上方 100 mm
ENDPROC	

6. 安装塑料板子程序 AZ_SL

安装塑料板子程序如下:

```
PROC AZ_SL()
    MoveJ Offs(takeSLB,0,0,200),v200,z50,tool0;      运动至塑料板吸取工作点上方 300 mm
    MoveL takeSLB,v200,fine,tool0;                    运动至塑料板吸取工作点
    set do_sucker;                                     吸取塑料板信号
    MoveL Offs(takeSLB,0,0,100),v200,z50,tool0;      运动至塑料板吸取工作点上方 100 mm
    MoveL Offs(putSLB,0,0,100),v200,z50,tool0;       运动至塑料板放置工作点上方 100 mm
    MoveL putSLB,v200,fine,tool0;                     运动至塑料板放置工作点
    Reset do_sucker;                                   放置塑料板信号
    MoveL Offs(putSLB,0,0,100),v200,z50,tool0;       运动至塑料板放置工作点上方 100 mm
ENDPROC
```

7. 单个电机安装 4 颗螺丝子程序 DJ_Screw

单个电机安装螺丝子程序如下：

```
PROC DJ_Screw()
    FOR i FROM 0 TO 1 DO                              i 从 0 开始,每循环一次递增 1
        FOR j FROM 0 TO 1 DO                          j 从 0 开始,每循环一次递增 1
            WaitDI di_screw_inpos,1;                  等待螺丝到位信号
            install_pos:=Offs(install_First_pos,j*47.1,    以电机第一个螺丝安装点偏移
            -47.1*i,0);                                参考点,计算电机第 1、2、3、4 个安装点
            MoveL offs(p90,0,0,200),v200,z50,tool1;   运动至夹取螺丝工作点上方 200 mm
            MoveL p90,v200,fine,tool1;                运动至夹取螺丝工作点
            WaitTime 0.5;                              延时 0.5 s
            MoveL offs(install_pos,0,0,200),v200,z50,tool1;    运动至螺丝安装点上方 200 mm
            MoveL install_pos,v200,fine,tool1;        运动至螺丝安装点
            set do_screw_install;                      安装螺丝信号
            WaitTime 1;                                等待安装螺丝 1S
            Reset do_screw_install;                    螺丝安装完成信号
            MoveL offs(install_pos,0,0,200),v200,z50,tool1;    运动至螺丝安装点上方 200 mm
```

```
            ENDFOR                                      循环结束
        ENDFOR
ENDPROC
```

8. 搬运电机组成品子程序 BY_CP

搬运电机组成品子程序如下：

`PROC BY_CP()`	
`    MoveJ Offs(putSLB,0,0,100),v200,z50,tool0;`	运动至电机组吸取工作点上方 100 mm
`    MoveL putSLB,v200,fine,tool0;`	运动至电机组吸取工作点
`    set do_sucker;`	吸取电机组成品信号
`    WaitTime 0.5;`	延时 0.5 s
`    MoveL Offs(putSLB,0,0,100),v200,z50,tool0;`	运动至电机组吸取工作点上方 100 mm
`    MoveL Offs(putcp,0,0,100),v200,z50,tool0;`	运动至电机组成品放置工作点上方 100 mm
`    MoveL putcp,v200,fine,tool0;`	运动至电机组成品放置工作点
`    Reset do_sucker;`	放置电机组成品信号
`    MoveL Offs(putcp,0,0,100),v200,z50,tool0;`	运动至电机组成品放置工作点上方 100 mm
`ENDPROC`	

任务评价

完成本任务的操作后，根据考证考点，请你按下表检查自己是否学会了考证必须掌握的内容。

序号	评分标准	是/否	备注
1	模块化程序设计合理，能使用例行程序优化程序结构(5分)		
2	能优化控制逻辑并用流程图表达(10分)		
3	会将偏移计算用程序表达(30分)		
4	能配置组输入信号(20分)		
5	会使用 FOR 循环指令(20分)		
6	能使用 ProcCall 指令调用各功能例行程序(15分)		
	综　合　评　价		

任务训练

根据控制逻辑,分别画出电机夹取与放置例行程序 AZ_DJ、电机拧螺丝例行程序 DJ_Screw 的控制流程图。

项目五

工业机器人涂胶编程

项目情景

从20世纪90年代开始,汽车制造商开始采用机器人给汽车车门、车窗玻璃、挡风玻璃涂胶。机器人涂胶柔性好,胶面均匀,精度高,效率快,大大提高了生产效率。近年来,机器人涂胶的应用场景也越来越多。某厂耗资千万新建工业机器人涂胶工作车间,作为该厂的机器人应用工程师,需要你完成车窗涂胶工作站的安装、编程和调试优化工作。

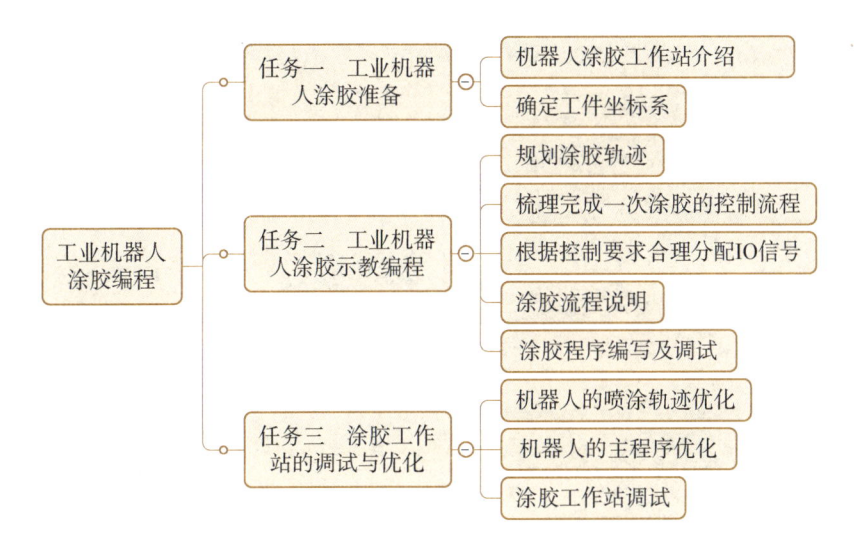

```
工业机器人涂胶编程
├── 任务一　工业机器人涂胶准备
│   ├── 机器人涂胶工作站介绍
│   └── 确定工件坐标系
├── 任务二　工业机器人涂胶示教编程
│   ├── 规划涂胶轨迹
│   ├── 梳理完成一次涂胶的控制流程
│   ├── 根据控制要求合理分配IO信号
│   ├── 涂胶流程说明
│   └── 涂胶程序编写及调试
└── 任务三　涂胶工作站的调试与优化
    ├── 机器人的喷涂轨迹优化
    ├── 机器人的主程序优化
    └── 涂胶工作站调试
```

汽车挡风玻璃涂胶工作站

任务一　工业机器人涂胶准备

学习目标

1. 能够根据工件特点建立工件坐标系,为快速定点编程做准备。
2. 能理解并调节打胶系统的关键参数,为涂胶时配合机器人运动做准备。

任务描述

在汽车制造智能产线中,车窗涂胶工作站的设备安装和机器人调试尤为重要。打胶系统安装后,需要根据实际调试确定打胶泵出入口压力、胶管加热温度、空压机输出压力;为适应车窗位置和加工多款车窗的需要,提高产品改变时示教程序的速度,需要根据车窗的位置建立工件坐标系;为更好地把机器人与涂胶系统集成在一起,要规划好机器人与涂胶机 PLC 的 IO 接线。根据要求,在规定的时间内完成涂胶工作站机器人编程、运行前的准备工作,收集好各项技术资料。

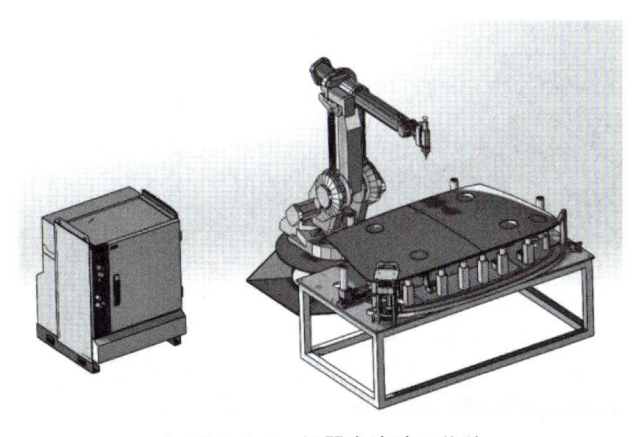

任务分析

一、机器人涂胶工作站介绍

机器人涂胶工作站由 ABB 机器人、点胶机、车窗夹具、PLC 系统控制柜、空压机组成,如图 5.1.1 所示。其中关键设备点胶机如图 5.1.2 所示,全自动 AB 双液灌胶机胶阀为复动顶针式双液阀,工作模式全自动,操作速度小于 600/min,工作气压为 4~7 kgf/cm,采用 304 不锈钢压力桶,适用胶水为封灌黑胶、AB 硅胶、AB 青红胶、AB 水晶胶等。

▲ 图 5.1.1　机器人涂胶工作站

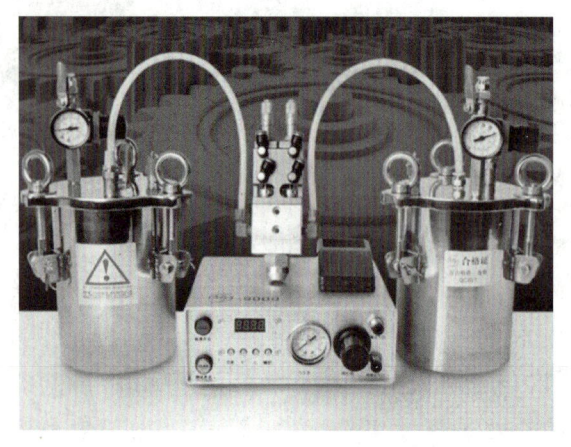

▲ 图 5.1.2　全自动 AB 双液灌胶机

全自动三维车窗装夹夹具配备多个夹紧气缸、气动吸盘，配合机器人 PLC 运动控制，实现一键自动装夹汽车后挡风玻璃，具有全自动汽车车窗密封条压紧功能。

总控系统负责整个装配线的信息收集汇总、通讯、监控等工作，由管理员负责操作管理。它由主控操作台、主控电气系统、主控服务器与控制电脑、配套软件组成，带有电源总控制系统、PLC 总控系统、监控系统。生产线所有数据均可由总控制台收集获取，可通过总控调度分配各个模块的工作。

全自动 AB 双液灌胶机可将空气压缩机输出的空气作为输入，根据比例放大后输出。一般输入空气压力在 4～5 bar 范围内，也就是常用工业标准压力 0.4 MPa 左右。胶对温度的变化比较敏感，温度不够时胶比较黏稠，出胶困难，胶厚度难以控制。胶管加热温度一般设定在冬天 30℃～35℃，夏天 25℃～30℃。胶管加热采用温控器，控制精度高。但是部分无尘车间在夏天采用空调降温，应注意空调的温度调整在 25℃～26℃。空调温度过低会导致车间内温度下降，影响胶管的恒温控制。外围环境因素是引起胶型褶皱、密封效果不好的原因之一。

二、确定工件坐标系

汽车车窗玻璃是曲面工件，为了方便进入下一道工序，倾斜放置，用夹具固定，如图 5.1.3 所示。为了示教方便，工件坐标的 XY 平面与玻璃的切面平行，因此把工件坐标的原点定在 B 点，X 轴与 AB 边平行，Y 轴与 BC 边平行，Z 轴垂直于 XY 建立的平面。

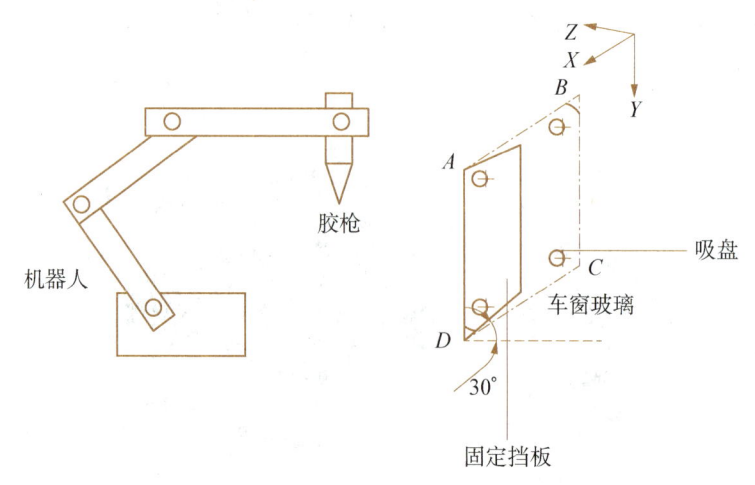

▲ 图 5.1.3　涂胶工作站布局示意图

任务一　工业机器人涂胶准备

任务准备

一、为方便示教，建立工件坐标系

在编程定点时，为了快速移动机器人到各个规划点，往往定义工具坐标和工件坐标来辅助示教，用示教器的坐标切换键切换坐标。根据图5.1.3确定的工件坐标方向，如图5.1.4所示，按以下步骤建立车窗涂胶定点时的工件坐标。

步骤1：进入示教器主菜单设置界面，点击进入"手动操纵"界面→单击"工件坐标"选项卡，如图5.1.4(a)所示。

步骤2：在菜单栏新建一个工件坐标系，如图5.1.4(b)所示。

步骤3：用三点法，手动示教到车窗切面的 X 轴上取2点，在 Y 轴上取一点，单击"修改位置"创建工件坐标系。

步骤4：创建完成，查看工件坐标，修改命名。

至此，涂胶工作站的工件坐标系已创建完成。在示教器上切换为工件坐标系，验证坐标系是否创建成功。采用直接输入法建立工件坐标后，可能与前一次的方向不一样。使用直接输

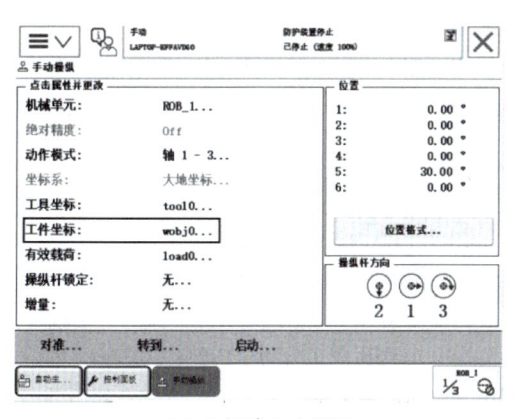

(a) 坐标建立主界面　　　　　　　　　　(b) 工具坐标栏

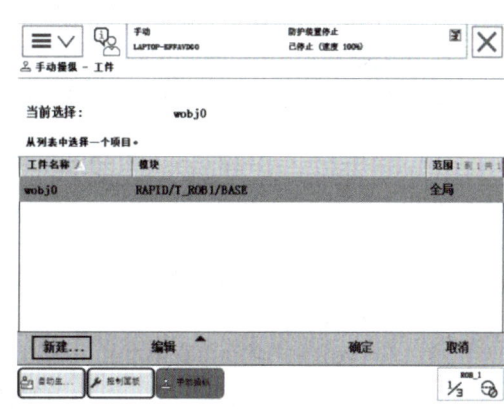

(c) 工具坐标设定界面　　　　　　　　　(d) 工具坐标定义

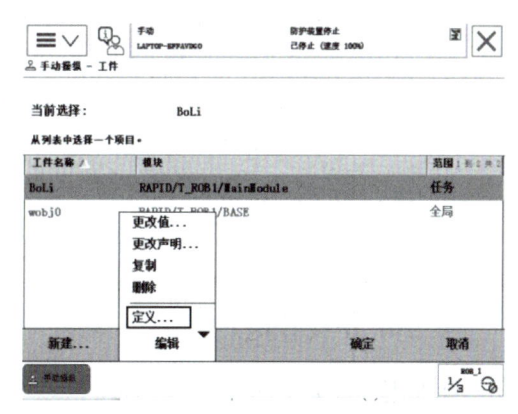

(e) 三点法设置界面　　　　　　　　　　　　(f) 工具坐标定义完成

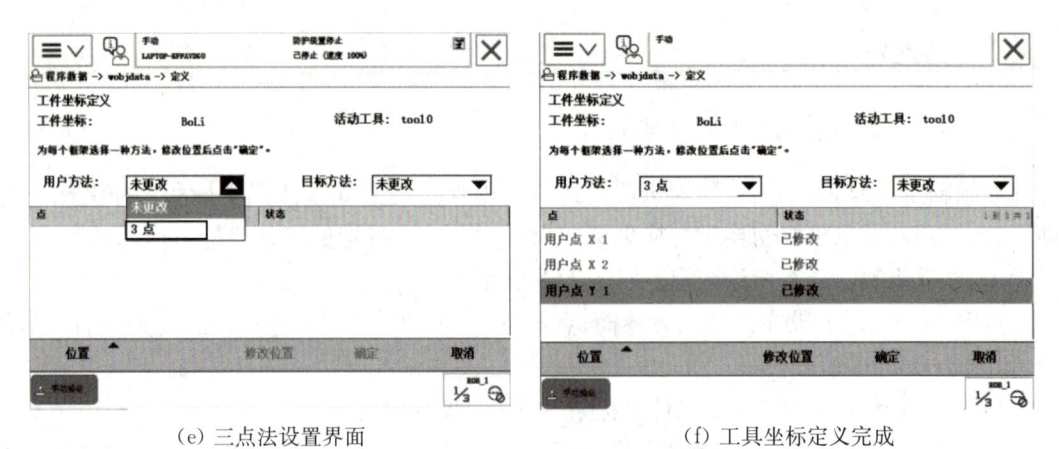

▲ 图 5.1.4　工件坐标系定义

入法建立工件坐标时,若机器人的零点重新标定时与原来的零点存在偏差,则工件坐标就有偏离用户预定坐标方向和原点的可能。因此,直接输入法适用于建立没有零点标定的坐标。

二、梳理系统开机流程,生成文件

当涂胶设备由停机转为开启时,要确保周围环境安全,设备处在正常状态才能启动机器人。按照涂胶机的使用规范,涂胶工作站的开机流程见表 5.1.1。

表 5.1.1　开机流程

序号	工作内容	关　键　点
1	启动空气压缩机,开启主管道气阀	检查是否有报警,储气罐压力是否正常
2	开启喷胶机,关注有没有异响,检查喷胶机输入输出仪表压力	调节输入空气压力在 0.4 MPa 左右,若喷胶机的输入输出比例为 55∶1,则出胶压力为 22 MPa(220 bar)
3	检查胶桶原料是否充足	原料低于下限会影响出胶质量
4	查看加热器温度设置是否正常	冬天 30 ℃～35 ℃,夏天 25 ℃～30 ℃
5	检查喷胶是否有堵塞现象	若喷嘴堵塞需拆下清理堵塞的余胶,严重的需要更换整个喷嘴
6	检查胶路是否有泄漏	若泄漏,查看密封片是否循环或管道螺母是否拧紧
7	查看工位悬挂的警示标识	若有"设备检修"标识,未确保正常之前不要开机
8	开启机器人电源	确保机器人工作环境正常后,开启机器人电源,通过示教器查看是否有严重不能直接清除的报警,若有需要排查机器人部件和输入信号故障

三、正确安装胶枪

涂胶胶枪与喷胶机配套,虽然不同厂家的胶枪结构存在差异,但是结构原理大同小异。图 5.1.5 所示是一款行业应用广泛的胶枪,维修和安装胶枪时按图标号顺序安装或拆装各部件。

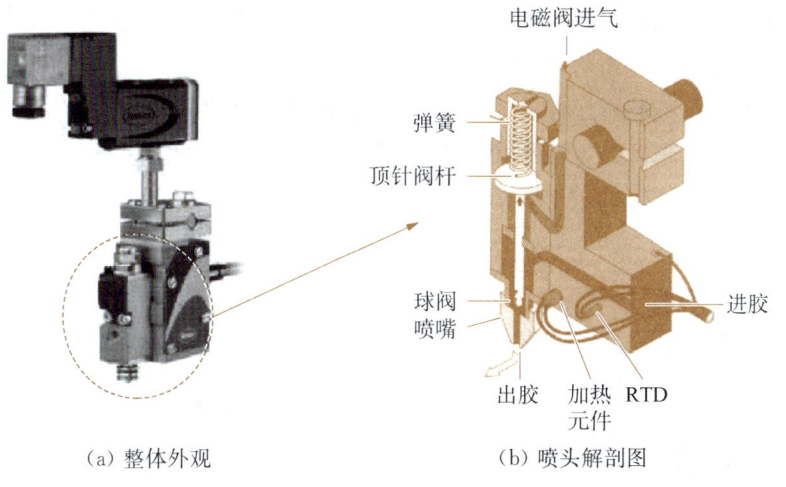

任务一　工业机器人涂胶准备

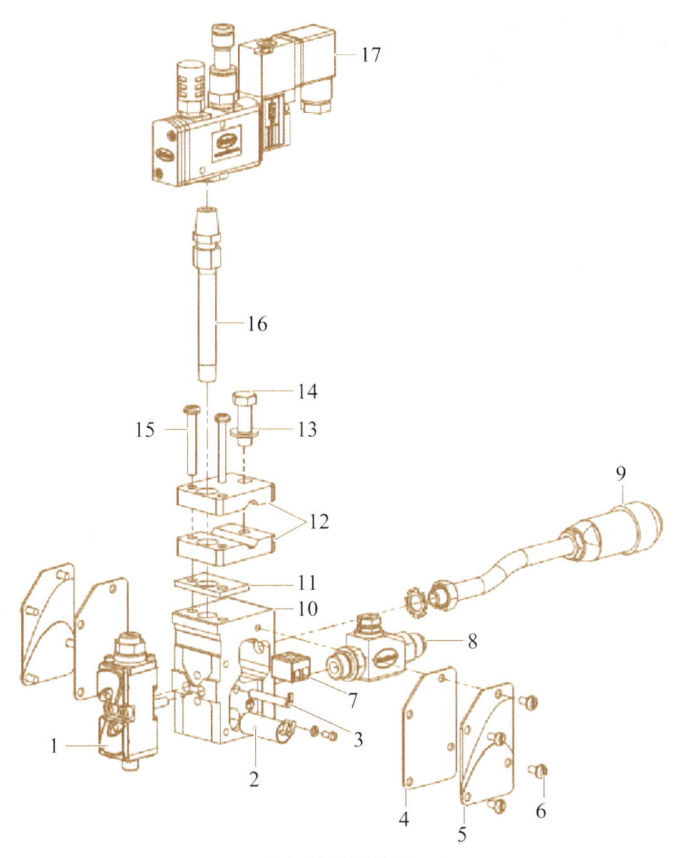

（a）整体外观

电磁阀进气
弹簧
顶针阀杆
球阀喷嘴
出胶　加热元件　RTD
进胶

（b）喷头解剖图

（c）结构爆炸图

1	喷头	5	盖板	9	电源连接器	13	金属垫片
2	加热器	6	平台螺丝	10	导管	14	六角螺丝
3	热电阻	7	2位导线连接头	11	绝缘垫	15	平头螺丝
4	防水垫圈	8	过滤器	12	元件固定器	16	金属气管
17	单控电磁阀套件						

▲ 图 5.1.5　喷枪结构

5-7

由图 5.1.6 所示的喷嘴结构图可以看出，喷胶时采用气动回路的气压推动液体胶输出到喷嘴，气路和胶路隔离，无直接接触。

卸喷嘴时要保证喷胶机已经关闭，空气压缩机没有对气路产生作用，否则拆卸喷嘴会导致胶喷出伤人。拆卸喷嘴的方法如图 5.1.7 所示，用对应规格的扳手拧松喷嘴的固定螺母，再用手取下喷嘴。操作时须戴上防尘劳保手套。

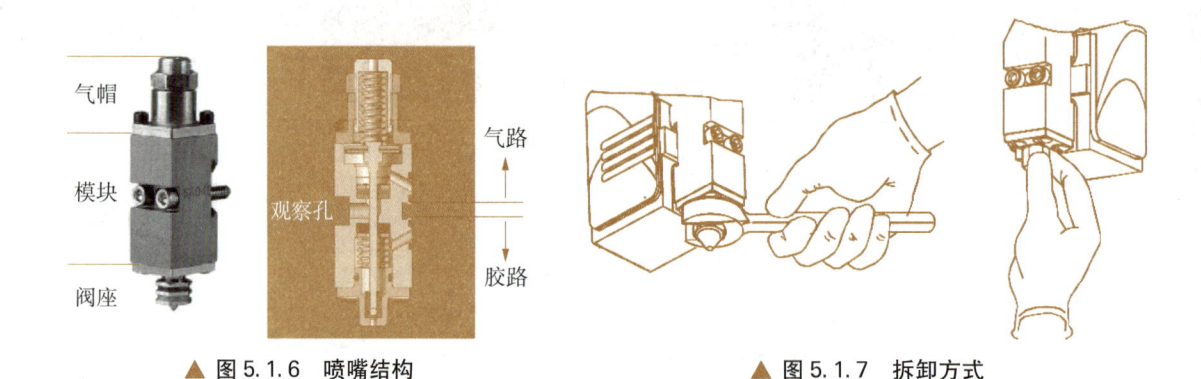

▲ 图 5.1.6　喷嘴结构

▲ 图 5.1.7　拆卸方式

在机器人涂胶过程中，常见的胶枪问题见表 5.1.2，从现象到本质，采用排除法逐一排除故障。

表 5.1.2　自动胶枪常见故障及解决方法

故障	原　因	解　决　方　法
胶枪不能出胶	胶枪空气连接处漏气 胶堵塞了枪嘴	重新拧紧漏气处螺母，插紧气管清理胶枪
胶枪漏气	空气接头松 胶枪密封圈损坏	上紧接头处螺母 更换密封圈
胶枪前部漏胶	密封垫损坏 胶枪内部堵塞	更换密封垫 清洗胶枪内部
枪身漏胶	密封垫没安装好 密封垫老化	重新安装密封垫 更换密封垫

任务实施

一、试运行，寻找机器人最优运动速度

另一个影响机器人涂胶质量的因素是行走速度。行走速度分别设定为 400、500、600、800 mm/s，观察对比，确定采用 500 mm/s。在实际工作中，要根据现场喷胶机参数逐级调节机器人运动速度，直至达到理想效果。要达到胶面均匀，喷嘴离车窗玻璃的高度需在 1～1.5 cm 范围内。车窗玻璃是曲面工件，需要耐心对点。要使胶面平滑，胶枪角度与玻璃面垂直并内倾。

涂胶质量一般要求：①胶枪运动速度稳定。②胶条离边缘距离偏差在 ±2 mm 范围。

③胶面均匀、平滑（胶宽 6 mm，高 10 mm）。④胶形尾部与起点要交叠相连（保证没有空隙，否则车窗会露水）。⑤转角处不堆胶。

二、检验工件坐标是否正确，为喷涂轨迹编程做准备

示教器将坐标切换到工件坐标系，查看要验证的坐标号，如图 5.1.8 所示。让机器人处在坐标原点处，切换到工件坐标，示教机器人分别沿 X、Y、Z 方向，查看是否与预设的方向一致。查看机器人带动胶枪从坐标原点先向 X 轴正方向运动，再向 Y 轴正方向运动的结果，验证工件坐标时的组合键，如图 5.1.9 所示。

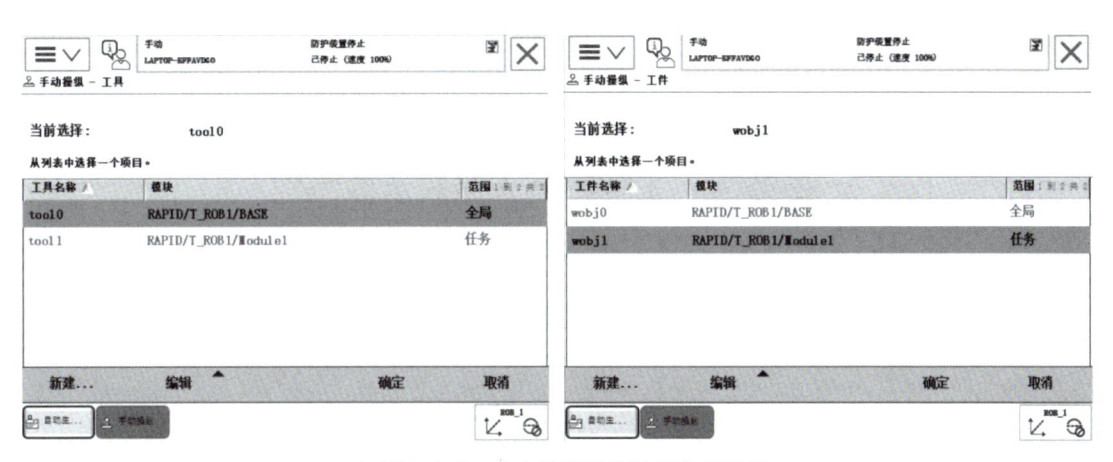

▲ 图 5.1.8　选中需要验证的工件坐标系

▲ 图 5.1.9　示教器快捷按钮简介

任务评价

完成本任务的操作后，根据考证考点，请你按下表检查自己是否学会了考证必须掌握的内容。

序号	评分标准	是/否	备注
1	能根据工件特征用三点法建立工件坐标(25分)		
2	能根据工艺和设备梳理工作步骤(10分)		
3	能使用工件坐标示教定点(35分)		
4	能快速选定工件坐标、工具坐标、世界坐标、关节坐标(10分)		
5	能正确安装和维修胶枪(20分)		
综 合 评 价			

任务二　工业机器人涂胶示教编程

学习目标

1. 能够根据实际工件特征使用工件坐标、关节坐标、工具坐标快速示教定点。
2. 能合理规划涂胶轨迹路径，实现最优执行效率。
3. 学会规范绘制机器人与涂胶机的 IO 接线。
4. 能结合涂胶机信号编程，根据涂胶机参数和机器人涂胶时的运动速度要求，完成涂胶程序编写。

任务描述

在前期完成涂胶工作站的设备安装、接线和基本调试后，根据试验确定涂胶机的参数和机器人涂胶时的运动速度(50 mm/s)。你是车窗涂胶建设项目的负责人，工程部要求你合理规划涂胶路径，完成整体编程，确保与涂胶机可靠通信，喷涂过程不能出现断胶、起皱、明显不均匀的胶路。为防止程序被其他人修改，调试结束需要设置密码和写保护。为了在工业4.0 通信中统一时间，请你暂时设置系统时间起点为 2021:3:29。若出现胶枪堵塞，机器人输出报警信息"Spray Gun Blockage!"若机器人完成一次涂胶，则输出信息"Task Completed Success"。

任务分析

一、规划涂胶轨迹

由于车窗玻璃是曲面工件，左右两条边带有弧度，上下两条边是直线形状，为了提高涂胶效率,满足工艺且不设多余点,按下列步骤生成涂胶轨迹:建立任务→创建目标点和路径→检查目标点方向→检查可达性→将程序与虚拟控制器同步→执行基于文本的编辑→碰撞检测→测试程序。

二、梳理完成一次涂胶的控制流程

车窗玻璃自动涂胶的工艺流程为:上件→夹紧→自动涂胶→晾干→进入安装环节。从机器人控制系统的控制逻辑来看,完成一次涂胶的操作过程为:启动信号有效→工件夹紧到位→机器人开始执行喷胶轨迹→在轨迹点打开胶枪涂胶→机器人输出完成涂胶信号,关闭胶枪→喷胶机停止,工件进入下一工序。要输出用户报警信息和状态信息的控制流程如图5.2.1所示。

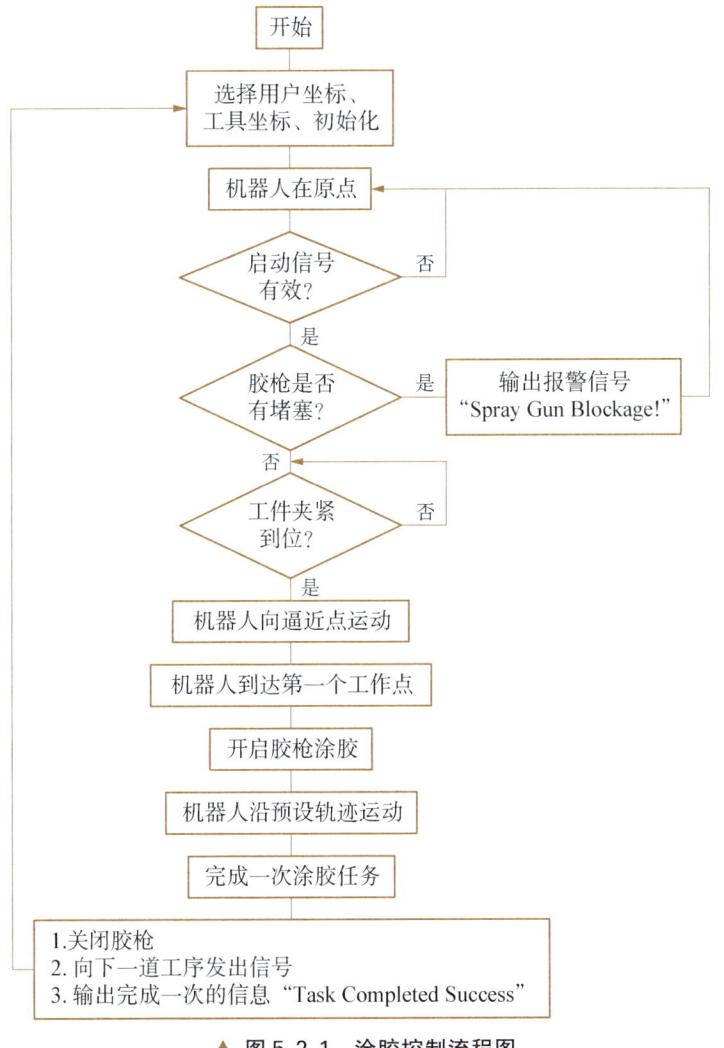

▲ 图5.2.1 涂胶控制流程图

三、根据控制要求合理分配 IO 信号

机器人要与喷胶机的 PLC 通信，也要与夹具和下一个工序的 PLC 通信。为使布线独立，根据表 5.2.1 的机器人信号类型，采用数字 IO 信号与喷胶机通信，采用机器人 RI/RO 信号与夹具传感器和下一工序的 PLC 通信。重定义的信号可以用示教器分配到接线端子，而不可重定义的信号是机器人控制柜和机器人本体上的硬件接线端子，不可用示教器分配到另外的端子。

表 5.2.1　机器人 IO 信号的类型

分类	细分	是否可以重定义
通用输入输出信号	数字 IO(DI/DO)	是
	组 IO(GI/GO)	是
	模拟 IO(AI/AO)	是
	扩展 IO	是

除了通过 ABB 机器人提供的标准 IO 板与外围设备通讯，还可以使用 DSQC667 模块通过 Profibus 与 PLC 进行快捷和大数据量的通信，如图 5.2.2 所示。

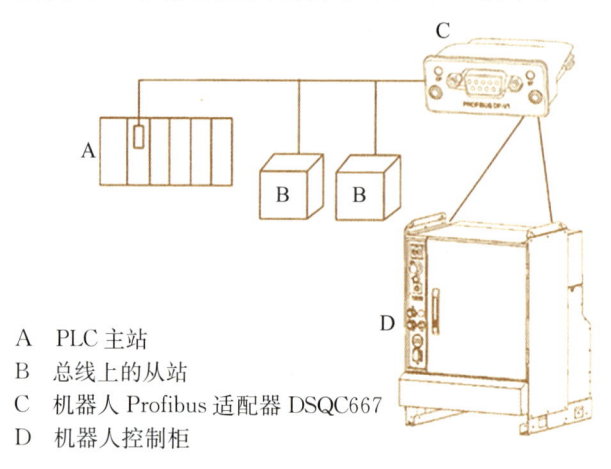

A　PLC 主站
B　总线上的从站
C　机器人 Profibus 适配器 DSQC667
D　机器人控制柜

▲ 图 5.2.2　Profibus 连接方式

首先需要配置 Profibus，地址参数见表 5.2.2。

表 5.2.2　Profibus 地址参数

参数名称	设定值	说　明
Name	PROFIBUS_Anybus	总线网络(不可编辑)
Identification Label	PROFIBUS Anybus Network	识别标签
Address	8	总线地址
Simulated	No	模拟状态

任务准备

一、定义数字输入信号 DI 和数字输出信号 DO

数字输入信号 DI 的相关参数见表 5.2.3，数字输出信号 DO 的相关参数见表 5.2.4。用户定义的 IO 信号意义如下：

表 5.2.3　数字输入信号 DI 的相关参数

参数名称	设定值	说　　明
Name	di	设定数字输入信号的名字
Type of Signalt	Digital Input	设定信号的类型
Assigned to Device	d652	设定信号所在的 IO 模块
Device Mapping	0	设定信号所占用的地址

表 5.2.4　数字输出信号 DO 的相关参数

参数名称	设定值	说　　明
Name	do	设定数字输入信号的名字
Type of Signalt	Digital Output	设定信号的类型
Assigned to Device	d652	设定信号所在的 IO 模块
Device Mapping	0	设定信号所占用的地址

（1）di1　涂胶启动信号，收到此信号才能准备涂胶。信号由控制台旋钮开关发出。

（2）di2　工件到位信号，前挡玻璃已经放置到位可以涂胶。信号由工件传感器发出。

（3）do1　出胶控制信号，此信号为"1"时，胶枪涂胶口出胶；为"0"时，停止出胶。

（4）do2　涂胶工作完成。通知控制系统，本次涂胶已完成。

在"控制面板"→"配置常用 IO 信号"菜单中，将所选项目列入常用 IO 列表，具体步骤如图 5.2.3 所示：

(a) 控制面板-配置界面　　　　(b) 添加 DI/DO 信号

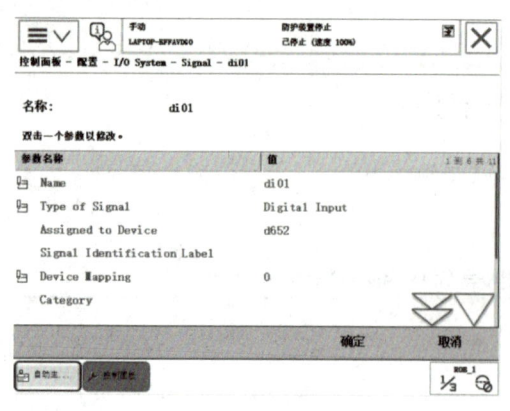

（c）输入信号参数 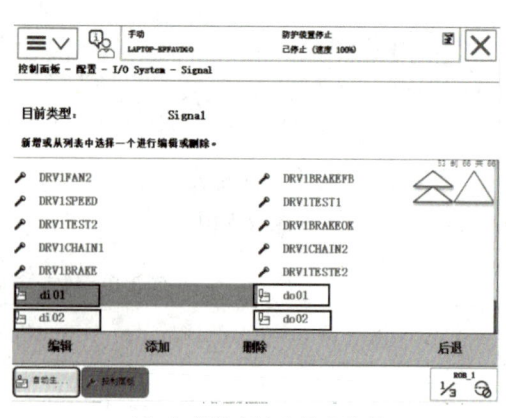　　　　　　　　　　　　（d）定义数字输入输出信号

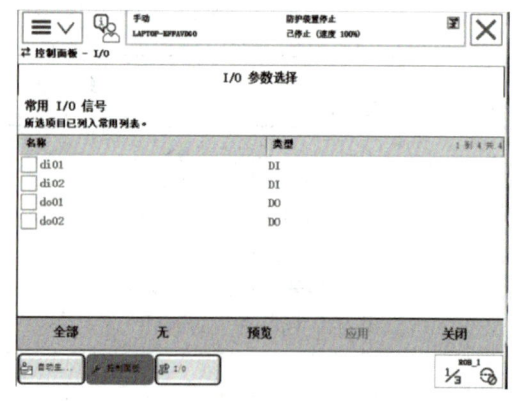

（e）配置常用IO信号界面 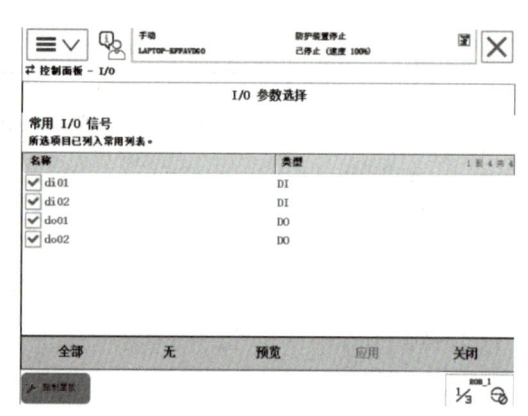　　　　　　　　　　（f）应用IO信号

▲ 图5.2.3　配置IO信号

步骤1：在"控制面板-配置"界面下双击"Signal"。

步骤2：选择界面下方的"添加"。

步骤3：按照表5.2.3填写输入信号参数，填写完成后单击【确定】，完成数字输入信号定义。

步骤4：按照表5.2.4填写输出信号参数，填写完成后单击【确定】。

步骤5：回到配置常用IO信号界面。

步骤6：应用IO信号。

二、检查IO信号是否正常

在IO信号监控界面，实时监控机器人程序执行过程的信号情况。信号监控在主菜单控制面板的"IO"界面中，如图5.2.4（a）所示。将光标定位到相应的信号中，在状态栏点击"0""1"按钮可以改变机器人输出的值。在图5.2.4（b）中，切换到输入信号监控界面。若要模拟某个输入号，把光标选择该信号，点菜单栏中的"仿真"按钮，此时"0""1"按钮从不可选改变为可选，可以在仿真条件下改变机器人输入信号的值。

任务二　工业机器人涂胶示教编程

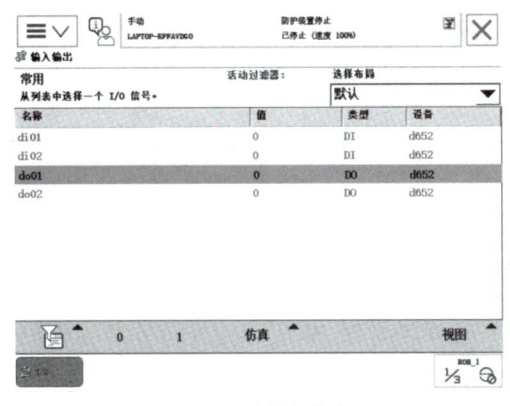

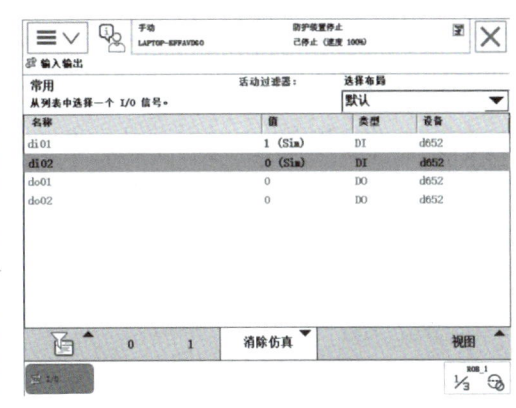

（a）DO 监控与仿真　　　　　　　　　（b）仿真 DI 输入

▲ 图 5.2.4　IO 信号监控

任务实施

一、涂胶

前挡玻璃默认为 8 段圆弧组成。4 个角是半径为 80 mm 的小圆弧，上下 2 个水平边是半径为 2 480 mm 的大圆弧。左右 2 个垂直边是直径更大的圆弧。

涂胶初始点占一个工位，将车窗玻璃均匀划分为 16 个工位，如图 5.2.5 所示。其中，圆弧过渡处划分 3 个工位，车窗边缘中部划分 1 个工位，可以兼顾涂胶效率和涂胶精度。工位说明如下：

（1）JPos10　初始工位。机器人不工作时的停止位置，即 HOME 点。

（2）P00　预涂胶工位。在距涂胶起始工位 30 mm 处。

（3）P10　涂胶起始工位小圆弧的起点。

（4）P20～P160　涂胶工位。

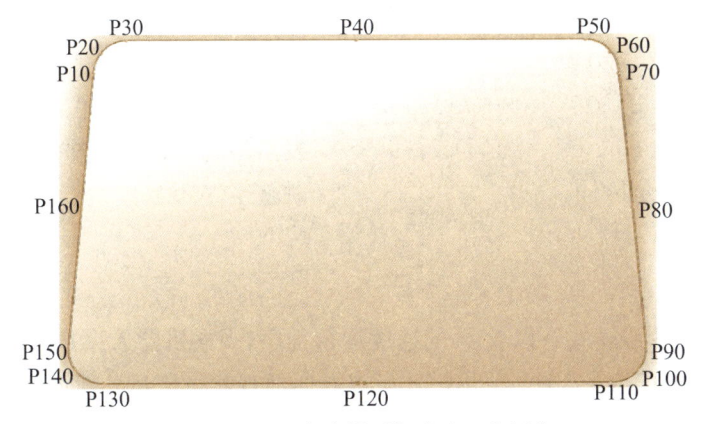

▲ 图 5.2.5　车窗模型与涂胶工位划分

二、根据控制逻辑和 IO 接线图编写程序

为了使涂胶轨迹均匀且过渡平滑,在车窗的过渡圆弧处取点时尽量分布均匀,灵活使用工具坐标、关节坐标和工件坐标示教。需要注意的是,机器人在运行时姿态变化不能太大,否则会影响执行速度,容易出现奇异点报警。按照 IO 接线图、报警信息、用户信息和控制逻辑的要求,编写机器人程序如下:

1:MoveAbsJ jPos10,v1000,z50,tool1;	回初始工位
2:WaitJob;	程序标签 WaitJob
3:WaitDI Di1;	等待启动信号,为"0"时一直等待
4:If Di2=0 THEN GOTO WaitJob;	如果工件未到位,跳转至 WaitJob
5:MoveJ P00,v1000,z50,tool1;	快速移动至预涂胶工位
6:MoveL P10,v100,z0,tool1;	慢速移动至涂胶起点工位
7:WaitTime 1.5;	等待机器人移动到位
8:Set do1;	打开出胶信号,使胶枪出胶
9:WaitTime 0.5;	等待胶枪开始出胶
10:MoveC P20,P30,v50,z0,tool1;	玻璃角小圆弧涂胶
11:MoveC P40,P50,v50,z0,tool1;	大圆弧涂胶
12:MoveC P60,P70,v50,z0,tool1;	小圆弧涂胶
13:MoveC P80,P90,v50,z0,tool1;	大圆弧涂胶
14:MoveC P100,P110,v50,z0,tool1;	小圆弧涂胶
15:MoveC P120,P130,v50,z0,tool1;	大圆弧涂胶
16:MoveC P140,P150,v50,z0,tool1;	小圆弧涂胶
17:MoveC P160,P10,v50,z0,tool1;	大圆弧涂胶
18:WaitTime 1;	等待机器人到位
19:Reset Do1;	停止涂胶
20:WaitTime 0.5;	等待胶枪停止出胶
21:MoveL P00,v200,z0,tool1;	中速移动至预涂胶工位
22:MoveAbsJ jPos10,v1000,z50,tool1;	快速移动至初始工位
23:PulseDO\Plength:=0.5,Do2;	发出涂胶完成的脉冲信号给控制系统
24:GOTO WaitJob;	跳转至 WaitJob

三、试运行

(1) 先在手动单步模式下以 50% 的速度运行程序,观察机器人涂胶轨迹是否顺畅,喷头离工件高度在 1~1.5 cm 范围。单步模式可以方便地观察每段运动轨迹的情况。

(2) 在手动连续模式下以 100% 的速度运行,观察机器人是否报警和过渡半径过大。

(3) 参照项目二配置系统必要的自动运行信号,让程序在自动模式下运行。

四、设定系统时间

系统时间是依靠控制柜的电池存储的,若出现电池电量低的报警,需要更换电池。系统时间设置方法如下:从主菜单中进入控制面板界面,选择"控制器设置",在弹出来的窗口中,即可手动设置系统日期和时间,如图5.2.6所示。

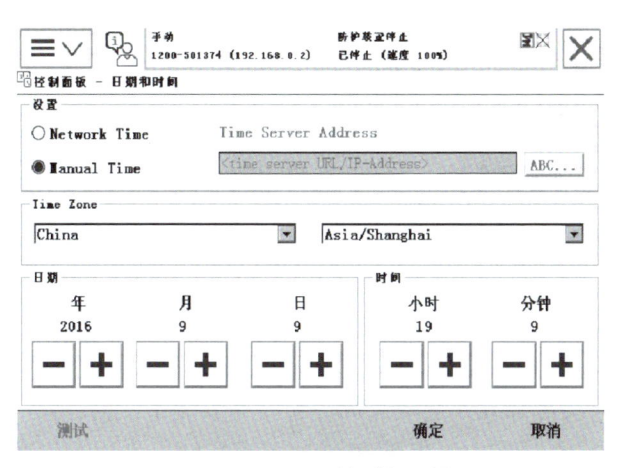

▲ 图5.2.6 系统时间设置

工程经验

在编写程序时,可以在图5.2.5界面快速查看IO信号,准确定位想使用的IO量。

任务评价

完成本任务的操作后,根据考证考点,请你按下表检查自己是否学会了考证必须掌握的内容。

序号	评分标准	是/否	备注
1	能根据工件特征建立用户坐标(5分)		
2	能设置报警信息,在程序中使用报警指令(5分)		
3	能使用用户信息指令输出信息(5分)		
4	会设置系统时间(10分)		
5	能设置中断程序(20分)		
6	能实现圆弧编程(15分)		
7	能正确规划涂胶轨迹(20分)		

续 表

序号	评分标准	是/否	备注
8	能完成 IO 接线图的绘制并接线（10 分）		
9	能在监控界面中监控信号状态，能用仿真信号功能模拟调试程序逻辑（10 分）		
综 合 评 价			

▶ 任务三　涂胶工作站的调试与优化

学习目标

1. 能够根据软件中的涂胶轨迹生成机器人喷涂路径。
2. 能规划 PLC 和机器人的程序，完成涂胶工作站的优化。

任务描述

为提升效能，公司要求涂胶工作站的生产节拍提高 3~5 s，要求在保障安全生产的前提下，优化机器人轨迹，规范机器人和 PLC 的控制程序，完成工作站的优化。

任务准备

（1）在 Robot Studio 中创建机器人喷涂的曲线轨迹。
（2）根据需要生成机器人的涂胶路径。
（3）优化主程序代码，完成工作站优化。

任务分析

在涂胶轨迹应用过程中，需要处理一些不规则曲线，根据 3D 模型曲线特征自动转换成机器人的运行轨迹，省力且容易保证轨迹精度。

1. 解压工作站

在 Robot Studio 的解压工作站，如图 5.3.1 所示。机器人需要沿着车窗的外边缘涂胶，此运行轨迹为 3D 曲线，可以根据现有工件的 3D 模型直接生成机器人运行轨迹，进而完成整个轨迹调试及模拟仿真运行。

2. 生成机器人轨迹

生成轨迹的步骤如图 5.3.2 所示。

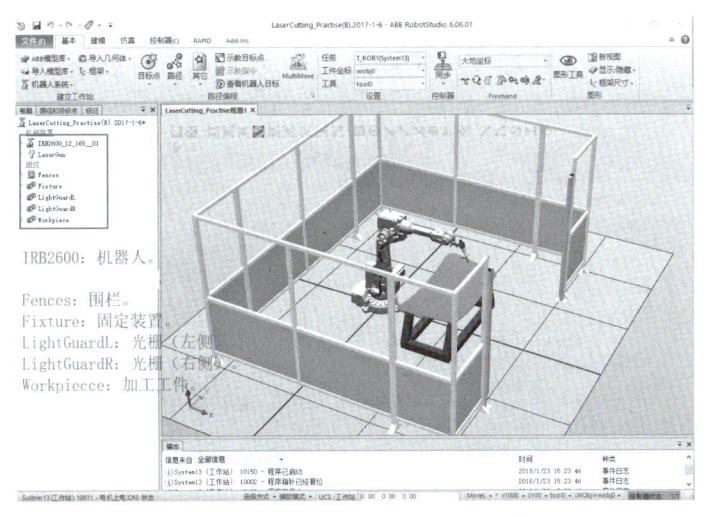

任务三　涂胶工作站的调试与优化

▲ 图 5.3.1　涂胶工作站

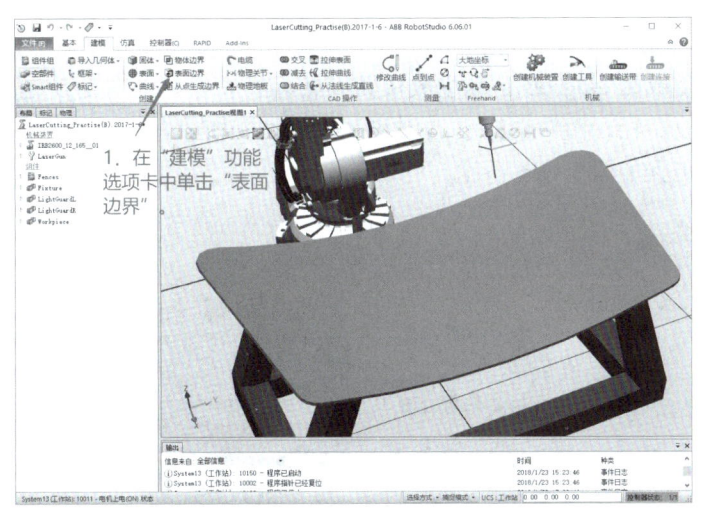

IRB2600：机器人。
Fences：围栏。
Fixture：固定装置。
LightGuardL：光栅（左侧）。
LightGuardR：光栅（右侧）。
Workpiecce：加工工件。

1. 在"建模"功能选项卡中单击"表面边界"。

（a）

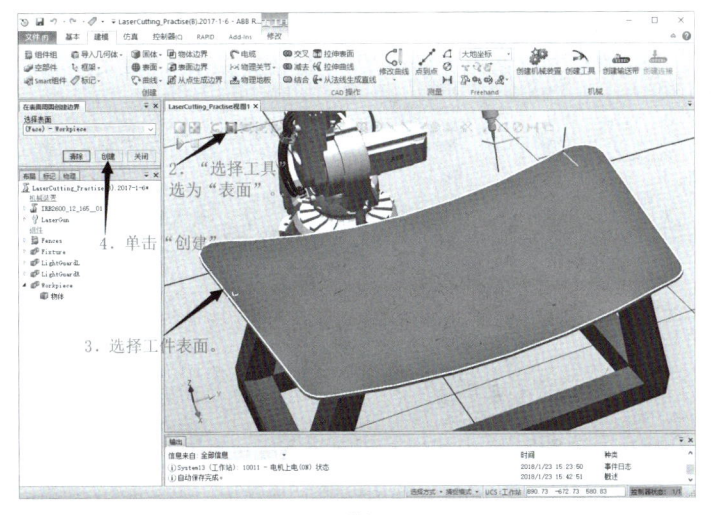

2. "选择工具"选为"表面"。

4. 单击"创建"。

3. 选择工件表面。

（b）

5-19

(c)

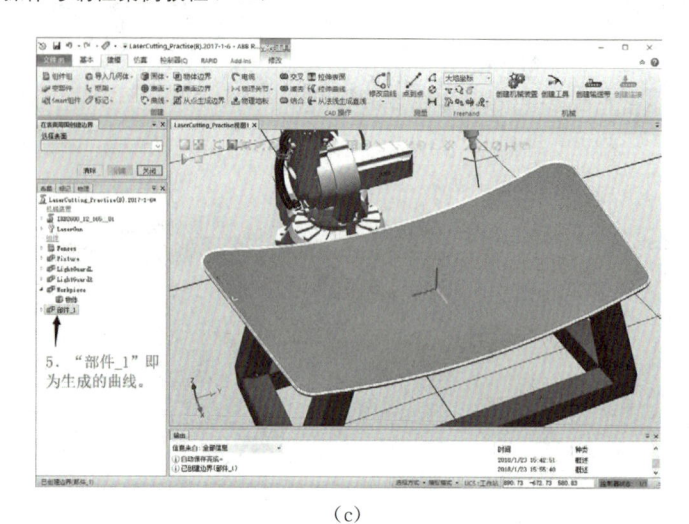

▲ 图 5.3.2　轨迹生成步骤

3. 生成机器人运动路径

根据软件中生成的 3D 曲线自动生成机器人的运行轨迹。通常需要创建用户坐标系以方便编程以及修改路径。用户坐标系的创建一般以加工工件的固定装置的特征点为基准。创建用户坐标系步骤如图 5.3.3 所示。

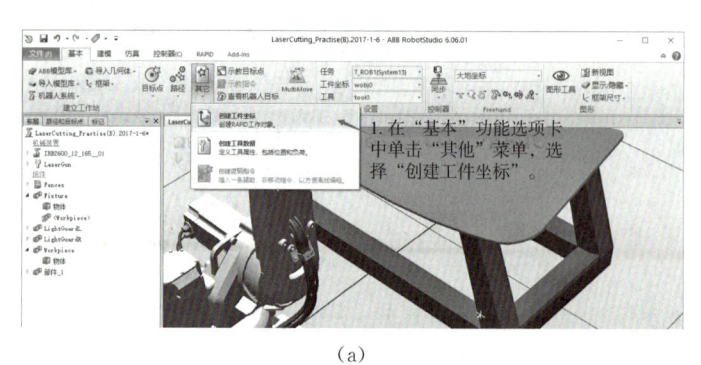

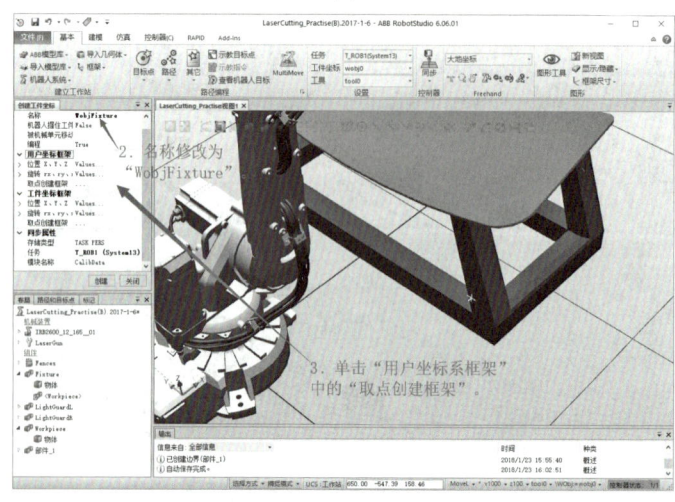

(a)

(b)

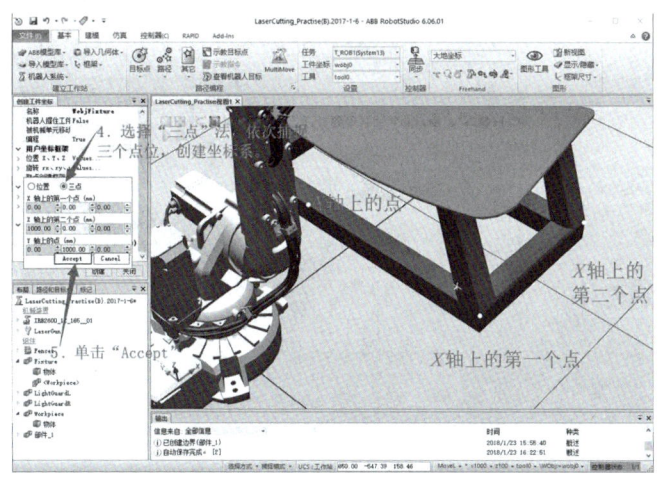

任务三 涂胶工作站的调试与优化

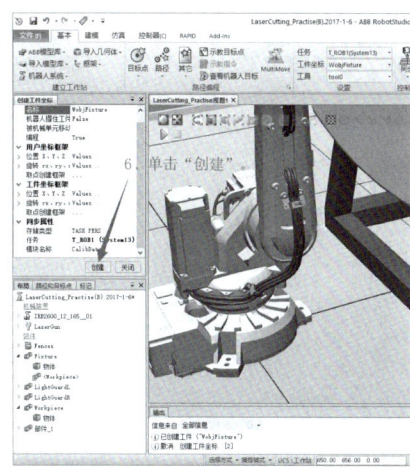

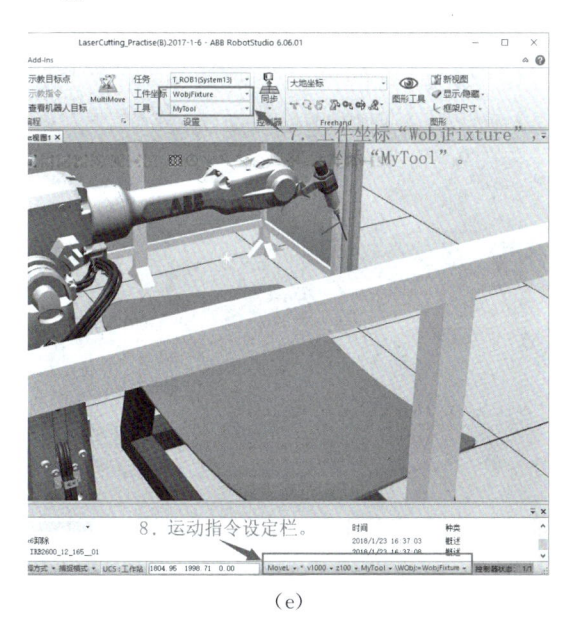

(c)

(d)

(e)

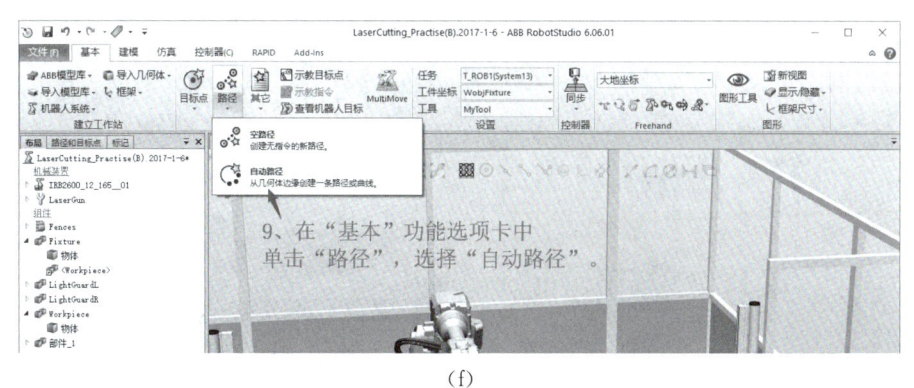

(f)

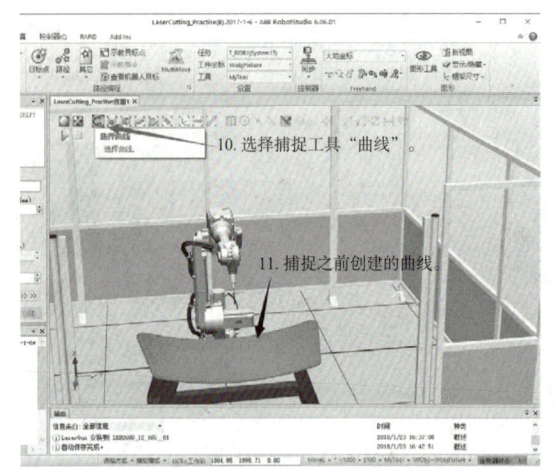

(g) 10. 选择捕捉工具"曲线"
11. 捕捉之前创建的曲线

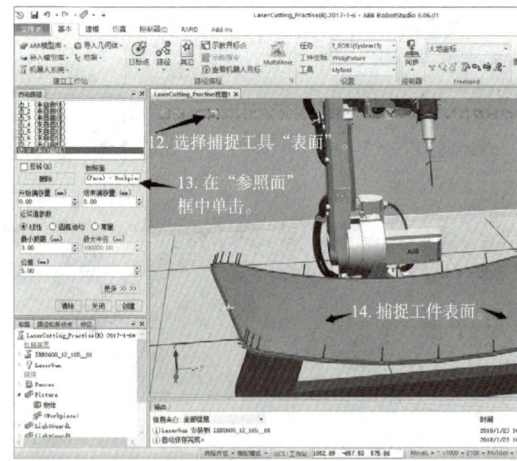

(h) 12. 选择捕捉工具"表面"
13. 在"参照面"框中单击。
14. 捕捉工件表面。

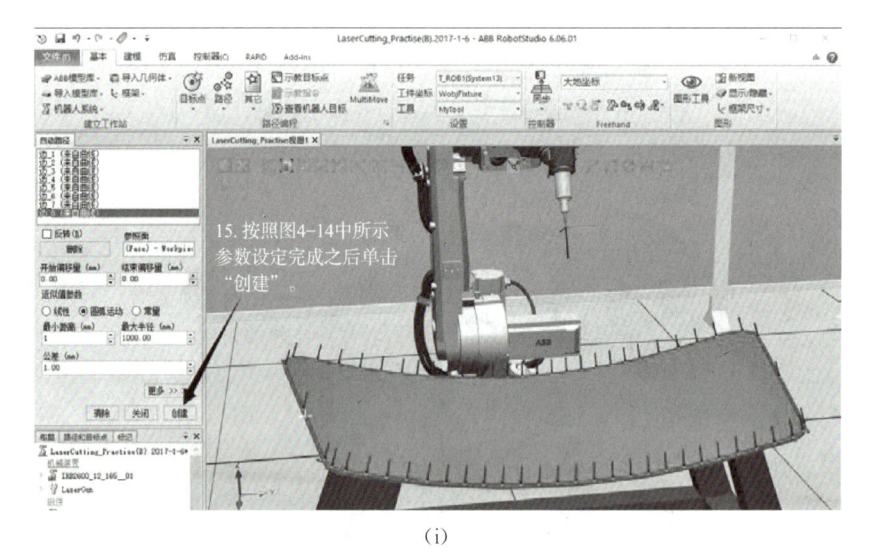

(i) 15. 按照图4-14中所示参数设定完成之后单击"创建"。

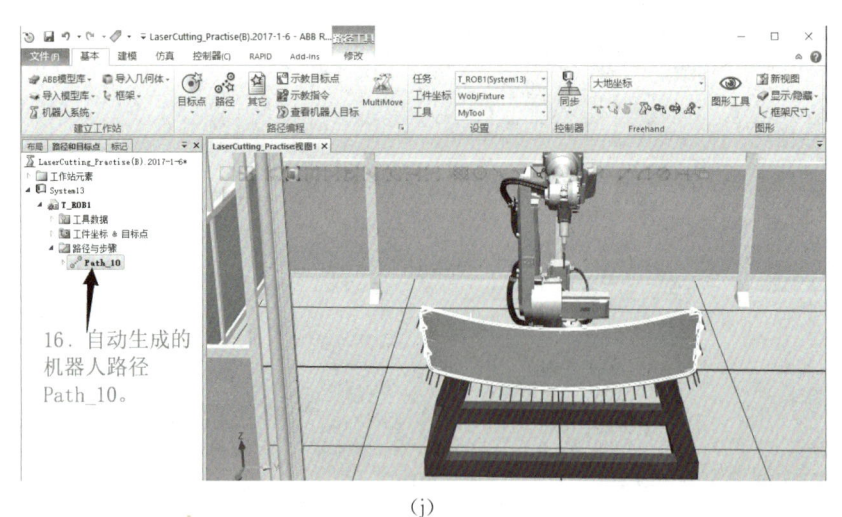

(j) 16. 自动生成的机器人路径 Path_10。

▲ 图 5.3.3　车窗涂胶轨迹优化

设定完成后,则自动生成了机器人路径 Path_10,在后面的任务中会对此路径进行处理,并转换成机器人程序代码,完成机器人轨迹程序的编写。

任务实施

根据工艺要求,PLC 程序规划为初始化程序、安全防护程序和涂胶速度模式选择程序。初始化程序主要用于紧急停止、蜂鸣器信号以及存储速度模式中间变量的复位,涂胶速度模式选择程序主要用于涂胶工艺中每段轨迹速度模式的选择。

原来程序如下:

```
MODULE MainModule
    PROC main()
        Initialize;                    !!初始化程序
        CRequest;                      !!机器人和PLC的数据传输程序
        IF NumAcquire1>0 AND NumAcquire2>0 AND NumAcquire3>0
AND NumAcquire4>0 AND NumAcquire5>0 THEN
                                       !!5段轨迹速度均被选择后继续运行程序
        PGumming2;                     !!涂胶流程程序
ENDIF
    ENDPROC
```

按照前面所述程序的规划,依次完成初始化程序的改写,编写机器人与 PLC 的通信程序,改写机器人涂胶程序。

1. 改写初始化程序

在原初始化程序基础上,添加指令置位组信号 ToPGroRequest 为 0,初始化程序如下:

```
PROC Initialize()
    MoveAbsJ Home3\NoEOffs,v1000,Z50,tool0;
    VelSet 70,800;
    Set ToRDigQuickchange;          !!快换工具置位
    SetGO ToPGroRequest,0;          !!将速度请求组信号置位为"0"
ENDPROC
```

2. 编写通信程序

CRequest 程序是机器人和 PLC 的通信程序,在此程序中添加 SetGO 指令输出组信号 ToPGroRequest=1,请求 PLC 输出第一条轨迹的运行模式。添加 Wait 指令,等待 PLC 输出第一条轨迹的轨迹运行模式。通过 Ginput 指令将输入信号 FrPGrosdqr 的值赋值给变量 NumAcquire1,机器人获得第一条轨迹的运行模式。其他轨迹的编程方法参照第一条轨迹。通信程序如下:

```
MODULE Program
    PROC CRequest()
        SetGO ToPGroRequest,1;
        WaitTime 0.5;
NumAcquire1:=GInput(FrPGrosdqr);!!将第一条轨迹速度模式记录到获取速度变
                                   量1中
        ...
        SetGO ToPGroRequest,5;
        WaitTime 0.5;
        NumAcquire5:=GInput(FrPGrosdqr);
    ENDPROC
```

3. 改写涂胶工艺程序

在 MGumming1 程序中，使用 IF 指令判断每条轨迹的运行模式。如果 NumAcquire1=1，则按照高速模式运行第一条轨迹；如果 NumAcquire1=2，则按照低速模式运行第一条轨迹。程序如下：

```
IF  NumAcquire1=1 THEN    !!当获取速度变量为1时执行高速
        MoveL Area0202W,speedH,fine,Tool2\WObj:=Wobj2;
ELSE
IF NumAcquire1=2THEN      !!当获取速度变量为2时执行低速
        MoveL Area0202W,speedL,fine,Tool2\WObj:=Wobj2;
        ENDIF
```

其他轨迹的编程方式与第一条相同。完成最后一条轨迹涂胶后，添加 SetGOToPGroRequest,6,告知 PLC 机器人已经完成涂胶程序，等待 0.5 s，程序结束。涂胶工艺程序如下：

```
IF  NumAcquire1=1 THEN
        MoveL Area0202W,speedH,fine,Tool2\WObj:=Wobj2;
ELSE IF NumAcquire1=2THEN
        MoveL Area0202W,speedL,fine,Tool2\WObj:=Wobj2;
        ENDIF
    ...
        IF NumAcquire5=1 THEN
        MoveL Area0208W,speedH,fine,Tool2\WObj:=Wobj2;
        ELSEIF NumAcquire5=2 THEN
        MoveL Area0208W,speedL,fine,Tool2\WObj:=Wobj2;
        ENDIF
```

```
            MoveL Offs(Area0208W,0,0,50),v50,fine,Tool2\WObj:=Wobj2;
            MoveAbsJ Area0201R\NoEOffs,v500,z50,Tool2\WObj:=Wobj2;
            SetGOToPGroRequest,6;      !!机器人告知PLC涂胶完成
            WaitTime 0.5;
        ENDPROC
```

4. 改写涂胶流程程序

在 PGumming1 流程程序基础上,删除调用 MGumming1 程序的语句,新增调用 MGumming2 程序语句。程序如下:

```
PROC PGumming2()
    MGetTool2;   !!调用取胶枪工具程序
    MGumming2;   !!调用速度可选的涂胶流程程序
    MPutTool2;   !!调用放胶枪工具程序
ENDPROC
```

程序供参考,应根据实际通信协议修改,完成点位示教后,观察涂胶时间是否优化。

任务评价

完成本任务操作后,根据工作要求,按照下表检查自己是否学会了喷涂需要掌握的内容。

序号	评分标准	是/否	备注
1	能够建立工件坐标系(10分)		
2	能够生成涂胶的运动轨迹(30分)		
3	能够优化程序结构(20分)		
4	能够调整不同涂胶位置的涂胶速度(10分)		
5	能够完成机器人和PLC的交互(30分)		
综 合 评 价			

任务训练

重新提供一个车窗工件,利用本任务学习的方法,创建工件坐标,生成机器人涂胶轨迹,并转化为机器人轨迹程序,编写涂胶主程序,完成新工件的涂胶任务。

项目六

工业机器人码垛应用编程

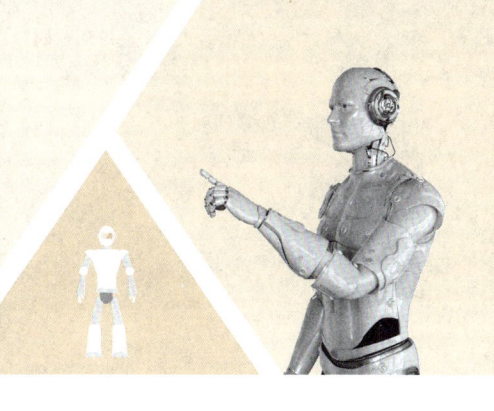

项目情景

大米分类码垛,即 2 种封装好的大米(每袋 20 kg、25 kg)由流水线传送带输送到称重检测-分类码垛工位,合格品由机器人从抓取工位取出,分类码垛;不合格品由传送带输送到不合格品收集工位(不合格品收集与本任务无关,后续不再描述)。

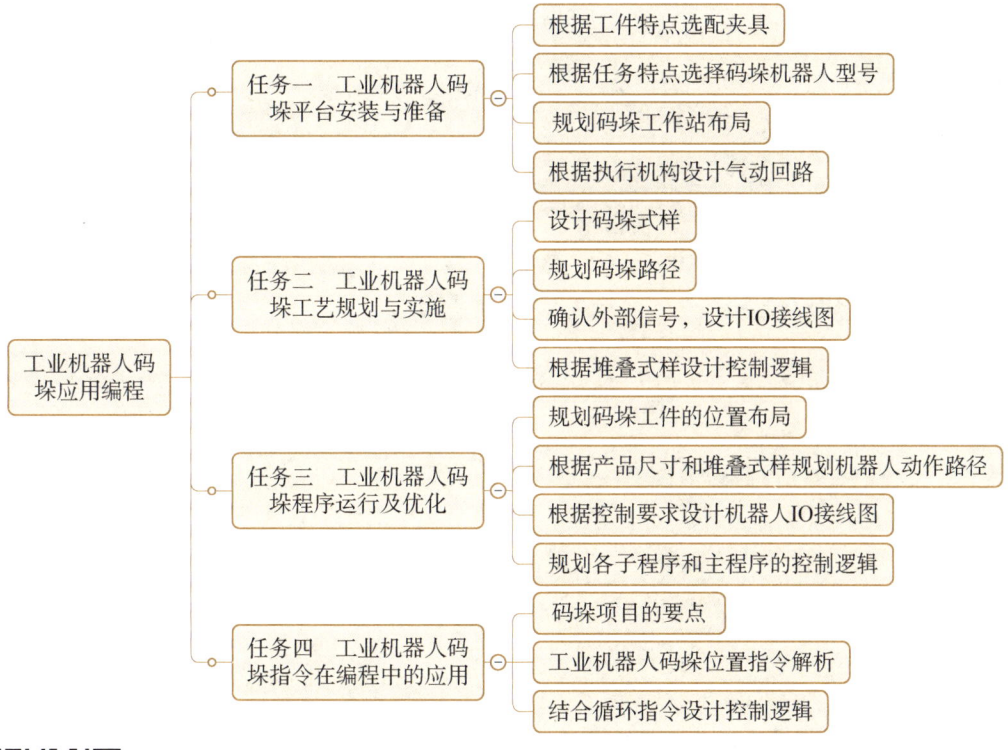

工业机器人码垛应用编程
- 任务一　工业机器人码垛平台安装与准备
  - 根据工件特点选配夹具
  - 根据任务特点选择码垛机器人型号
  - 规划码垛工作站布局
  - 根据执行机构设计气动回路
- 任务二　工业机器人码垛工艺规划与实施
  - 设计码垛式样
  - 规划码垛路径
  - 确认外部信号,设计IO接线图
  - 根据堆叠式样设计控制逻辑
- 任务三　工业机器人码垛程序运行及优化
  - 规划码垛工件的位置布局
  - 根据产品尺寸和堆叠式样规划机器人动作路径
  - 根据控制要求设计机器人IO接线图
  - 规划各子程序和主程序的控制逻辑
- 任务四　工业机器人码垛指令在编程中的应用
  - 码垛项目的要点
  - 工业机器人码垛位置指令解析
  - 结合循环指令设计控制逻辑

工业机器人码垛工作站

任务一　工业机器人码垛平台安装与准备

学习目标

1. 能够合理分析现场生产任务，合理布局码垛设备位置。
2. 能够根据所搬运工件的特性，选择合适的码垛夹具并正确安装。
3. 能够设计、安装码垛所需的气动回路。

任务描述

蓝星公司为拓展业务，采购码垛工作站扩充产能。作为生产技术部组长，请你根据生产需求设计机器人和码垛平台布局，选择合适的夹具，完成夹具的安装与调试；选配合适的电磁阀、负压发生器，完成夹具气路设计。其中，本公司需要码垛搬运的产品为袋装大米，其重量为 $(5±0.12)$ kg，尺寸为 250 mm×400 mm×50 mm。

任务分析

一、根据工件特点选配夹具

ABB 机器人码垛常用的腕部夹具如图 6.1.1 所示。不同形状的夹具适合搬运的物体不同，其中，夹爪式夹具适用于袋装的化肥、粮食、饲料、工业原料等的搬运，不同厂家生产的夹爪式夹具驱动方式会有所区别。真空吸盘夹具应用较为广阔，常见于搬运、分拣、码垛、装配等，使用真空吸盘可以缩小夹具体积，不会损伤产品的表面，也可一次搬运多件产品，实现快速定位、精准拾取等功能。夹板式夹具适用于箱盒码垛。在夹板上附有橡胶条，一方面可以保护箱子不被夹坏，另一方面可以增加摩擦力，夹板可以保证箱体的整齐放置。

本任务为搬运袋装大米，因此选用夹爪式夹具较为合适。

(a) 夹爪式夹具

(b) 真空吸盘夹具

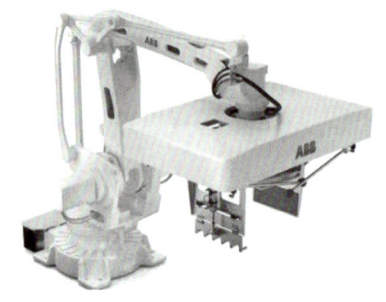

(c) 夹板式夹具

▲ 图 6.1.1　常用码垛夹具

二、根据任务特点选择码垛机器人型号

用于码垛的机器人和搬运机器人本质上并无区别，其硬件组成和控制方式基本相同，但为了更好地发挥码垛工具的效果，ABB 机器人针对不同的搬运夹具，有各自对应的机器人型号，具体分类见表 6.1.1。考虑到采用夹爪式夹具，以及本任务需要搬运的产品重量和尺寸，选择 IRB 460 机器人。

表 6.1.1　ABB 码垛机器人参数

IRB 460			
IRB 460-110/2.4			主要应用
	负载/kg	110	拆垛
	工作范围/m	2.40	物料搬运
	重复定位精度(RP)/mm	0.20	码垛
	工作范围图例		
	防护等级	标配：IP67	
	安装方式	落地	

三、规划码垛工作站布局

本任务是将流水线上包装好的产品，搬运并码垛至 AGV 小车上，然后由 AGV 小车送

入成品库。根据任务要求,考虑到车间空间利用率,码垛工作站的布局采用行业一般做法,即机器人与流水线平行布置。码垛区域在机器人正前方,方便机器人操作。总体布局如图6.1.2所示。

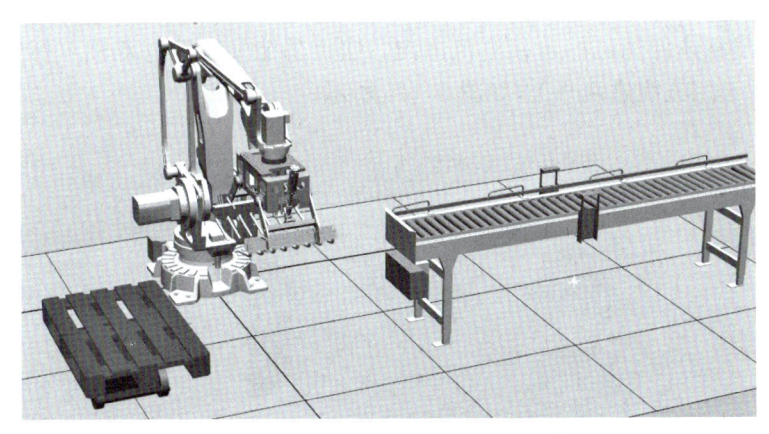

▲ 图 6.1.2　工作站整体布局设计

四、根据执行机构设计气动回路

产品到达 AGV 小车上时,为了能够摆正姿态让机器人顺利抓取,在搬运点前用气缸将箱子推到传送带中央并摆正。具体气动回路如图 6.1.3 所示,采用双控电磁阀摆正气缸,采用单控电磁阀控制夹爪开关。

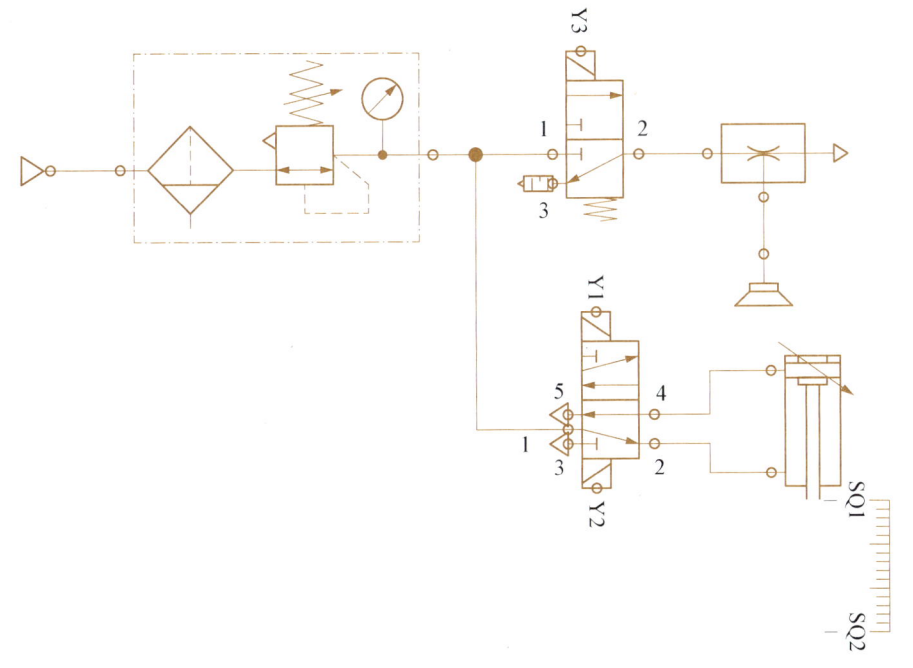

▲ 图 6.1.3　气动回路图

任务准备

1. 安装摆正货物的气缸和调节磁性开关位置

将磁性开关装在缸体前端,检测缸体伸出到位时磁性开关信号;安装后,磁性开关的感应范围必须在气缸体伸到位的可检测范围内。摆正功能气缸选取双轴双杆气缸,图 6.1.4 所示,磁性开关选用三线磁性开关,如图 6.1.5 所示。

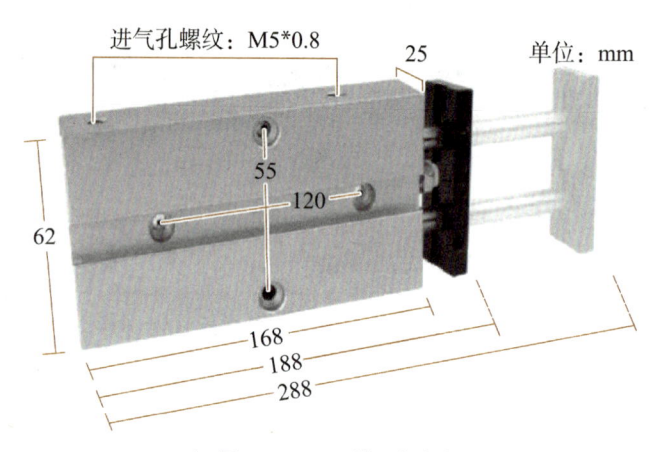

▲ 图 6.1.4 双轴双杆气缸

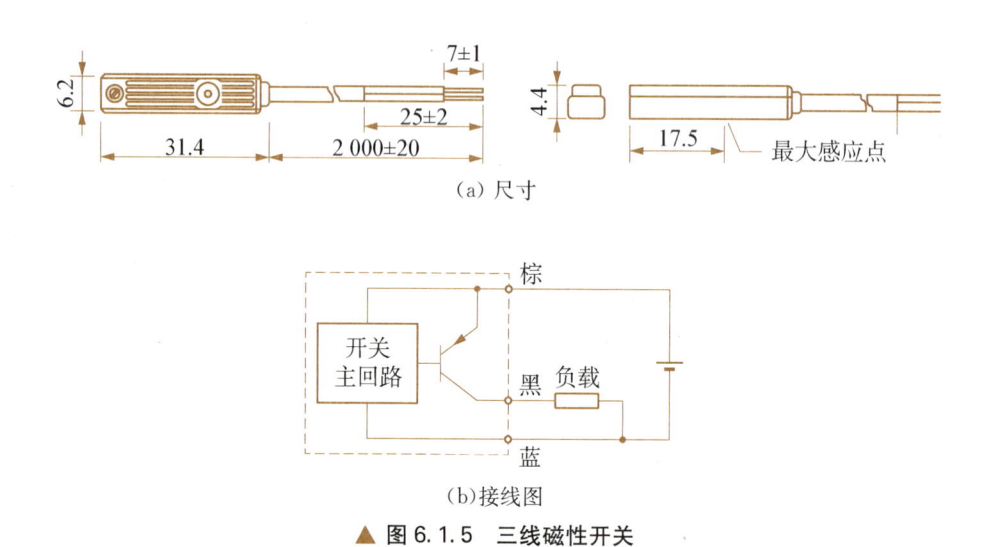

(a) 尺寸

(b) 接线图

▲ 图 6.1.5 三线磁性开关

2. 连接夹具上的气路

为了今后产业扩展或者方案改造方便,机器人法兰盘末端可采取快换手抓形式,也可方便夹具的气路连接。另外,为了保证夹具有足够的出气量,需要采用气管直径大于 10 mm 的型号,其气路如图 6.1.6 所示。

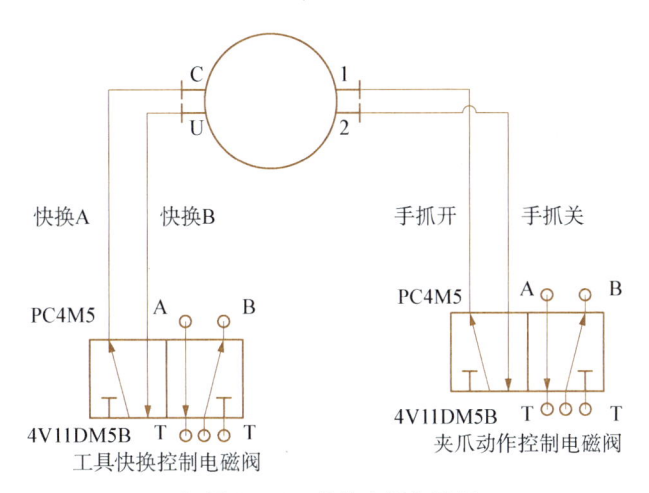

▲ 图 6.1.6　快换夹具气路图

任务实施

1. 手动验证夹具开关的可靠性

采用电磁阀控制夹具上的吸盘,需要将电磁阀的实验旋钮按下,锁定后再示教机器人将夹具调试到抓取产品位置,观察是否可以顺利夹取。

2. 观察电磁阀信号的可靠性

如果没有信号,调节磁性开关的固定按钮,让磁性开关的感应点在缸体伸出点附近。

任务评价

完成本任务的操作后,根据考证考点,请你按照下表检查自己是否学会了考证必须掌握的内容。

序号	评分标准	是/否	备注
1	根据控制要求设计气动回路		
2	能正确选取合适的码垛夹具		
3	能正确安装和调节磁性开关,让其正常检测气缸		
4	能根据机器人电路特性选择传感器类型,并正确接线		

故障分析

(1) 现象　电磁阀无电时,气缸推杆处于伸出状态。

(2) 原因　电磁阀无电,气缸缩回。

(3) 对策　检查气缸出入气是否接反,检查电磁阀实验旋钮是否解除锁定,检查气路中的节流阀是否打开。

任务二　工业机器人码垛工艺规划与实施

学习目标

1. 能根据现场生产要求，合理规划机器人码垛运动路径，完成堆叠样式设计。
2. 能根据需求确认所需外围设备信号，并完成机器人 IO 接线图设计及连接。
3. 能够规划码垛程序逻辑，按照规范绘制工作流程图。

任务描述

生产技术部在确定好码垛平台设备后，对码垛工艺也进行了规划：当码垛段的传感器感应到流水线上有产品进入时，提示灯亮起，提示机器人即将工作，任何人员不得靠近，摆正气缸将工件推到流水线中央。当产品到达指定位置时，限位开关发出信号，机器人按照错位方式将流水线上的产品搬运至 AGV 小车后堆叠。堆叠至指定层数后，码垛停止，AGV 小车将产品移至下一工位。此时，另外一台 AGV 小车到位待命。

作为生产部的技术员，请你设计码垛堆叠的式样，并示教机器人完成码垛工艺，实现机器人与外围设备集成控制。本公司需要码垛搬运的产品为袋装大米，其重量为 (5 ± 0.12) kg，尺寸为 $250\,\text{mm}\times400\,\text{mm}\times50\,\text{mm}$。

任务分析

一、设计码垛式样

为了确保 AGV 小车在运输过程中不发生产品倒塌、坠落，需要增加产品之间的摩擦力，设计了如图 6.2.1 所示的两层堆叠式样。若所需要堆叠的层数增加，奇数层采用第一层式样，偶数层采用第二层式样。

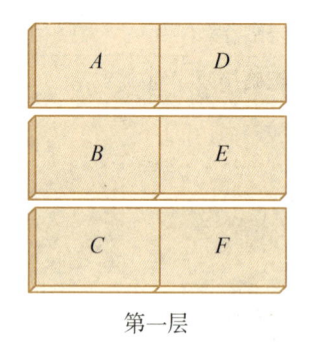

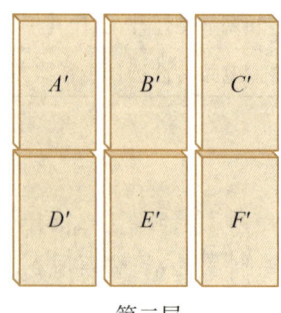

▲ 图 6.2.1　堆叠式样

二、规划码垛路径

为确保机器人在运行程序时姿态变化平缓,规划路径如图 6.2.2 所示。

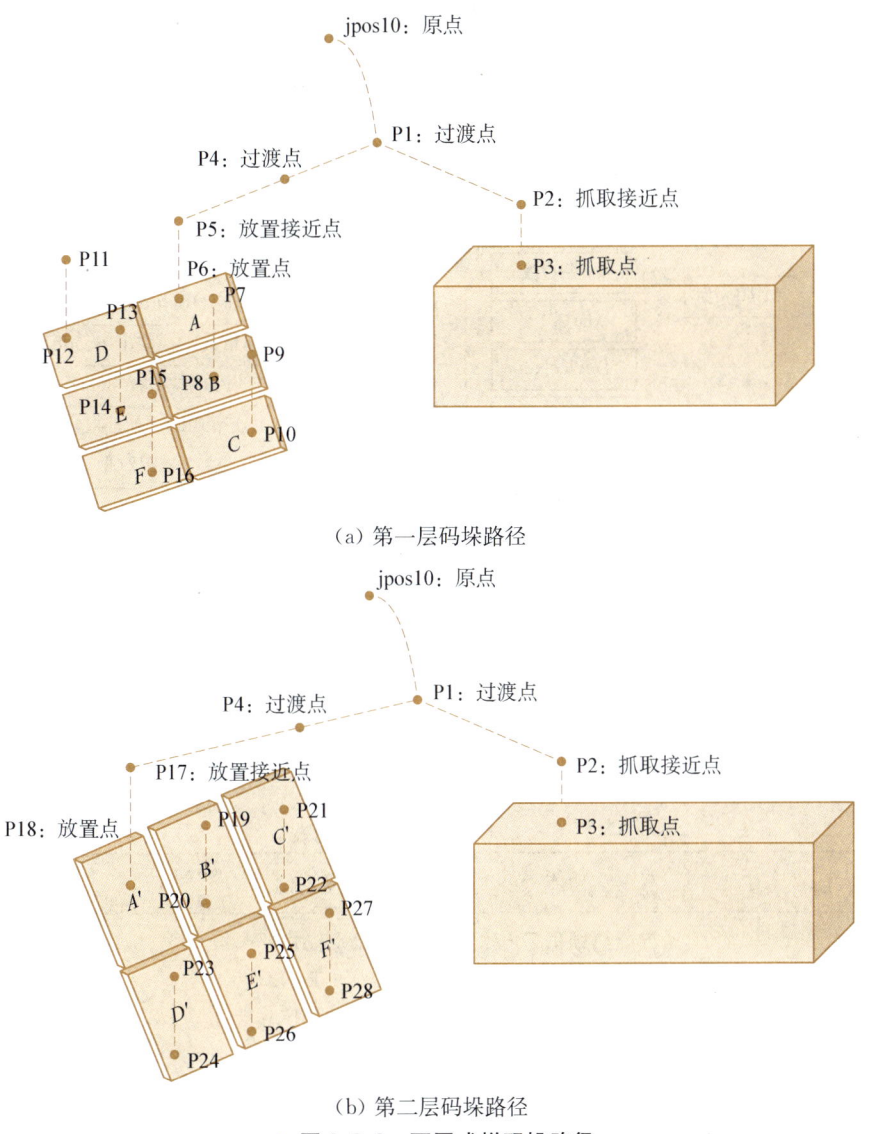

(a) 第一层码垛路径

(b) 第二层码垛路径

▲ 图 6.2.2 不同式样码垛路径

其中,P7~P16 为第一层其余产品的放置接近点和放置点;P19~P28 为第二层产品的放置接近点和放置点。

三、确认外部信号,设计 IO 接线图

根据任务一的设计及本任务的工艺流程,需要使用产品检测信号、摆正气缸驱动信号、产品到位信号、AGV 小车到位检测信号、开始码垛指示灯及手抓控制信号,最后是程序启动

信号和码垛结束信号。

结合工艺要求及成本预算,现采用光电传感器作为产品检测信号,双控电磁阀控制摆正气缸,行程开关用于检测产品和 AGV 小车是否到位,24 V 直流指示灯作为开始工作信号,单控电磁阀实现手抓开合,按钮开关和指示灯作为开始和结束信号。这些外部设备信号可通过 IO 与机器人交互。ABB 机器人提供了丰富 IO 通信接口,如图 6.2.3 所示,如 ABB 的标准通信,与 PLC 的现场总线通信,还有与 PC 机的数据通信,皆可实现与周边设备的通信。

经过梳理,外部设备需要与机器人交互的信号为 4 个输入信号、5 个输出信号(表 6.2.1),因此采用 ABB 标准 IO 板 DSQC651 即可满足要求,其具体接线如图 6.2.4 所示。

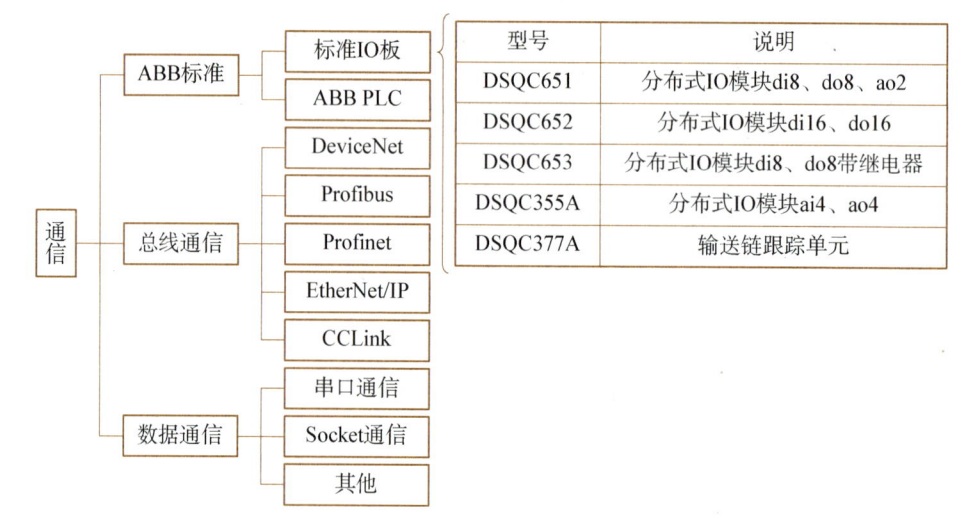

型号	说明
DSQC651	分布式IO模块di8、do8、ao2
DSQC652	分布式IO模块di16、do16
DSQC653	分布式IO模块di8、do8带继电器
DSQC355A	分布式IO模块ai4、ao4
DSQC377A	输送链跟踪单元

通信:
- ABB标准
  - 标准IO板
  - ABB PLC
- 总线通信
  - DeviceNet
  - Profibus
  - Profinet
  - EtherNet/IP
  - CCLink
- 数据通信
  - 串口通信
  - Socket通信
  - 其他

▲ 图 6.2.3 机器人与外围设备信号交互方式

表 6.2.1 机器人 IO 分配表

输入信号	功能	输出信号	功能
di101	程序启动信号	do101	码垛开始指示灯
di102	有物料到达	do102	手抓开关
di103	物料限位开关	do103	码垛结束
di104	agv 小车到位	do104	摆正气缸伸出
		do105	摆正气缸缩回

四、根据堆叠式样设计控制逻辑

为了实现码垛堆叠,需要引进一变量 N 来记录传送带传来的产品个数,并决定是放在第一层还是第二层,即需要判断变量 N。根据堆叠式样,当传送带传来的产品为第 N 个时,若 $N \leqslant 5$ 则产品放在第一层;当 $10 > N > 5$ 时,产品堆叠在第二层。根据 N 的数值大小确定产品的具体放置位置。针对这类顺序分支,可采用单流程的程序结构,使用判断指令 IF 实现,控制逻辑如图 6.2.5 所示。

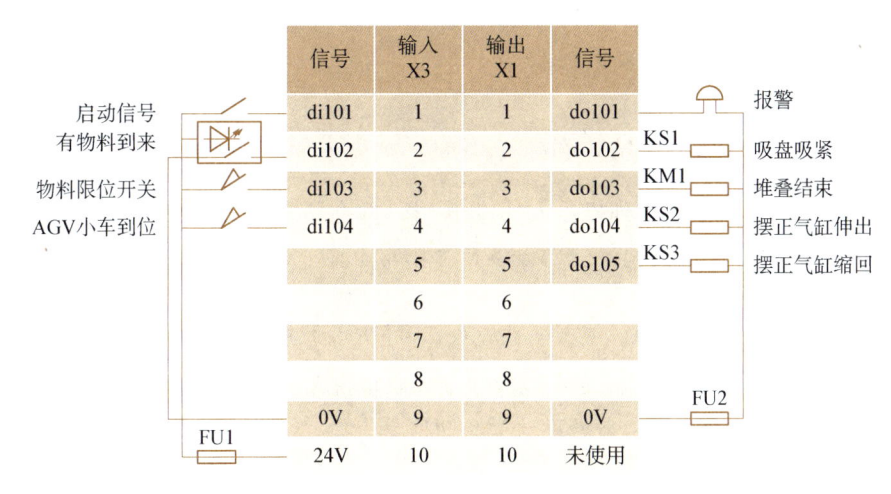

任务二 工业机器人码垛工艺规划与实施

信号	输入 X3	输出 X1	信号
di101	1	1	do101
di102	2	2	do102
di103	3	3	do103
di104	4	4	do104
	5	5	do105
	6	6	
	7	7	
	8	8	
0V	9	9	0V
24V	10	10	未使用

启动信号有物料到来 — di101
物料限位开关 — di103
AGV小车到位 — di104

报警
KS1 吸盘吸紧
KM1 堆叠结束
KS2 摆正气缸伸出
KS3 摆正气缸缩回

FU1 FU2

▲ 图 6.2.4　机器人 IO 接线图

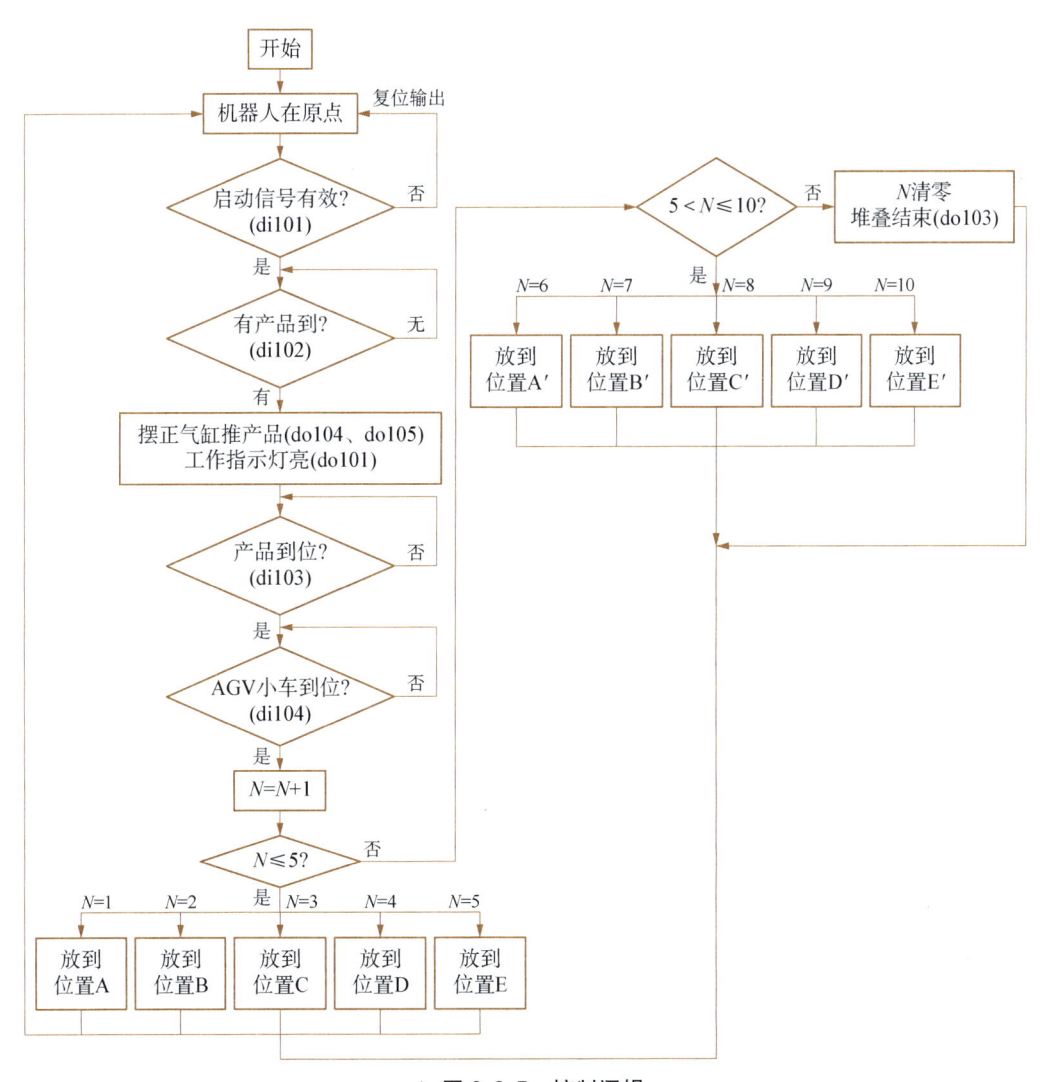

▲ 图 6.2.5　控制逻辑

6-11

任务准备

一、IO信号连接及检验

按图6.2.4将各信号连接到机器人标准IO板,并在机器人端完成信号配置,通过强制输出信号和测试输入信号,检验各外部设备是否正常工作。

二、中断程序

码垛过程可能出现意外情况,如何妥善处理,避免设备损坏,是一个重要的问题。ABB机器人可以通过添加中断程序,来处理这类临时问题。

现假设运行过程中堆垛好的产品发生滑落,需要将正在抓取的产品放置到临时暂存区后,机器人回待机位置,等待人工解决故障后再恢复运行,如图6.2.6所示。临时放置程序编写过程如下:

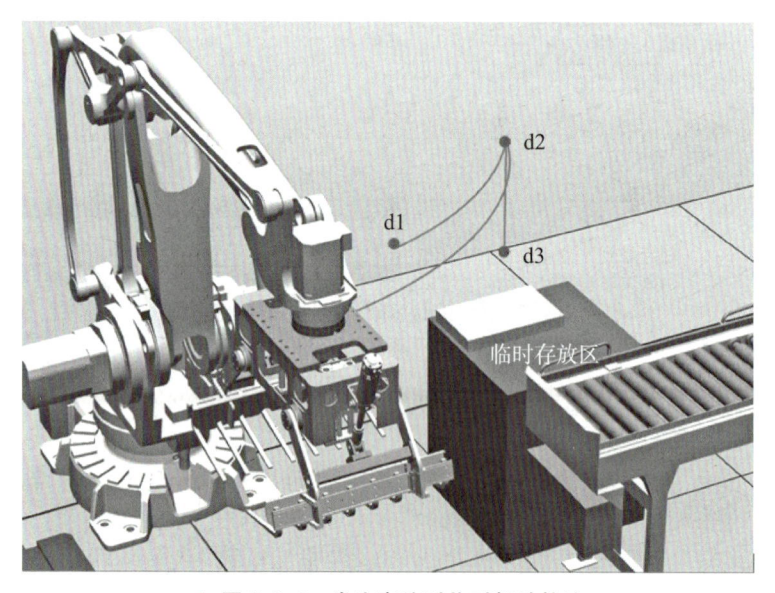

▲ 图6.2.6 发生意外时临时暂放轨迹

步骤1:创建软中断程序。进入"程序编辑器"界面→点击"例行程序"→选择"文件"创建新程序→在图6.2.7(a)所示界面中输入程序名称"zhongduan",并将程序类型选择为"中断",点击【确定】→进入图6.2.7(b)所示界面,编写图所示功能程序。

步骤2:编写中断触发程序。点击"例行程序"→选择"文件"创建新程序→在图6.2.8(a)所示界面中输入程序名称"lingshi001",点击"确定"→进入图6.2.8(b)所示界面,编写图所示中断触发程序。其中,中断触发程序用3个指令即可完成,这类指令均可在Interrupts菜单中找到,如图6.2.9所示。

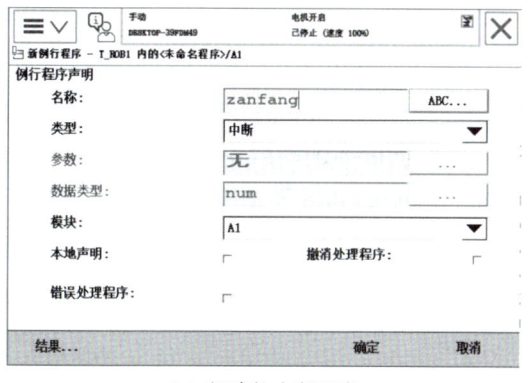

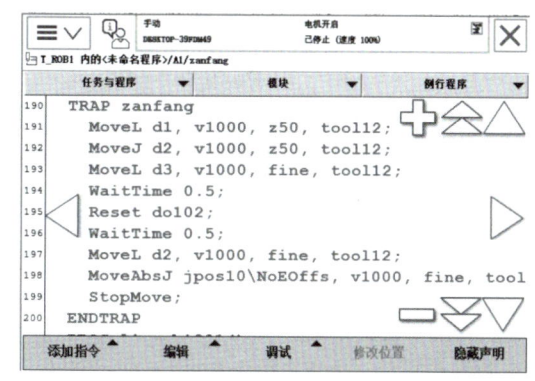

（a）新建软中断程序　　　　　　　　（b）功能程序

▲ 图 6.2.7　软中断程序编写

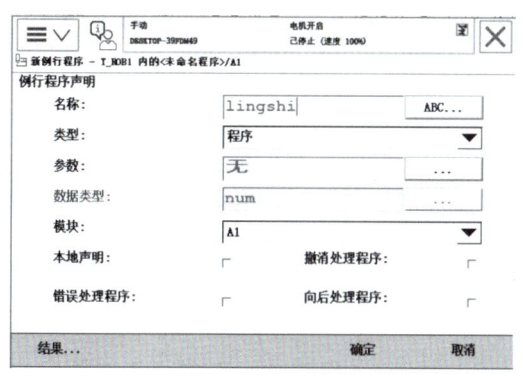

（a）创造新程序　　　　　　　　　　（b）中断触发程序

▲ 图 6.2.8　中断触发程序编写

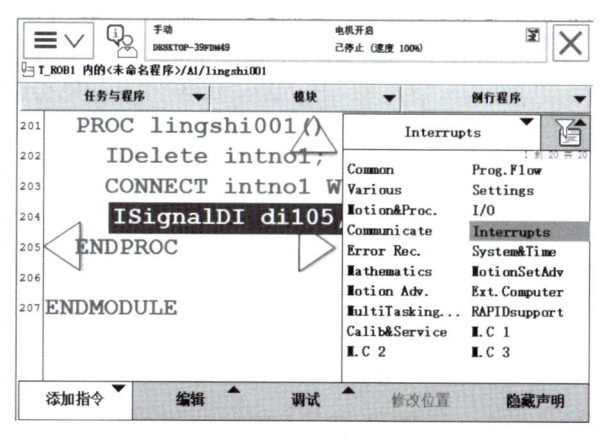

▲ 图 6.2.9　Interrupts 菜单

1）IDelete（删除中断）指令　删除中断识别号与其他程序的关联，为后续将该中断识别号与步骤 1 中创建的软中断程序相关联做准备。在编写程序时需要自己新建中断识别号 intno1。指令格式：

```
                    IDelete  <EXP>
                       |        |
            删除中断指令 ─┘        └─ 中断识别号
```

2) CONNECT(关联)指令　用以实现该中断识别号 intno1 与软中断程序 zhongduan 的关联。需要注意，必须先完成步骤 1 中软中断程序的创建后，才可在 ID 中看到软中断程序 zhongduan。指令格式：

```
                CONNECT  <VAR>  WITH  <ID>
                            |            |
                中断识别号 ──┘            └── 软中断程序
```

3) 中断识别号的触发指令　中断可由多种形式触发，本任务中采用信号触发。当已经堆垛的产品发生滑落错位时，会被检测光栅发现 di105 信号置 ON。因此程序中采用 ISignalDI(信号状态触发)指令，当 di105 为 1 时，执行中断程序，将当前抓取的产品放置暂放区，机器人回待机位置后等待人工处理。其中，触发信号是在程序执行过程中始终有效，并不是一次性的，因此需要将单次功能关闭，如图 6.2.10 所示。指令格式：

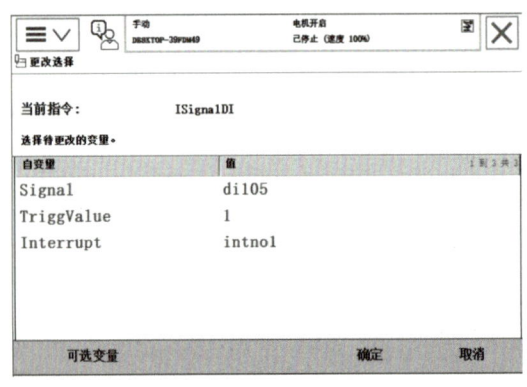

```
            ISignalDI\Single , <EXP> , 1 , <EXP>
                    |                       |
        触发中断信号 ─┘                       └─ 中断识别号
```

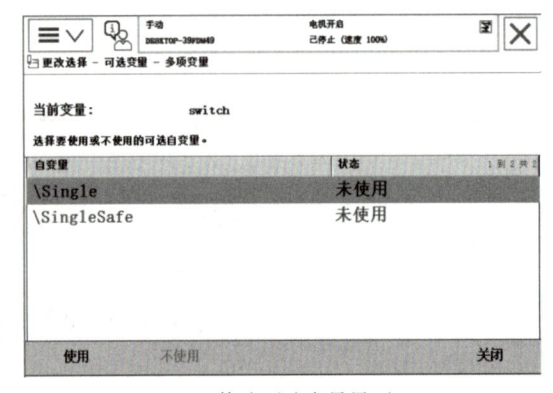

(a) 双击指令进入修改界面　　　　　　(b) 修改可选变量界面

▲ 图 6.2.10　修改指令可选变量

步骤 3：调用中断触发程序。进入 main 主程序界面→移动光标，在程序第一行点击"添加指令"→选择 ProcCall 指令调用中断触发程序 lingshi001，将中断触发程序放在第一行，如图 6.2.11 所示。

任务实施

根据任务要求，机器人码垛程序编写如下，程序名称为 main：

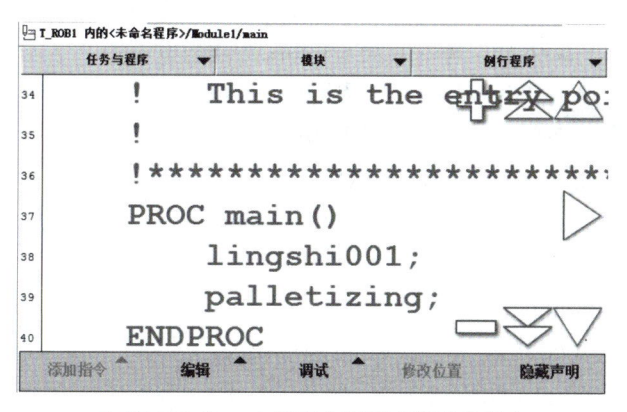

任务二　工业机器人码垛工艺规划与实施

```
T_ROB1 内的<未命名程序>/Module1/main
   任务与程序      模块        例行程序
34  ! This is the entry po:
35  !
36  !*********************
37  PROC main()
38      lingshi001;
39      palletizing;
40  ENDPROC
   添加指令  编辑  调试  修改位置  隐藏声明
```

▲ 图 6.2.11　主程序中调用中断触发程序

1：PRES num N：=0；	设定变量 N
2：MoveAbsJ jop10\NoEOffs,v1000,fine,tool1\Wobj:=wobj1；	机器人原点
3：START：	标签
4：Reset do101	初始化
5：Reset do102	
6：Reset do103	
7：Reset do104	
8：Reset do105	
9：WaitDI di101,1；	启动信号有效
10：WaitDI di102,1；	有产品到
11：Set do104；	摆正气缸伸出
12：Set do101；	码垛开始
13：WaitTime 1；	等待 1 s
14：Reset do104；	摆正气缸缩回
15：Set do105；	
16：WaitDI di103；	等待产品到位
17：WaitDI di104；	等待 AGV 到位
18：N：=N+1；	产品计数
19：IF N<=5 THEN	第一层堆叠
20：　IF N：=1 THEN	放到位置 A
21：　　MoveJ p1,v1000,z50,tool1\Wobj:=wobj1；	抓取过渡点
22：　　MoveL p2,v1000,z50,tool1\Wobj:=wobj1；	抓取接近点
23：　　MoveL p3,v1000,fine,tool1\Wobj:=wobj1；	抓取点
24：　　Set do102；	手抓关闭
25：　　WaitTime 0.5；	

6-15

26:	MoveL p2,v1000,fine,tool1\Wobj:=wobj1;	
27:	MoveJ p1,v1000,z50,tool1\Wobj:=wobj1;	
28:	MoveJ p4,v1000,z50,tool1\Wobj:=wobj1;	放置过渡点
29:	MoveL p5,v1000,z50,tool1\Wobj:=wobj1;	放置接近点
30:	MoveL p6,v1000,fine,tool1\Wobj:=wobj1;	放置点
31:	Reset do102;	手抓打开
32:	WaitTime 0.5;	
33:	MoveL p5,v1000,fine,tool1\Wobj:=wobj1;	
34:	MoveJ p4,v1000,z50,tool1\Wobj:=wobj1;	
35:	MoveJ p1,v1000,z50,tool1\Wobj:=wobj1;	
36:	GOTO SATRT	跳转至标签
37:	ELSEIF N:=2 THEN	放到位置 B
38:	B	
39:	ELSEIF N:=3 THEN	放到位置 C
40:	C	
41:	ELSEIF N:=4 THEN	放到位置 D
42:	D	
43:	ELSEIF N:=5 THEN	放到位置 E
44:	E	
45:	ENDIF	
46:	ELSEIF N<=10 THEN	第二层堆叠
47:	IF N:=6 THEN	放到位置 A'
48:	A'	
49:	ELSEIF N:=7 THEN	放到位置 B'
50:	B'	
51:	ELSEIF N:=8 THEN	放到位置 C'
52:	C'	
53:	ELSEIF N:=9 THEN	放到位置 D'
54:	D'	
55:	ELSEIF N:=10 THEN	放到位置 E'
56:	E'	
57:	ENDIF	第二层结束
58:	ENDIF	判断结束
59:	SETDO do103;	码垛结束
60:	MoveAbsj jop10\NoEOffs,v1000,fine,tool1 \Wobj:=wobj1;	机器人回原点

| 61： | N:=0 | N 清零 |
| 62： | GOTO SATRT | 跳至标签 |

其中,码垛位置 B、C、D、E、A′、B′、C′、D′、E′的程序与上述程序 21~35 行基本一致,只是接近点和工作点不同。读者可根据表 6.2.2 自行编写这些码垛位置的程序指令。

表 6.2.2　仿照 21~35 行程序修改 B、C、D、E、A′、B′、C′、D′、E′位置程序

21~35 行程序	对应点位							
	B	C	D	E	A′	B′	C′	D′	E′
29：MoveL p5,v1000,z50,tool1\Wobj:=wobj1；	P7	P9	P11	P13	P15	P17	P19	P21	P23
30：MoveL p6,v1000,fine,tool1\Wobj:=wobj1；	P8	P10	P12	P14	P16	P18	P20	P22	P24
33：MoveL p5,v1000,fine,tool1\Wobj:=wobj1；	P7	P9	P11	P13	P15	P17	P19	P21	P23

任务评价

完成本任务的操作后,根据考证考点,请按照下表检查自己是否学会了考证必须掌握的内容。

序号	评分标准	是/否	备注
1	能梳理控制要求,规范绘制 IO 接线图(10 分)		
2	能用 IF 指令表达条件分支程序(30 分)		
3	能正确示教机器人完成每个工作点的码垛轨迹并编程(60 分)		
综　合　评　价			

任务三　工业机器人码垛程序运行及优化

学习目标

1. 能根据码垛工件的特征,合理设计和优化码垛的摆放方式。
2. 合理规划程序逻辑,学会多工位码垛程序的编写,完成码垛程序的运行。

任务描述

你负责的 25 kg 大米码垛机器人工作站运行稳定,现要求加入对袋装大米数量和 AGV

小车搬运次数的监控功能。随着产品多样化的要求，需要增加 20 kg 包装的大米，也想对工业机器人码垛改造升级，在你负责完成改造的码垛工作站中，要求完成 25 kg 袋装大米（型号 DM001）和 20 kg 袋装大米（型号 DM002）码垛。具体工作要求如下：

（1）产品尺寸及码垛层数：DM001 外形尺寸为 30 cm×60 cm×12.5 cm，码垛层数为 4；DM002 外形尺寸为 30 cm×60 cm×10 cm，码垛层数为 5。

（2）采用称重传感器检测产品质量并自动分类，采用 3 路开关量输出：合格品 1、合格品 2、不合格 3。

（3）需要完成接线改造、程序逻辑规划、机器人程序示教器运行。

（4）备份原系统设置和程序到 U 盘，以便出现问题时能恢复系统。

任务分析

一、规划码垛工件的位置布局

一个机器人完成两台 AGV 小车上的工件码垛，为节约空间布局，两个码垛区的布置如图 6.3.1 所示。P00 是机器人的初始工位，定位在第 5 轴为 90°，其余轴为 0°的位置。

如图 6.3.2 所示，P10 是抓取过渡点（预留过渡点，以防干涉），介于 P00 和 P20 之间；P20 在抓取点上方 350 mm 处；P30 是工件抓取点；P40、P50、P60 是 DM001 产品第一层的码垛工位；P70、P80、P90 是 DM002 产品第一层的码垛工位。

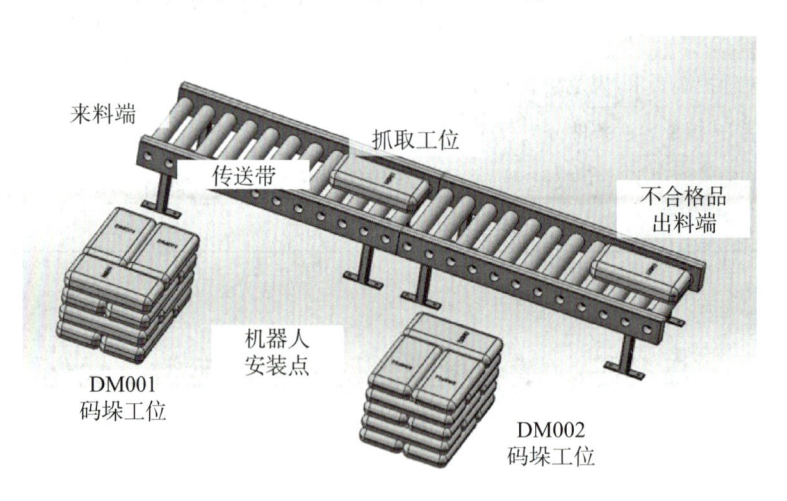

▲ 图 6.3.1　码垛线布局示意图

二、根据产品尺寸和堆叠式样规划机器人动作路径

码垛采用邻层错位，隔层同位的放置方法以防倾倒，增强层间摩擦力和码垛稳定性。见图 6.3.3。

任务三 工业机器人码垛程序运行及优化

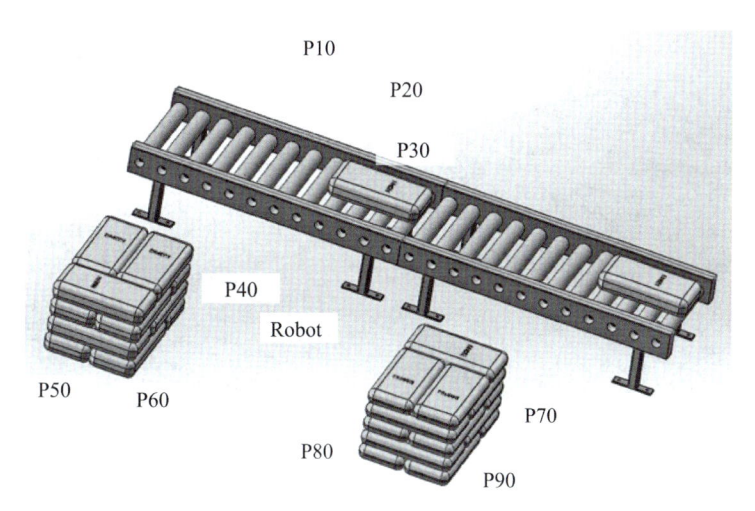

▲ 图 6.3.2 机器人工位目标点示意

1. **用偏移方法实现 DM001 产品定点方法的优化**

DM001 产品外形尺寸为 30 cm×60 cm×12.5 cm，堆叠 4 层。

如图 6.3.3 所示，C 就是 B 在 Y 轴偏移 -300 mm 的位置。当 B 位置确定后，C 可由偏移函数计算获得，不用示教定位。

在编程定点时，不用示教每个摆放工位的位置，定点太多偏差的控制会变得困难，本任务中，只需要示教 A(P40)和 B(P50)的位置，C(P60)可采用 Offset 函数计算坐标值。其余层目标点的坐标值采用 Offset 函数计算获得，就可以实现准确的定位，大大减少示教定点的工作量。

第二层之后的码垛层完全不用示教定点，只要示教好第一层的 2 个码垛摆放点就能完成 DM001 的码垛的目标点定位。

虽然每层的样式不一样，但可以找到图 6.3.3 所示的规律，第二层的工件可以看成第一层的偏移。具体信息为：

① A' 是工件 A 在 X 轴偏移 -600 mm，Z 轴偏移 120 mm。
② B' 是工件 B 在 X 轴偏移 300 mm，Z 轴偏移 120 mm。
③ C' 是工件 C 在 X 轴偏移 300 mm，Z 轴偏移 120 mm。

2. **用偏移方法实现 DM002 产品定点分析**

DM002 产品箱子尺寸为 30 cm×60 cm×10 cm，码垛层数为 5。如图 6.3.4 所示，采用邻层错位，隔层相同的放置方法以防倾倒，增强码垛稳定性。

在编程定点时，不用示教每个摆放工位的位置，本任务中，只需要示教 D(P70)和 E(P80)的位置，F(P90)可采用 Offset 函数计算坐标值。其余层目标点的坐标值采用 Offset 函数计算获得，就可以实现准确的定位，大大减少示教定点的工作量。

完成目标点 D、E 的位置示教后，F 点就是 E 点 Y 轴偏移 -300 mm 后的位置。

第二层的目标点：

① D' 是 D 在 X 轴偏移 -600 mm，Z 轴偏移 100 mm。

▲ 图6.3.3 DM001 产品码垛摆放示意图　　▲ 图6.3.4 DM002 产品码垛摆放示意图

② E' 是 E 在 X 轴偏移 300 mm 后、Z 轴偏移 100 mm。

③ F' 是 F 在 X 轴偏移了 300 mm、Z 轴偏移 100 mm。

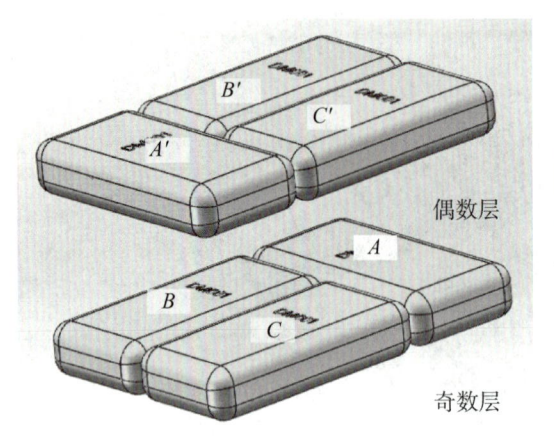

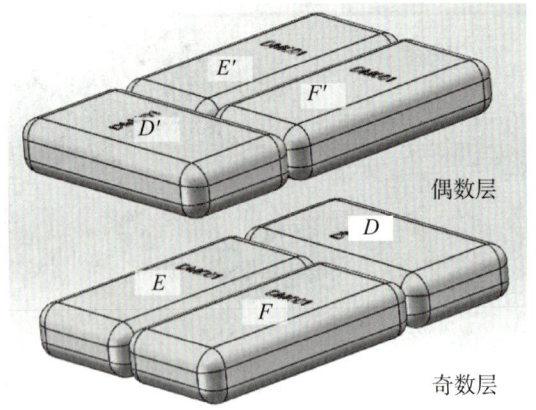

第三层的 X、Y 坐标值与第一层相同，Z 轴偏移 200 mm。第四层的 X、Y 坐标值与第二层相同，Z 轴偏移 300 mm。

(1) 理解变量与可变量的区别　　全局变量就是在整个任务范围内有效，在任务内的任何一处被修改，其值都会改变成新值，直到被重新赋值。ABB 机器人程序里有变量和可变量之分，执行"pp 移至 main"后，变量将被重新置为初值；可变量的值不会改变，只有使用赋值指令才能改变可变量的值。

在"程序数据"里定义"可变量"zs1 和 zs2，将其置"0"。zs1 和 zs2 是任务启动后，已完成码垛产品 1 的总数量和产品 2 的总数量。执行几次码垛后，查看并记录 zs1 和 zs2、cgjs1 和 cgjs2 的值，然后执行一次"pp 移至 main"操作，再查看并记录 zs1 和 zs2、cgjs1 和 cgjs2 的值，与上一次的记录对比。

采用子程序分别编写 DM001 产品和 DM002 产品的码垛功能，使用 cs1 和 cs2 作为 2 类工件的码垛层数计数器，使用 cgjs1 和 cgjs2 作为 2 类工件当前层已经完成码垛的工件数量计数器。码垛之前，层计数器置"1"，层工件数计数器需置"1"。

使用 xx1、yy1、xx2、yy2 作为偏移修正变量。

(2) Offset 函数　　Offset 位移函数有 4 个参数：参考点，X、Y、Z 轴偏移值。

(3) CRobT 函数　　获取机器人当前位置。

三、根据控制要求设计机器人 IO 接线图

为简化控制，摆正气缸和吸盘均用单控电磁阀控制，两台 AGV 小车位置由各自行程开关检测，利用两款袋装大米不同重量，安装重力传感器，检测传送来的产品类型及是否合格。机器人 IO 接线参见表 6.3.1 和表 6.3.2。

表 6.3.1　机器人 DI 信号分配表

序号	信号名	功能	备注
1	DI1	启动	进入码垛状态
2	DI2	工件传送到位	2 个 AGV 都到位后，发送送料请求信号，启动送料及工件质量检测
3	DI3	产品类型 1	
4	DI4	产品类型 2	
5	DI5	AGV1 到位	
6	DI6	AGV2 到位	
7	DI7	产品不合格	
8	DI8	停止	停止码垛，机器人回初始工位

表 6.3.2　机器人 DO 信号分配表

序号	信号名	功能	备注
1	DO1	机器人准备好	进入码垛状态
2	DO2	传送带启动	
3	DO3	摆正气缸控制	
4	DO4	气爪控制	
5	DO5	产品 1 码垛完成	更换 AGV1
6	DO6	产品 2 码垛完成	更换 AGV2
7	DO7	请求下一个工件	再来一个工件，产品类型清 0

四、规划各子程序和主程序的控制逻辑

ABB 机器人程序必须由 main 例行程序启动。在程序编辑器里，将子程序称为例行程序。

本任务需要新建码垛工具数据 tool1、AGV1 的工件坐标系 wobj1、AGV2 的工件坐标系 wobj2。为方便记忆，子程序采用拼音首拼符命名。

DM001、DM002 的码垛准备子程序指令行完全相同，不同之处就在于 3 个摆放点的坐标值。DM001 的码垛子程序命名为 md001，DM002 的码垛子程序命名为 md002。

例行程序模块说明：

（1）sjd　　获取目标点的辅助子程序。

（2）goHome　　机器人回初始工位。

（3）main　　程序启动的例行程序。

（4）init1　　1 型产品的初始化程序，包括计数器重置、更换 AGV1（DO5 置"1"）。

（5）init2　　2 型产品的初始化程序，包括计数器重置、更换 AGV2（DO6 置"1"）。

（6）zhuaqu　　抓取程序，移至抓取工位，抓取工件。

（7）md001　　1 型产品码垛。

（8）md002　　2 型产品码垛。

主程序和子程序的控制逻辑如图 6.3.5 所示。

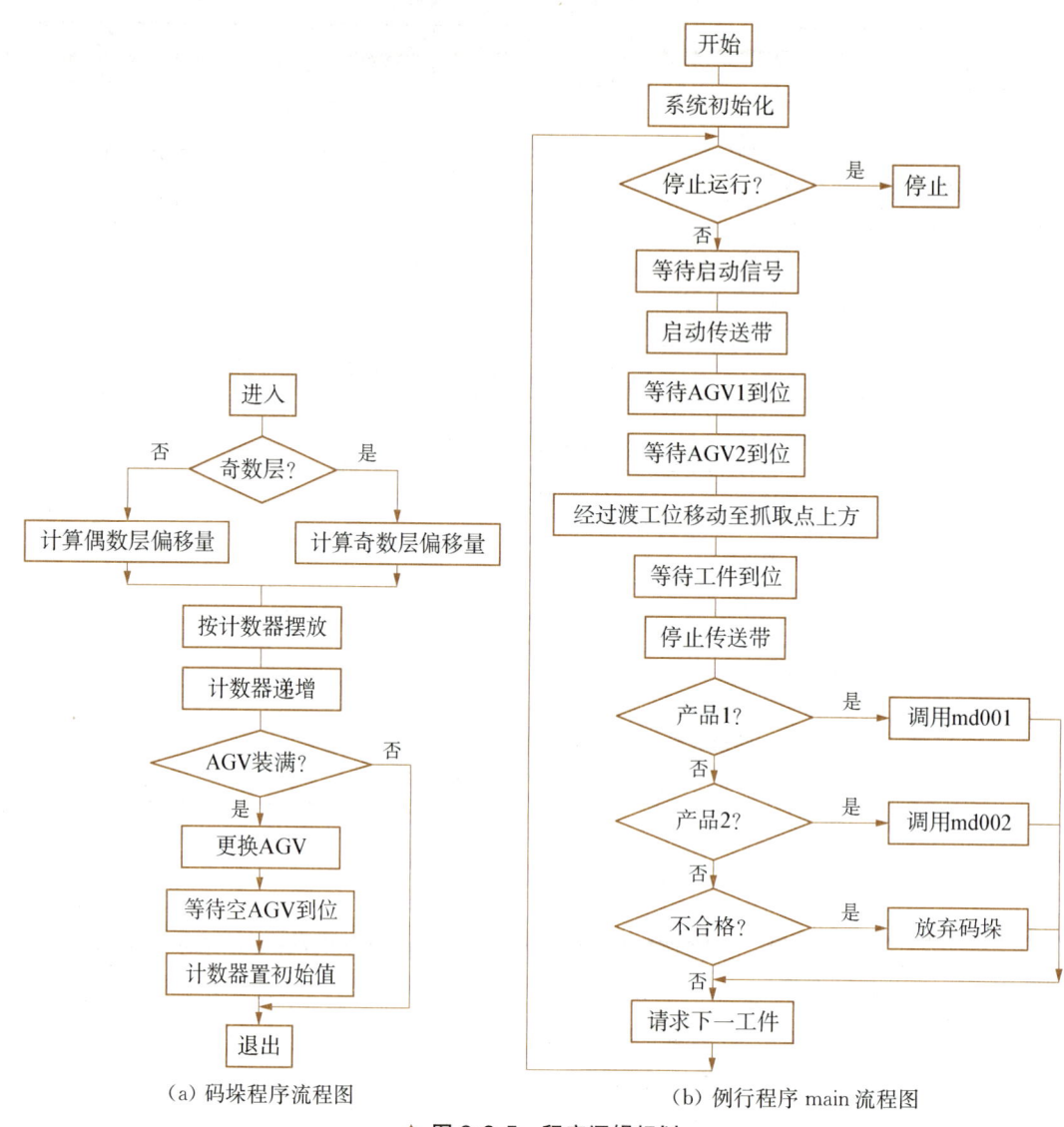

(a) 码垛程序流程图 (b) 例行程序 main 流程图

▲ 图 6.3.5　程序逻辑规划

任务准备

一、系统、程序文件的备份与恢复

1. 系统、程序文件的备份

步骤1：在示教器上，插上 U 盘→单击示教器左上角主菜单按钮，如图 6.3.6 所示。

步骤2：单击"备份与恢复文件"，单击"备份当前系统…"按钮，如图 6.3.7 所示。

步骤3：单击"…"选择备份存放的目录，如图 6.3.8 所示。

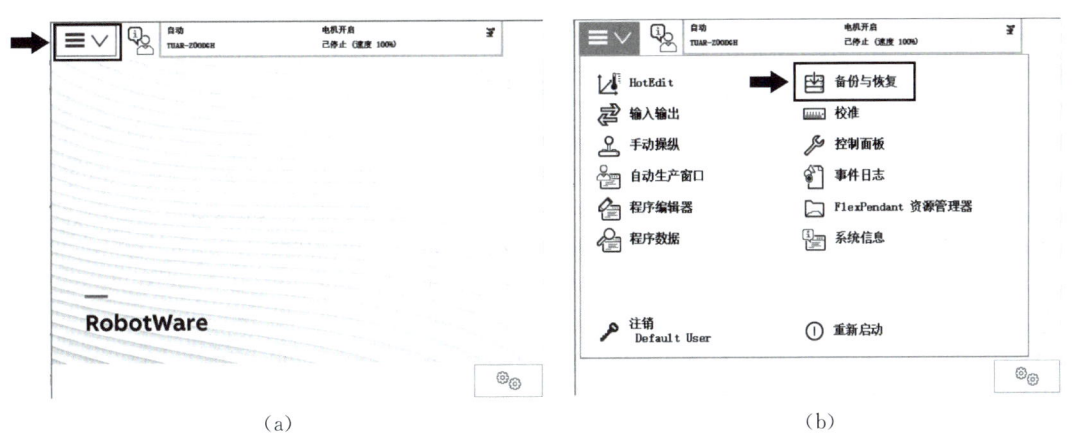

任务三　工业机器人码垛程序运行及优化

(a)　　　　　　　　　　　　　(b)

▲ 图 6.3.6　进入备份与恢复环境

▲ 图 6.3.7　备份当前系统　　　　▲ 图 6.3.8　选择备份存放的目录

步骤 4：单击"备份"→完成系统的备份，如图 6.3.9 所示。

2. 系统、程序文件的恢复

步骤 1：在示教器上，插上 U 盘→单击示教器左上角主菜单按钮。

步骤 2：单击"备份与恢复文件"，单击"恢复当前系统…"按钮，如图 6.3.10 所示。

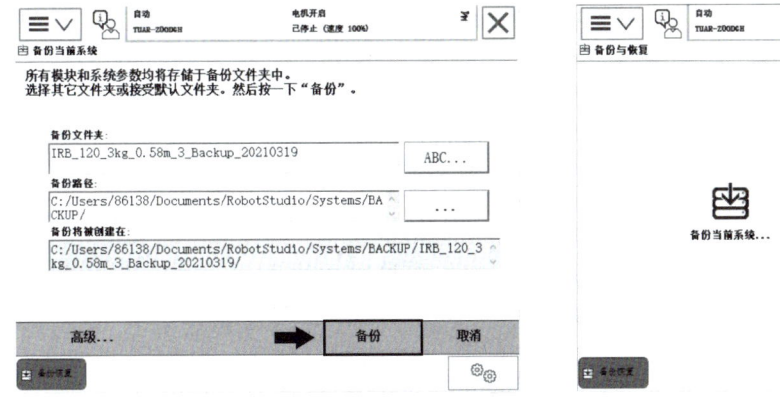

▲ 图 6.3.9　完成备份 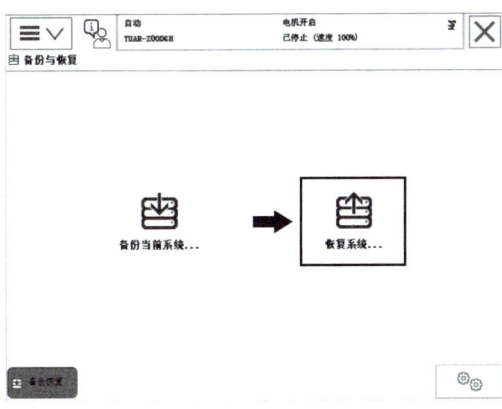　　　　▲ 图 6.3.10　恢复系统

步骤 3：单击"..."选择备份存放的目录，如图 6.3.11 所示。
步骤 4：单击"恢复"→完成系统的恢复，如图 6.3.12 所示。

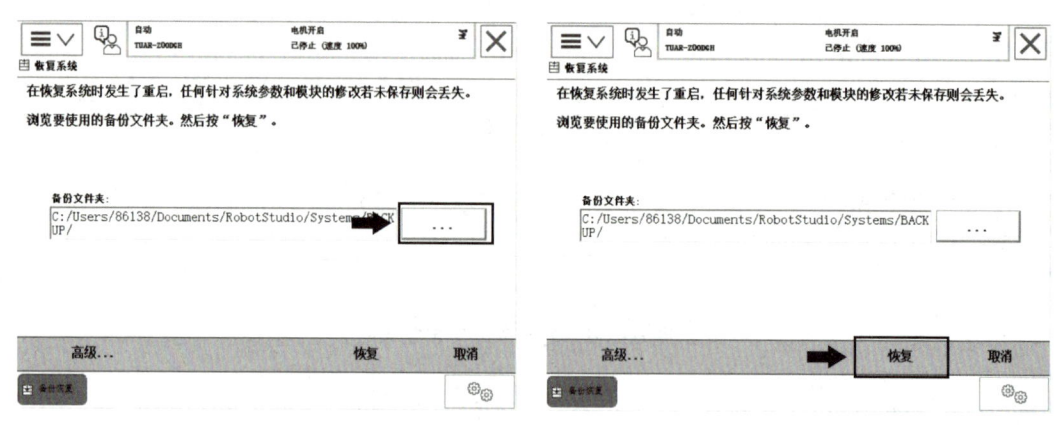

▲ 图 6.3.11　选择恢复的备份路径　　　　▲ 图 6.3.12　完成恢复

二、编写程序

ABB 机器人的子程序亦称其为例行程序。

1. 获取码垛目标点的坐标值

获取码垛任务所需要的所有目标点的坐标值，为编写 md001、md002 子程序做准备。获取目标点坐标值的操作方法有以下 3 种：

（1）分别示教移动机器人至各目标点，然后添加 MoveL 指令，获取目标点的坐标值。子程序 sjd 是示教点的参考程序。

（2）先添加 MoveL 指令，然后分别示教移动机器人至各目标点，使用"修改位置"功能获取目标点的坐标值。

（3）使用"程序数据"功能获取目标点坐标值。

示教目标点子程序如下：

PROG sjd()	示教点程序头。示教各目标点
MoveL p10,v200,z0,tool1;	示教目标点 P10
MoveL p20,v200,z0,tool1;	示教目标点 P20
MoveL p30,v200,z0,tool1;	示教目标点 P30
MoveL p40,v200,z0,tool1\wobj:=wobj1;	示教目标点 P40
MoveL p50,v200,z0,tool1\wobj:=wobj1;	示教目标点 P50
MoveL p60,v200,z0,tool1\wobj:=wobj1;	示教目标点 P60
MoveL p70,v200,z0,tool1\wobj:=wobj2;	示教目标点 P70
MoveL p80,v200,z0,tool1\wobj:=wobj2;	示教目标点 P80
MoveL p90,v200,z0,tool1\wobj:=wobj2;	示教目标点 P90

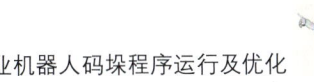

ENDPROG 程序尾

2. 机器人回初始工位子程序

回初始工位子程序如下:

PROG main()	主程序头
MoveAbsJjpos10\NoEOffs,v200,z50,tool0;	回初始工位 jpos10
ENDPROC	程序尾

3. 主程序

主程序的功能如下:

(1) 检测码垛执行条件是否满足。
(2) 根据不同工件类型调用不同的码垛子程序。
(3) 计算堆叠工件数量,达到码垛预定数量则触发 AGV 小车运走。
(4) 计算各款产品码垛的总次数。

主程序如下:

PROG main()	主程序头
zs1:=0;	产品 1 总数量计数器置"0"
zs2:=0;	产品 2 总数量计数器置"0"
init1;	调用初始化例行程序 1
init2;	调用初始化例行程序 1
gohome;	回初始工位
MD1:	标签 MD1
IF Di8=1 THEN	如果停止信号有效
gohome;	回初始工位
Stop;	程序停止运行
ENDIF	条件判断指令尾
WaitDI Di1,1;	等待启动信号
Set Do1;	启动传送带
WaitDI Di5,1;	等待 AGV1 到位
WaitDI Di6,1;	等待 AGV2 到位
MoveL p10,v300,fine,tool1;	移动至过渡工位
MoveL p20,v100,fine,tool1;	移动至抓取点上方
WaitDI Di2,1;	等待工件到位
ReSet Do1;	停止传送带
IF Di3=1 THEN md001;GOTO md2;ENDIF	是产品 1,调用码垛子程序 md001
IF Di4=1 THEN md002;GOTO md2;ENDIF	是产品 2,调用码垛子程序 md002
IF Di7=1 THEN	如果产品不合格

```
Set Do1;                          启动传送带,放弃当前工件。
WaitTime 2;                       等待不合格品离开工件检测位置
ENDIF                             条件判断尾
MD2:                              标签2
PulseDO\PLenght:=1,Do7;           请求传送下一个工件
GOTO MD1;                         跳转至MD1
ENDPROG                           程序尾
```

4. init1 程序

init1 程序如下:

```
PROG init1()                      子程序头
cs1:=1;                           当前摆放层数计数器置"1"
cgjs1:=1;                         当前层工件摆放位置计数器置"1"
PulseDO\PLength:=2,Do5;           Do5 通道发脉冲信号,更换 AGV1
ENDPROG                           程序尾
```

5. init2 程序

init2 程序如下:

```
PROG init1()                      子程序头
cs2:=1;                           当前摆放层数计数器置"1"
cgjs2:=1;                         当前层工件摆放位置计数器置"1"
PulseDO\PLength:=2,Do6;           Do6 通道发脉冲信号,更换 AGV2
ENDPROG                           程序尾
```

6. 子程序 zhuaqu

zhuaqu 程序如下:

```
PROG zhuaqu()                     子程序头
MoveL p10,v200,fine,tool1;        移动至过渡工位 P10
MoveL p20,v200,fine,tool1;        移动至抓取点上方
MoveL p30,v100,fine,tool1;        低速移动至抓取点
WaitTime 1;                       等待1s,等机器人运动到位
PulseDO\PLength:=1,Do3;           Do3 通道发脉冲信号,摆正工件
WaitTime 1;                       等待工件摆正
Set Do4;                          抓取工件
MoveL p20,v100,fine,tool1;        移动至工件上方
ENDPROG                           程序尾
```

7. 子程序 md001

md001 程序如下：

PROG md001()	子程序头
IF cjs＝1 OR cjs＝3 THEN	是否是奇数层
xx1：＝0；	是偶奇数层，则 x 轴偏移量置"0"
xx2：＝0；	
ELSE	否则
xx1：＝－600；	第1个工件 x 轴偏移量为－600
xx2：＝300；	第2、3个工件 x 轴偏移量为300
ENDIF	条件判断尾
Test cgjs	检测当前摆放位置
CASE 1：	是第1摆放点
MoveL Offset(p40,xx1,0,200＋(cjs-1)＊125), v100,fine,tool1\wobj：＝wobj1；	移动至摆放点上方200 mm
MoveL Offset(p40,xx1,0,(cjs-1)＊125),v100, fine,tool1\wobj：＝wobj1；	移动至摆放点
CASE 2：	是第2摆放点
MoveL Offset(p50,xx2,0,200＋(cjs-1)＊125), v100,fine,tool1\wobj：＝wobj1；	移动至摆放点上方200 mm
MoveL Offset(p50,xx2,0,(cjs-1)＊125),v100, fine,tool1\wobj：＝wobj1；	移动至摆放点
CASE 3：	是第3摆放点
MoveL Offset(p60,xx2,0,200＋(cjs-1)＊125), v100,fine,tool1\wobj：＝wobj1；	移动至摆放点上方200 mm
MoveL Offset(p60,xx2,0,(cjs-1)＊125),v100, fine,tool1\wobj：＝wobj1；	移动至摆放点
ENDTEST	测试结束
WaitTime 1；	测待机器人到位
Reset Do4；	松开气爪
WaitTime 1；	等待摆放稳
zs1：＝zs1＋1；	已完成码垛的产品1总数量加1
PulseDO,PLenght：＝1,Do7；	请求传送下一个工件
MoveL Offset(CRobT(\tool1),0,0,300＋cjs＊125), v100,fine,tool1；	移动至当前点上方300 mm
cgjs：＝cgjs＋1；	当前层摆放工件计数器加1
IF cgjs＞3 THEN	如果工件计数器大于3，则

cjs:=cjs+1;	层计数器加 1
cgjs:=1;	层工件数置"1"
ENDIF	条件判断尾
IF cjs>4 THEN	如果层计数器大于 4
PulseDO\PLenght:=1,Do5;	已经装满,更换 AGV1
MoveL p10,v300,fine,tool1;	移动至过渡点
WaitDI Di5;	等待 AGV1 到位
cjs:=1;cgjs:=1;	层计数器、层工件数置"1"
ENDIF	条件判断尾
ENDPROG	程序尾

8. 子程序 md002

md002 程序如下:

PROG md002()	子程序头
IF cjs=1 OR cjs=3 OR cjs=5 THEN	是否是奇数层
xx1:=0;	是奇数层,则 x 轴偏移量置"0"
xx2:=0;	
ELSE	否则
xx1:=−600;	第 1 个工件 x 轴偏移量为 −600
xx2:=300;	第 2、3 个工件 x 轴偏移量为 300
ENDIF	条件判断尾
Test cgjs	检测当前摆放位置
CASE 1:	是第 1 摆放点
MoveL Offset(p70,xx1,0,200+(cjs-1)*125), v100,fine,tool1\wobj:=wobj1;	移动至摆放点上方 200 mm
MoveL Offset(p70,xx1,0,(cjs-1)*125),v100, fine,tool1\wobj:=wobj1;	移动至摆放点
CASE 2:	是第 2 摆放点
MoveL Offset(p80,xx2,0,200+(cjs-1)*125), v100,fine,tool1\wobj:=wobj1;	移动至摆放点上方 200 mm
MoveL Offset(p80,xx2,0,(cjs-1)*125),v100, fine,tool1\wobj:=wobj1;	移动至摆放点
CASE 3:	是第 3 摆放点
MoveL Offset(p90,xx2,0,200+(cjs-1)*125), v100,fine,tool1\wobj:=wobj1;	移动至摆放点上方 200 mm

MoveL Offset(p90,xx2,0,(cjs-1)*125),v100,fine,tool1\wobj:=wobj1;	移动至摆放点
ENDTEST	测试结束
WaitTime 1;	等待机器人到位
Reset Do4;	松开气爪
WaitTime 1;	等待摆放稳
zs2:=zs2+1;	已完成码垛的产品2总数量加1
PulseDO\PLenght:=1,Do7;	请求传送下一个工件
MoveL Offset(CRobT(\tool1),0,0,300+cjs*100),v100,fine,tool1;	移动至当前点上方300 mm
cgjs:=cgjs+1;	当前层摆放工件计数器加1
IF cgjs>3 THEN	如果工件计数器大于3,则
cjs:=cjs+1;	层计数器加1
cgjs:=1;	层工件数置"1"
ENDIF	条件判断尾
IF cjs>5 THEN	如果层计数器大于5
PulseDO\PLenght:=1,Do6;	已经装满,更换AGV2
MoveL p10,v300,fine,tool1;	移动至过渡点
WaitDI Di6;	等待AGV2到位
cjs:=1;cgjs:=1;	层计数器、层工件数置"1"
ENDIF	条件判断尾
ENDPROG	程序尾

任务实施

根据控制逻辑规划、IO接线图和已经编写的各子程序,手动调试。

任务评价

完成本任务的操作后,根据考证考点,请按下表检查自己是否学会了考证必须掌握的内容。

序号	评分标准	是/否	备注
1	能对系统进行备份、恢复(20分)		
2	能使用 OFFSET 指令,实现码垛点轨迹偏移运算(40分)		

续　表

序号	评分标准	是/否	备注
3	能将程序划分为不同模块,用子程序实现结构化编程(10分)		
4	能观察任务特点。用流程图这一工程语言表达程序设计技巧(20分)		
5	对于变量和可变量是否有清晰的认识(10分)		
综　合　评　价			

▶ 任务四　工业机器人码垛指令在编程中的应用

学习目标

1. 能根据码垛工件实际应用场合,合理规划和设计码垛路径。
2. 灵活掌握循环指令在码垛中的应用。

任务描述

大米生产企业为提高大米生产、包装、仓储的运行效率,提高生产智能化水平,全面"机器换人",率先在所有大米码垛岗位上施行应用机器人改造。为提高改造的效率,保障日后程序的可移植性,公司拟通过循环指令提升码垛作业的效率及可靠性。作为大米码垛工作站的改造负责人,生产技术部派你升级改造原码垛工作站,在保障原来功能的基础上,减少程序行。先完成型号为 DM001 的产品码垛,堆叠层数与原来一样为 4 层,堆叠式样与图 6.2.1一样。为普及码垛包的应用,升级改造完成后,在生产技术部开展一次码垛循环指令应用的培训,请在改造过程中积累各项技术资料。

任务分析

赋值指令可以大大缩短指令行数,因为赋值指令参数的设置过程已明确了机器人码垛的运动路径。但其示教过程步骤复杂,有一定程序基础的工程人员才能理解示教过程各参数的意义。

一、码垛项目的要点

要定义一个码垛任务,就需要将堆叠模式、堆叠路径描述清楚。如图 6.4.1 所示,堆叠模式包含堆上/堆下、堆叠顺序(行列层)、每层增加数等,堆叠路径包含接近点、堆叠点(堆上点/堆积点)、回退点、每列选择的路线模式等。

▲ 图6.4.1 码垛结构

二、工业机器人码垛位置指令解析

1. 数组

数组（Array）是有序的元素序列，即将有限个类型相同的变量按一定次序排列的集合。数组极大地方便了编程。数组变量包括变量名和数组下标。数组中的变量称为数组元素，也称为下标变量。用于标记数组元素的数字编号为下标，是数组元素在数组中的序号。

ABB工业机器人的程序设计语言里，数组最大维数为3，数组下标必须是正整数，不允许从0开始。

在定义程序数据时，可以将同种类型、同种用途的数值存放在同一个数据序列-数组中，当调用该数据时，需要写明索引号来指定该数据中的哪个数值，这就是所谓的数组。在RAPID中可以定义一维数组、二维数组及三维数组。

举例 一维数组：

!定义一维数组 num1。
VAR num num1{3}:=[5,7,9];
!程序中使用数组元素，num2 被赋值为 7
num2:=num1{2};

举例 二维数组：

!定义二维数组 num1;
VAR num num1{3,4}:=[[1,2,3,4],[5,6,7,8],[9,10,11,12]];
!程序中使用数组元素，num2 被赋值为 10。
num2:=num1{3,2};
!程序中使用数组元素，数组元素 num1{2,3} 被赋值为 6
num1{2,3}:=6;

当需要调用大量的同种类型、同种用途的数据时，在创建数据时可以利用数组来存放该数据，便于灵活调用；甚至在大量IO信号调用过程中，也可以先将IO进行别名的操作，即将IO信号与信号数据关联起来，之后将这些信号数据定义为数组类型。

2. 结构型数据

不同类型的若干个数据组合成一个整体变量。如 ABB 工业机器人 RAPID 程序里的目标点位置变量（robtarget 型）P10 就是结构型变量，这个变量包括了直角坐标系的 3 个坐标值、4 个工具指向数据、4 个位置象限数据和 6 个外部轴数据。

举例 PERS robtarget p10:=[[302,0,558],[1,0,0,0],[0,0,0,0],[9E9,9E9,9E9,9E9,9E9,9E9]];

在变量类型相同的前提下，结构型数据可以整体赋值，也可以对其中的任何一项参数赋值。

举列

p20:=p10;! 将 p10 的所有值赋值给 p20。

p20.trans.x:=302;! 将 p20 的 x 坐标值赋值成 20。

p10.trans.x:=p20.trans.x+50;! 将 p20 的 x 坐标值加 50 赋值给 p10 的 x 坐标值。

p10.trans.y:=p20.trans.y−50;! 将 p20 的 y 坐标值减 50 赋值给 p10 的 y 坐标值。

p10.trans.z:=p20.trans.z+100;!

p10.rot:=p20.rot;!

三、结合循环指令设计控制逻辑

码垛线如图 6.4.2 所示。码垛工位如图 6.4.3 所示。

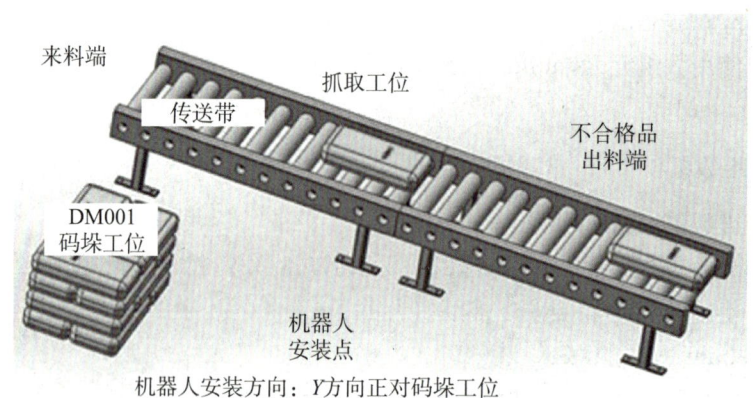

▲ 图 6.4.2 码垛线示意图

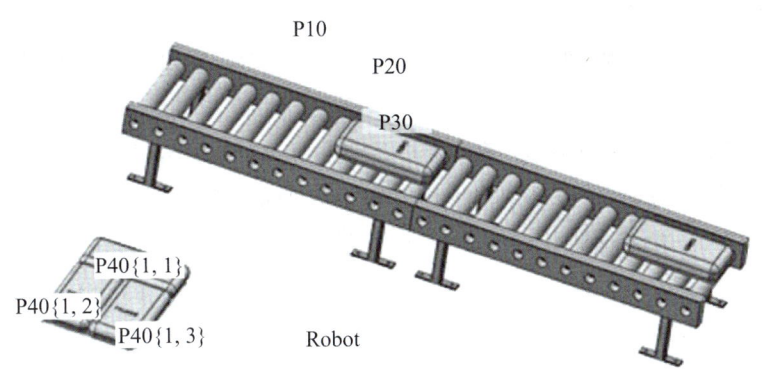

任务四　工业机器人码垛指令在编程中的应用

▲ 图 6.4.3　码垛工位

任务准备

码垛采用邻层错位、隔层同位的放置方法以防倾倒，增强层间摩擦力和码垛稳定性，如图 6.4.4 所示。

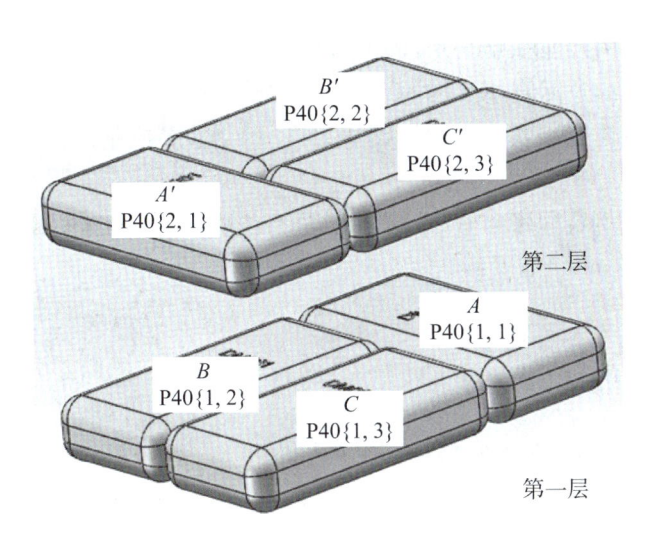

▲ 图 6.4.4　DM001 产品码垛摆放示意图

用循环控制方法实现 DM001 产品定点码垛方法的优化。DM001 产品外形尺寸为 30 cm×60 cm×12.5 cm，堆叠 4 层。

C 就是 B 在 Y 轴偏移 −300 mm 的位置。当 B 位置确定后，C 可由偏移函数计算获得，不用示教定位。

在编程定点时，不用示教每个摆放工位的位置。本任务中，只需要示教 A(P40{1,1}) 和 B(P40{1,2}) 的位置，C(P40{1,3}) 可采用 Offset 函数计算坐标值。其余层目标点的坐标值采用 Offset 函数计算获得，就可以实现准确的定位，大大减少示教定点的工作量。

第二层之后的码垛层完全不用示教定点，只要示教好第一层的 2 个码垛摆放点就能完

成 DM001 的码垛的目标点定位工作。

虽然每层的样式不一样,但可以找到图 6.4.4 所示的规律,第二层的工件可以看成第一层的偏移。具体信息为:

(1) A' 是工件 A 在 X 轴偏移 -600 mm、Z 轴偏移 125 mm。

(2) B' 是工件 B 在 X 轴偏移 300 mm、Z 轴偏移 125 mm。

(3) C' 是工件 C 在 X 轴偏移 300 mm、Z 轴偏移 125 mm。

任务实施

(1) 新建程序模块 maduo.mod。

(2) 新建程序数据 PERS robtarget P10～P40 其中,P40 是下标为{4,3}的二维数组。P10 是抓取过渡工位。使用手动示教至目标点,然后修改位置。过渡工位不允许忽略,必须保留。P20 是预抓取工位,在抓取点的上方。使用手动示教至目标点,然后修改位置。P30 是抓取工位,使用手动示教至目标点,然后修改位置。P40{1,1}、P40{1,2}是码垛工位。使用手动示教至目标点,然后修改位置。P40{1,3}的坐标值利用 P40{1,2}的坐标值,通过计算得到。

(3) 新建初始化例行程序 init() P40{1,1}、P40{1,2}由手动示教获得。首先根据 P40{1,2}计算 P40{1,3}的坐标值;使用循环和条件判断计算 P40{2,1}～P40{4,3}。

(4) 采用双重循环控制实现码垛 外循环 1～4 次(层控制)、内循环 1～3 次码垛位控制。

这里只对初始化例行程序和循环控制部分进行说明,其余程序参照任务三。

初始化例行程序 init()如下:

PROG init1()	子程序头
p40{1,3}:=p40{1,2};	p40{1,2}的坐标值赋值给 p40{1,3}
p40{1,3}.trans.y:=p40{1,3}.trans.y-300;	p40{1,3}的 y 坐标值减 300
FOR i FROM 2 TO 4 DO	外循环。从第二层目标点开始计算
FOR j FROM 1 TO 3 DO	内循环
p40{i,j}:=p40{1,j};	第 1 层的坐标值赋值给第 i 层
p40{i,j}.trans.z:=p40{1,j}.trans.z+(i-1)*125;	计算 i 层的 z 轴增加量
ENDFOR	内循环尾
IF i<>3 THEN	如果不是第 3 层,则需计算坐标值
p40{i,1}.trans.x:=p40{1,1}.trans.x-600;	第 1 码垛位 x 轴偏移 -600
p40{i,2}.trans.x:=p40{1,2}.trans.x+300;	第 2 码垛位 x 轴偏移 $+300$
p40{i,3}.trans.x:=p40{1,3}.trans.x+300;	第 3 码垛位 x 轴偏移 $+300$

ENDIF 条件判断结束
ENDPROG 例行程序尾

码垛循环控制部分如下：

FOR i FROM 1 TO 4 DO	外循环头。实现1~4层控制
FOR j From 1 TO 3 DO	内循环头。实现1~3码垛位控制
zhuaqu;	调用抓取例行程序
MoveJ Offset(p40{i,j},0,0,200),v200,z50,tool1;	运动至码垛工位上方200 mm。为了机器人快速到位，使用MoveJ
MoveL p40{i,j},v50,fine,tool1;	低速移动至码垛位
WaitTime 2;	等待机器人运动到位
Reset Do4;	松开气爪
WaitTime 1;	等待工件摆好
MoveL Offset(p40{i,j},0,0,200),v200,z50,tool1;	线性运动至码垛位上方200 mm。为防止碰撞，此时不能使用MoveJ
ENDFOR	内循环尾
ENDFOR	外循环尾

任务评价

完成本任务的操作后，根据考证考点，请按下表检查自己是否学会了考证必须掌握的内容。

序号	评分标准	是/否	备注
1	能对熟练使用循环指令进行编程(30分)		
2	能根据任务要求确定堆叠路径的数量并示教各条堆叠路径(30分)		
3	能使用循环指令进行码垛定点(10分)		
4	能设计码垛程序控制逻辑，根据逻辑图编程(30分)		
综合评价			

任务训练

若按图6.4.2的方式堆叠后，AGV小车将工件运送到仓储，用货架单独存放，不堆叠，机器人将AGV小车运来的工件拆垛入库。请你根据示教器拆垛的参数要求，示教机器人完成拆垛编程。

参考文献

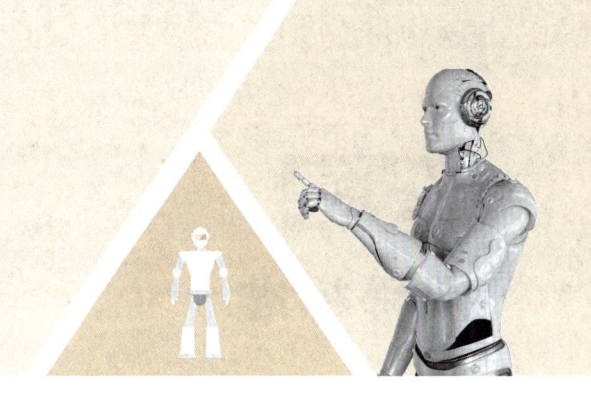

1. 叶晖,管小清. 工业机器人操作与应用技巧[M]. 北京:机械工业出版社,2017.
2. 蒋正炎. 工业机器人工作站安装与调试(ABB)[M]. 北京:机械工业出版社,2017.
3. 龚仲华,龚晓雯. ABB工业机器人现场编程全集[M]. 北京:人民邮电出版社,2018.
4. 上海ABB工程有限公司. ABB工业机器人实用配置指南[M]. 北京:电子工业出版社,2019.
5. 卢玉锋,胡月霞. 工业机器人技术应用(ABB)[M]. 北京:水利水电出版社,2019.
6. 王志强,禹鑫焱,蒋庆斌. 工业机器人应用编程(ABB)[M]. 北京:高等教育出版社,2020.

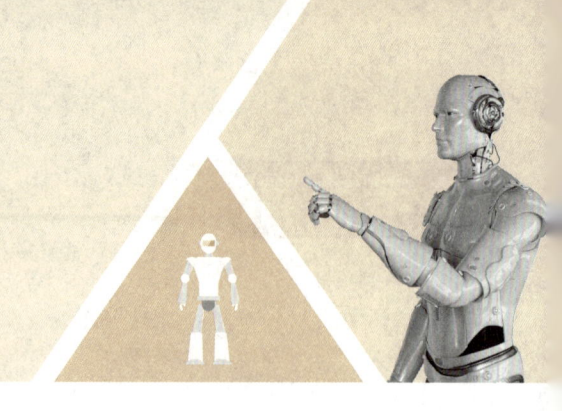

附 录
课程标准

一、课程名称
工业机器人操作与编程

二、适用专业
工业机器人技术应用、工业机器人应用与编程

三、学时与学分
96学时,6学分

四、课程性质
本课程是职业院校工业机器人技术应用专业的专业核心课程,是从事工业机器人及应用系统操作、编程、安装与调试、运行与维护、工业机器人售前售后支持等工作必须学习的课程,是后续专业方向课程的基础。

五、课程目标
通过本课程的学习,能完成工业机器人作业前的环境准备和安全检查、工业机器人参数设置、工业机器人坐标系设置、工业机器人手动操作、工业机器人试运行、工业机器人系统备份与恢复、工业机器人基础示教编程、简单外围设备控制示教器编程、工业机器人绘图、搬运、码垛、涂胶等应用系统编程等典型工作任务,达到以下具体目标。

(一)素质目标
1. 具有社会责任感和社会参与意识;
2. 具有良好的职业道德和职业素养;
3. 具有与他人合作、沟通的能力,具备团队协作精神;
4. 具有自我学习的能力;
5. 具有质量意识、环保意识、安全意识。

(二)知识目标
1. 认识工业机器人的基本组成、工具快换装置及工具;
2. 了解工业机器人应用编程人员常用安全护具及使用方法;

3. 了解工业机器人示教盒的结构、功能、基本环境参数及预定义键的功能和使用方法；

4. 了解工业机器人语言、程序结构及程序数据；

5. 了解工业机器人工具坐标系、工件坐标系的基本概念；

6. 了解工业机器人 IO 设置及参数设置；

7. 了解传感器、变频器、步进电机的控制原理及调试方法；

8. 掌握工业机器人工具坐标系、工件坐标系的使用与标定方法；

9. 掌握工业机器人系统备份与恢复方法、程序导出与加载方法；

10. 掌握工业机器人基本运动指令、置位指令、复位指令、等待指令、位置偏移指令、循环指令、选择指令、逻辑判断指令、计时指令、无条件跳转指令等指令的功能及使用方法。

（三）能力目标

1. 能规划和整理工业机器人作业环境；

2. 能遵守通用安全规范，实施工业机器人启动、停止作业；

3. 能识别工业机器人本体安全姿态、开关机的安全状态，判断周边环境是否安全；

4. 能根据工况操作工业机器人紧急停止；

5. 能通过示教器或控制柜设定工业机器人手动、自动运行模式；

6. 能设定运行速度、语言界面、系统时间、校准等参数；

7. 能够根据工作任务要求设置数字量 IO 参数；

8. 能够根据用户需求配置示教盒预定义键；

9. 能使用示教盒对工业机器人进行单轴、线性、重定位等手动操作；

10. 能合理选择和调用世界坐标系、基坐标系、用户（工件）坐标系、工具坐标系；

11. 能创建工具坐标系，使用四点法、六点法等标定工具坐标系；

12. 能创建用户（工件）坐标系，使用三点法标定用户（工件）坐标系；

13. 能准确搭建工业机器人应用工作站，合理选择和使用末端操作器；

14. 能合理加载工业机器人程序，并实施单步、连续运行工业机器人程序；

15. 能根据运行结果，调整工业机器人位置、姿态、速度等程序参数；

16. 能备份、恢复工业机器人系统程序、参数；

17. 能导入、导出工业机器人程序、配置文件；

18. 能使用示教器创建程序、对程序进行复制、重命名操作，对程序内容进行编辑（复制、粘贴等）；

19. 能运用基本运动指令，规划、编制应用程序；

20. 能手动强制输入输出信号、设定原点位置数据、修改运动参数；

21. 能通过外部启动自动运行工业机器人程序；

22. 能够根据工作任务要求，编制工业机器人与 PLC 等外部控制系统的应用程序；

23. 能编制工业机器人拓展应用程序，控制传感器、变频器、步进电机、伺服电动机完成典型工作任务，优化工艺流程。

六、课程内容与要求

本课程坚持立德树人的根本要求,结合职业院校学生学习特点,遵循职业教育人才培养规律,落实课程思政要求,有机融入思想政治教育内容,紧密联系工作实际,突出应用性和实践性,注重学生职业能力和可持续发展能力的培养,结合中高本衔接培养需要,以调研形成的"工业机器人技术应用专业工作任务与职业能力分析表"和"工业机器人技术应用专业课程设置与职业能力对应表"为基础,根据工业机器人技术应用专业教学标准中本课程的内容与要求说明,合理设计如下学习单元(模块)和教学活动,并在知识和能力等方面达到相应要求。

序号	项目	职业能力	知识、能力要求	建议学时
1	项目一 工业机器人应用须知	1. 能设定运行速度; 2. 能设定语言、系统时间、用户权限等环境参数; 3. 能合理选择世界坐标系、基坐标系、用户(工件)坐标系、工具坐标系; 4. 能正确启动、停止工业机器人,安全操作工业机器人; 5. 能根据工况操作工业机器人紧急停止; 6. 能合理对工业机器人进行单轴、线性、重定位操作; 7. 能根据用户需求配置示教盒预定义键	一、知识要求 1. 了解工业机器人应用编程人员常用安全护具; 2. 认识工业机器人的基本组成; 3. 认识工业机器人示教器的结构及功能; 4. 了解工业机器人示教器基本环境参数; 5. 掌握工业机器人关节坐标系、大地坐标系和工具坐标系基本概况。 二、能力要求 1. 能够使用示教盒设定运行速度; 2. 能够根据操作手册设定语言界面、系统时间、用户权限等环境参数; 3. 能够选择和调用世界坐标、基坐标、用户(工件)、工具等坐标系; 4. 能够根据安全规程,正确启动、停止工业机器人,安全操作工业机器人; 5. 能够及时判断外部危险情况,操作紧急停止按钮等安全装置; 6. 能够根据工作任务要求,使用示教器对工业机器人进行单轴、线性、重定位等手动操作	12
2	项目二 工业机器人绘图操作与编程	1. 能熟练操作工业机器人进行单轴移动; 2. 能根据绘图任务规划工业机器人路径、运动; 3. 能够新建、编辑、加载程序; 4. 能够熟练应用相关运动指令、完成绘图程序的示教并调试运行	一、知识要求 1. 认识工具快换装置和绘图笔工具; 2. 掌握预定义键的功能和使用方法; 3. 认识程序编辑界面和程序结构; 4. 掌握常用工业机器人运动指令和参数; 5. 掌握系统备份与恢复的方法; 6. 掌握程序导出与加载的方法。 二、能力要求 1. 能够准确搭建工业机器人绘图工作站; 2. 能够正确选择和加载工业机器人程序; 3. 能够正确选择和使用绘图笔等末端操作器;	12

续 表

序号	项目	职业能力	知识、能力要求	建议学时
			4. 能够根据运行结果，调整位置、姿态、速度等工业机器人程序参数； 5. 能够根据用户要求，备份和恢复工业机器人系统程序、参数等数据 6. 能够使用直线、圆弧、关节等运行指令编程	
3	项目三 工业机器人搬运应用编程	1. 能规划和整理工业机器人搬运作业环境； 2. 能合理选择末端执行器（如吸盘工具）； 3. 能使用示教器设置传感器、电磁阀等 IO 参数； 4. 能根据工艺流程调整要求及程序运行结果，调整搬运应用程序	一、知识要求 1. 了解工业机器人搬运的特点； 2. 掌握工业机器人搬运应用的流程； 3. 掌握等待指令的功能及使用方法； 4. 掌握位置偏移指令的功能及使用方法； 5. 掌握工业机器人搬运程序的编写方法。 二、能力要求 1. 能够正确选择和使用吸盘工具； 2. 能够运用工业机器人 IO 信号设置电磁阀 IO 参数； 3. 能够编制工业机器人搬运应用程序； 4. 能够根据工艺流程调整要求及程序运行结果，优化工业机器人搬运应用程序	24
4	项目四 工业机器人装配应用编程	1. 能规划和整理工业机器人装配作业环境； 2. 能合理选择末端执行器（如：夹爪工具）； 3. 会使用标准的流程图符号表达程序逻辑； 4. 能根据工艺流程调整要求及程序运行结果，调整工业机器人装配应用程序	一、知识要求 1. 了解工业机器人装配工艺的特点； 2. 掌握工业机器人装配的流程； 3. 掌握模块化结构的程序思维； 4. 在试运行的基础上能调试机器人正常全速工作； 5. 掌握工业机器人装配模块化程序的编写方法。 二、能力要求 1. 能够正确选择和使用夹爪工具； 2. 会使用标准的流程图符号表达程序逻辑； 3. 能够编制工业机器人装配应用程序； 4. 能够根据工艺流程调整要求及程序运行结果，优化工业机器人装配应用程序	12
5	项目五 工业机器人涂胶应用编程	1. 能规划和整理工业机器人涂胶作业环境； 2. 能合理选择末端执行器（如涂胶笔）； 3. 能利用参数调整实现节拍控制和监控； 4. 能根据工艺流程调整程序及运行结果	一、知识要求 1. 了解工业机器人涂胶的特点； 2. 掌握工业机器人涂胶应用的流程； 3. 掌握外部工具测量坐标，并用于定点示教； 4. 掌握指令参数调整的功能及使用方法； 5. 掌握时钟计数指令实现节拍监控的功能及使用方法。 二、能力要求 1. 能够正确选择和使用涂胶笔； 2. 能够编制带有监控节拍功能的涂胶程序； 3. 能够根据工艺流程调整要求及程序运行结果，优化工业机器人涂胶应用程序； 4. 能根据工艺要求规划机器人多任务工作路径	12

续表

序号	项目	职业能力	知识、能力要求	建议学时
6	项目六 工业机器人码垛应用编程	1. 能规划和整理工业机器人码垛作业环境； 2. 能合理选择末端执行器（如多功能复合夹具）； 3. 能根据工艺流程调整要求及程序运行结果，运用逻辑指令优化码垛应用程序	一、知识要求 1. 了解码垛的基本定义及类型； 2. 掌握循环指令功能及使用方法； 3. 掌握选择指令功能及使用方法； 4. 掌握逻辑判断指令功能及使用方法； 5. 掌握计时指令功能及使用方法； 6. 掌握无条件跳转指令功能及使用方法。 二、能力要求 1. 能够根据工作任务要求设计码垛程序流程； 2. 能够正确运用表达式编辑程序； 3. 能够使用计时指令计算程序时长； 4. 能够编写并调试重叠式码垛、纵横式码垛和旋转交错式码垛程序； 5. 能够根据工作任务要求，调试、优化码垛工	24

七、课程实施

（一）教学要求

将思想政治理论教育融入教学，采用项目教学、案例教学、情境教学、模块化教学等教学方式，运用启发式、探究式、讨论式、参与式等教学方法，推动课堂教学改革。使用翻转课堂、混合式教学、理实一体教学等教学模式，加强大数据、人工智能、虚拟现实等现代信息技术在教育教学中的应用。

结合学校现有实训平台数量和班级学生人数，实施分组教学（建议每组不超过3人），教学过程中应对小组数量、组员构成及对应的实训平台编号及时公开，保证教学有序开展。根据教学内容及特点，选用或自编活页式教材、学习手册等教学资料，灵活设计理实一体化教学环节，并通过多元的教学形式，激发学生的学习热情，充分调动学生自学意识和团队协作意识，确保设备利用最大化、小组构成最优化、实训时间自由化、学习效果最佳化、技能达标全员化。

（二）学业水平评价

根据培养目标和培养规格要求，采用多元评价方式，加强过程性评价、实践技能评价，强化实践性教学环节的全过程管理与考核评价，结合教学诊断和质量监控要求，完善学生学习过程监测、评价与反馈机制，引导学生自我管理、主动学习，提高学习效率，改善学习效果。

（三）教材选用及教学资源开发与使用

按国家和地方教育行政部门规定的程序与办法选用教材。选用体现新技术、新工艺、新规范等内容的高质量教材。教材使用中充分体现任务引领、实践导向的教学形式，引入典型生产案例。合理开发和使用音视频资源、教学课件、虚拟仿真软件、网络课程等信息化教学资源库，满足教学需求，提升学习效果。

附录 课程标准

"工业机器人现场操作与编程"课程内容结构

主干： 具备工业机器人操作与编程能力

了解工业机器人
1. 认识工业机器人的结构及功能
2. 认识工业机器人的基本组成及示教器、控制柜
3. 掌握常用工业机器人示教器设定功能，能够设定基本参数

应用技术须知
1. 了解工业机器人安全规程，应用编程人员安全操作防护具
2. 掌握工业机器人单轴坐标系和工具坐标系标定方法
3. 认识工具快换装置和绘图笔工具

绘图应用
1. 能够准确搭建工业机器人绘图工作站
2. 能正确选择和加载工业机器人程序、选择工具
3. 能够熟练应用相关运动指令，完成绘图程序的示教并调试运行

搬运应用
1. 了解工业机器人搬运应用的特点
2. 掌握搬运应用的流程
3. 掌握搬运相关指令的功能及使用方法

1. 能够编写工业机器人搬运应用程序
2. 能够根据工艺流程及方程序运行结果，优化工业机器人搬运应用程序
3. 能够根据工艺要求，优化工业机器人搬运路径

装配应用
1. 了解工业机器人装配工艺的特点
2. 掌握工业机器人装配的流程
3. 掌握装配相关指令的功能及使用方法

1. 能够编制工业机器人装配应用程序
2. 能够根据工艺流程及方程序运行结果，优化工业机器人装配运行程序
3. 能够根据工艺要求，规划工业机器人多任务工作路径

涂胶应用
1. 了解工业机器人涂胶应用的流程
2. 掌握涂胶指令参数的功能及使用方法
3. 能够正确选择和使用涂胶笔

1. 能够编写带有监控节拍功能的涂胶程序
2. 能够根据工艺流程及方程序运行结果，调整工业机器人涂胶结果
3. 能够根据工艺要求，规划工业机器人涂胶工作路径

码垛应用
1. 了解码垛的基本定义及类型
2. 掌握码垛相关指令的使用
3. 掌握码垛工艺的规划及实施

1. 能够根据码垛工作任务要求设计码垛流程
2. 能够编写并调试重叠式码垛、纵横式码垛和旋转交错式码垛程序
3. 能够根据工作任务要求，调试、优化码垛工艺

图书在版编目(CIP)数据

工业机器人现场操作与编程案例教程:ABB/蔡基锋等主编. —上海:复旦大学出版社,
2021.11
ISBN 978-7-309-15983-7

Ⅰ.①工… Ⅱ.①蔡… Ⅲ.①工业机器人-程序设计-教材 Ⅳ.①TP242.2

中国版本图书馆 CIP 数据核字(2021)第 216949 号

工业机器人现场操作与编程案例教程(ABB)
蔡基锋 等 主编
责任编辑/张志军

复旦大学出版社有限公司出版发行
上海市国权路 579 号 邮编:200433
网址:fupnet@ fudanpress.com http://www.fudanpress.com
门市零售:86-21-65102580 团体订购:86-21-65104505
出版部电话:86-21-65642845
上海四维数字图文有限公司

开本 787×1092 1/16 印张 14 字数 323 千
2021 年 11 月第 1 版第 1 次印刷

ISBN 978-7-309-15983-7/T·705
定价:46.00 元

如有印装质量问题,请向复旦大学出版社有限公司出版部调换。
版权所有 侵权必究

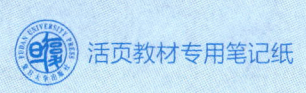

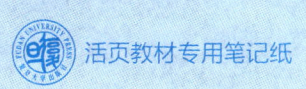

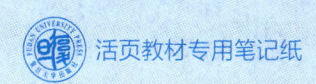

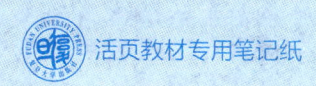

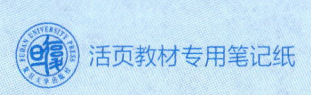

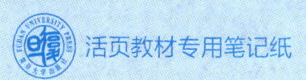